ZEROからの生命科学

Life Science from ZERO

改訂4版

木下 勉
立教大学 教授

小林秀明
文教大学 准教授

浅賀宏昭
明治大学 教授

南山堂

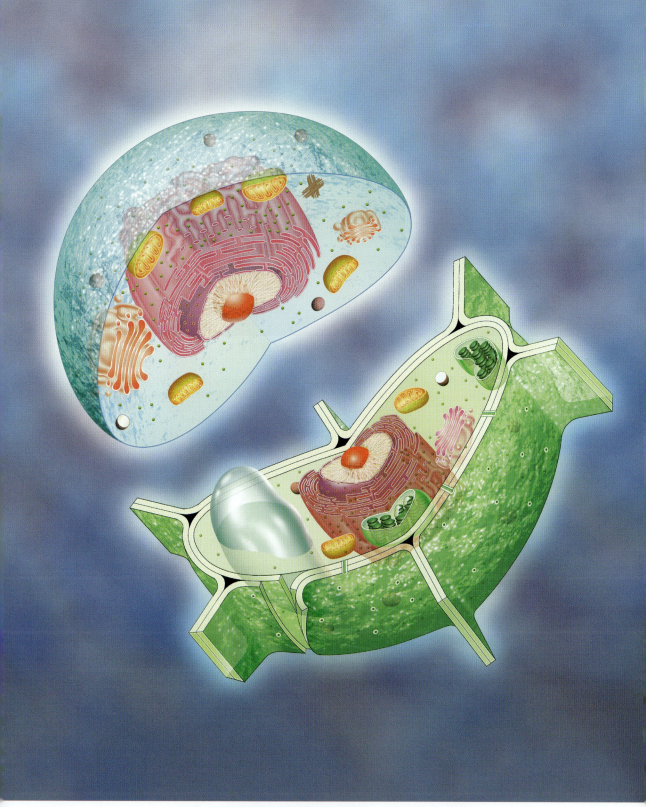

口絵1　動物細胞と植物細胞の模式図　（CHAPTER 2 参照）

　動物細胞と植物細胞の断面を模式的に描いたものです．電子顕微鏡でないと観察できない細胞小器官（粒状のリボソームなど）や微細構造（細胞壁の原形質連絡など）も描かれています．一般に動物細胞は植物細胞に比べて小さいため，同じ細胞小器官（核やゴルジ体など）でも動物細胞のほうが大きく描かれています．なお，細胞小器官を区別するために着色を施してありますが，実際の構造物の色を示すものではありません．

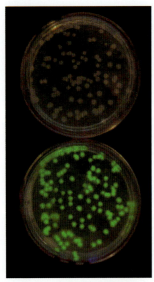

口絵2 GFP遺伝子を導入した"光る大腸菌"
（CHAPTER 6 参照）

オワンクラゲの緑色蛍光タンパク質（GFP）の遺伝子を含むプラスミドを大腸菌に導入し，約24時間培養後，励起光を当てて観察したものです．GFP遺伝子がアラビノースによって発現するように設計されているプラスミドを使用しているので，アラビノースがある条件（下）でのみ大腸菌のコロニーが光っています．

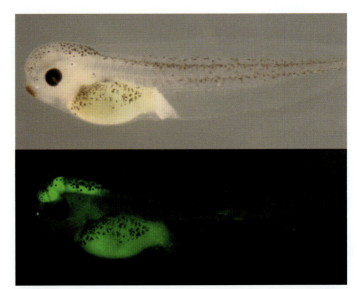

口絵3 Delta-GFP遺伝子を導入したトランスジェニック個体
（CHAPTER 8 参照）

神経細胞で発現するDelta遺伝子にオワンクラゲのGFP遺伝子を連結し，アフリカツメガエルの受精時にゲノムに取り込ませました．このトランスジェニック卵から発生した幼生（いわゆるオタマジャクシ）では，脳内でDelta遺伝子が発現する様子を生きたまま観察することができます．写真は，上が明視野，下が蛍光の同一個体のものです．なお，腹部の薄い緑色は自家蛍光によるものです（Delta遺伝子が腹部で弱く発現していることを示すものではありません）．

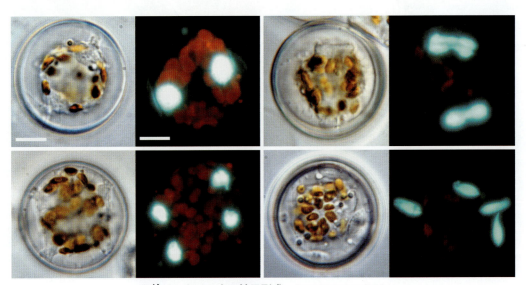

口絵4 ケイソウの精子形成 （CHAPTER 3 参照）

藻類の仲間のケイソウ類は，珪酸（ガラス）質の固い細胞壁を持っています．この写真は中心類ケイソウの一種 *Actinocyclus* です．ケイソウの精子形成も基本的には精母細胞が減数分裂を経て4個の精子に分化します．減数分裂の第一分裂後（左上），核分裂（右上），第二分裂後（左下），精子変態後（右下）．Bar＝10 μm （出井雅彦 氏 提供）

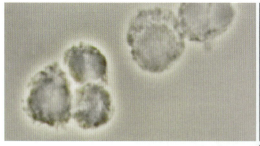
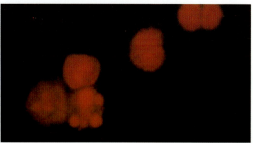

口絵 5　アポトーシスで観察される核の分断
（CHAPTER 2 参照）

ヒト骨髄性白血病細胞 HL-60 を抗腫瘍性アルカロイドのカンプトテシンで 4 時間処理したときの位相差顕微鏡（左上）と同視野の核染色（PI 染色）像（右上・赤色），および断片化 DNA の染色（TUNEL 染色）像（右下・緑色）．アポトーシスを起こしている細胞では核が分断し，断片化した DNA も検出されていることがわかります．

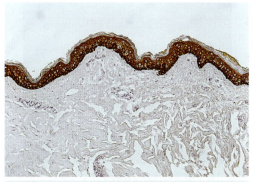
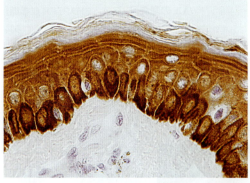

口絵 6　ヒト皮膚におけるケラチンの染色像
（CHAPTER 3 参照）

抗ケラチン抗体で茶色に染色されているのは表皮のケラチノサイトと呼ばれる細胞で，これらは皮膚表面に向かってゆっくりと移動しながら分化し，皮膚の最外層である角質層（表層の薄い着色部分）を形成するようになります．皮膚の内側（写真では下側）の茶色に染色されない領域は真皮です．なお，下の写真は上の写真の一部を拡大したものです．

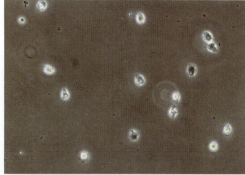
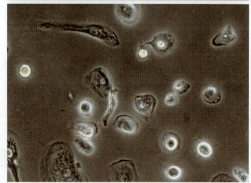

口絵 7　単球からマクロファージの分化
（CHAPTER 8 参照）

ヒトの血液から単球を分離し培養を開始して半日後（上）と，1ヵ月培養後（下）に，位相差顕微鏡で観察しました．1ヵ月も培養すると細胞質が大きくなり，シャーレの底に伸展するなどのマクロファージの性質を示すようになることがわかります．

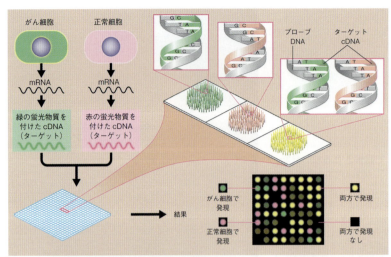

口絵 8　がん細胞における遺伝子発現をDNAチップで調べる方法
（CHAPTER 6 参照）

　チップには，調べたい遺伝子DNAの一本鎖（プローブ）がたくさん貼り付けてあります．これにがん細胞と正常細胞のmRNAから調整したcDNAを結合させます．これらには蛍光物質が付けてあり，チップに結合するとその部分が発光します．がん細胞でのみ発現なら緑，正常細胞でのみ発現なら赤，双方で発現ならば黄，双方で発現していなければ黒というように，各遺伝子の発現の状況が一目でわかります．

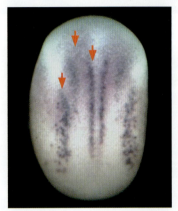

口絵 9　アフリカツメガエルの神経形成
（CHAPTER 3 参照）

　アフリカツメガエルの神経板期の胚を背側から見たものです．神経細胞の印となるNチューブリン遺伝子が発現している細胞を青く染色しています．神経板が閉じて管状になる前から，既に3種類の神経細胞（左右対称に3本ずつの縦縞）が分化しつつあることがわかります．

口絵 10　触角の代わりに脚が生じるショウジョウバエの変異　（CHAPTER 6 参照）

　ショウジョウバエには様々な突然変異が知られ，それらは遺伝や発生の研究に使われてきました．この写真はその一例で，触角の代わりに脚が生える突然変異体（Antennapedia）の頭部を走査電子顕微鏡（SEM）で観察したもので，一対の脚のような突起が認められます．　（阿達直樹 氏　提供）

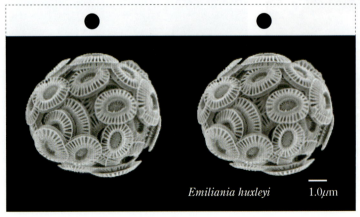

口絵 11　円石藻のステレオ立体写真　（CHAPTER 3 参照）

　円石藻は海産の植物プランクトンで，細胞の表面に円盤状の円石という構造物をもっています．円石の部分は炭酸カルシウムの薄い鱗片でできており光が透過するので，光合成をおこなうことができます．ステレオ写真で見ると，円石藻の立体像がよくわかります．

※ステレオ写真の見方：右の目で右の●を，左目で左の●を見て，●が3つになるように調節すると真中の像が立体像になります．

（井上　勲 氏　提供）

改訂4版の序

　2004年の初版発行から10年余り経ちましたが，幸いにも，これまで多くの大学・専門学校などで教科書や参考書として継続して使っていただきました．これは本書の基本的なコンセプトが受け容れられたエビデンスの一つと考えております．そこで，この度，時代の移り変わりに合わせて内容を改め，改訂4版を出すことになりました．

　ところで，前の改訂からこの約5年の間にも，生命科学に関連した多くの出来事がありました．例えば，京都大学の山中伸弥教授が人工多能性幹（iPS）細胞を作製した業績でノーベル医学生理学賞を2012年に受賞（体細胞クローンカエルを作製したジョン・ガードン博士と共同受賞）したことは記憶に新しいはずです．そして，そのわずか2年後の2014年には，理化学研究所のグループが中心となって，iPS細胞を分化させて作製した網膜細胞をシート状に加工し，加齢黄斑変性の患者に移植する治療に応用し，成功させました．山中教授がヒトiPS細胞の作製を発表したのは2007年ですから，わずか7年で再生医療にまで応用されたことになります．再生医療関連法の整備も進みましたので，生命科学の研究成果の医療などへの応用は，これからより速く進むでしょう．

　この改訂4版も，時代の速い変化に対応すべく，最新の研究成果も取り込んだ上で，これまでの編集コンセプトである「よりわかりやすく」「より新しく」「より正確に」を継承して仕上げました．類書の中では，最も充実した一冊であると自負しております．

　なお，これまで本書には多くの先生方に，多数の有益かつ貴重なご意見を賜って参りました．何度も改訂して発行できますのも，そのおかげと申し上げても過言ではありません．この場を借りまして，先生方には，深謝の意を表しますと同時に，改訂4版につきましてもこれまで同様にご活用いただけますよう，著者一同，改めてお願い申し上げます．

2015年2月6日

木下　勉・小林秀明・浅賀宏昭

初版の序

　21世紀は「生命科学」の時代と言われています．2003年4月にはヒトゲノムが完全解読され，既に読んだゲノムの意味を検証していくポストゲノムの段階に入りました．今も，世界中の研究機関から「生命科学」に関連する膨大な量の新しい情報が絶え間なく発信されています．

　「生命科学」は基礎の科目ながらも，私たち自身に直接かかわる内容を非常に多く含んでいる点が，他の基礎科学とは大きく異なります．米国ではこの重要性がいち早く認識され，ハーバード大学やマサーチューセッツ工科大学（MIT）などでは，専攻にかかわらず「生物学」など「生命科学」関連の科目が必修となっているぐらいです．米国では，大学の学部でこれらをじっくり学んでから社会に出たり，医学部（米国の医学部は大学院）へ進学するというわけです．

　ところが，わが国では，高校理科の「生物」で扱う内容が年々削られている上，その高校「生物」すら未履修のまま，医学・生命科学・医療技術・看護系の大学へ入学する人が増えているのが現状です．このような学生のために，補講などの対策に頭を悩ましている大学が少なくありません．この問題はカリキュラムや入試などの制度が改正されればいずれは解決されるかも知れません．しかし，この分野には，将来，命にかかわるような重要な判断を要求される職種に就く予定の学生も多く，一刻も早く解決する必要があることは明らかです．

　一方，平成13年度に，全国の医学・歯学の共通の教育カリキュラムとして「医（歯）学教育モデル・コア・カリキュラム」「準備教育モデル・コア・カリキュラム」が医学・歯学教育の在り方に関する調査研究協力会議によって提示されました．このカリキュラムにはそれまでの医学・歯学教育の内容が整理・精選されており，今後のわが国の医学・歯学教育のスタンダードとして，ますます重視されていくものと考えられます．

　こうした状況を踏まえ，本書は，生命科学の基礎をまとめるだけでなく，最新の成果を可能な限り盛り込みつつ，高校「生物」未履修の学生にもわかりやすい記述を心がけ，しかもできるだけ「コア・カリキュラム」にも沿うという欲張った企画から出発して出来上がったものです．本書では，大学の「生命科学」担当者と高校の「生物」担当者が綿密な相談のもとに共同執筆するというユニークな組み合わせで執筆し，いわば，高校から大学の橋渡しを担うテキストとなりました．医学・生命科学・医療技術・看護系の大学に学ぶ学生に焦点を当てていますが，他分野を専攻する学生が最新の生命科学の基礎を学ぶためにも適した内容・構成となっていますので，多くの方に活用していただきたいと思っております．

2003年11月1日

木下　勉・小林秀明・浅賀宏昭

目次
CONTENTS

Chapter 1 　生命とは　　1
1. 生命とは ……… 1
2. 他の生物や無生物環境との関わり合い ……… 2

Chapter 2 　生命の最小機能単位・細胞　　5
1. 細胞の多様性 ……… 5
2. 細胞の基本構造とその機能 ……… 10
3. 細胞骨格と細胞運動 ……… 17
4. 細胞周期とその調節 ……… 21
5. 細胞死 ……… 23

Chapter 3 　多細胞動物の体　　27
1. 組織，器官，器官系 ……… 27
2. 器官の働き ……… 29
3. 配偶子形成 ……… 34
4. 受精と初期発生 ……… 36
5. 細胞接着と細胞外マトリックス ……… 39
6. 器官形成の機構 ……… 40
7. 幹細胞と器官の再生 ……… 44
8. 細胞の老化と個体の老化 ……… 46

Chapter 4 　生命体を構成している物質　　51
1. 生体を作る元素 ……… 51
2. 水と無機質 ……… 52
3. タンパク質 ……… 54
4. 糖　質 ……… 68
5. 脂　質 ……… 71
6. 核　酸 ……… 75

Chapter 5 　体内における物質代謝　　79
1. 酵素反応とその阻害 ……… 79
2. 酵素の分類 ……… 81
3. ビタミンと補酵素 ……… 82
4. 栄養素の消化と吸収 ……… 83
5. 糖質代謝 ……… 87
6. タンパク質の代謝 ……… 92
7. 脂質代謝 ……… 94
8. 核酸（ヌクレオチド）代謝 ……… 98

目 次

Chapter 6 生命の設計図・遺伝子の複製と発現　　101

1. メンデルによる遺伝の考え方 …………………………………… 101
2. ヒトに関する遺伝現象 …………………………………………… 106
3. 遺伝子の本体・DNA の構造 …………………………………… 109
4. 遺伝子の存在様式 ………………………………………………… 113
5. DNA の複製 ……………………………………………………… 116
6. 転　写 ……………………………………………………………… 119
7. 翻　訳 ……………………………………………………………… 121
8. 遺伝子発現の調節 ………………………………………………… 126
9. DNA 損傷と修復機構 …………………………………………… 131
10. DNA の変異と発がんおよび進化 ……………………………… 133
11. 遺伝子工学 ………………………………………………………… 137

Chapter 7 ホメオスタシス（恒常性）　　147

1. ホメオスタシスの概念 …………………………………………… 147
2. 内分泌系とホルモン ……………………………………………… 148
3. ホルモンによる調節 ……………………………………………… 152
4. 神経系による調節 ………………………………………………… 154
5. 内分泌系と神経系によるクロストーク ………………………… 156

Chapter 8 生体の防御・免疫系と疾患　　163

1. 非特異的な生体防御機構 ………………………………………… 163
2. 免疫の概念とは …………………………………………………… 164
3. 体液性免疫 ………………………………………………………… 165
4. 細胞性免疫 ………………………………………………………… 168
5. 免疫と疾患 ………………………………………………………… 169
6. 臓器移植と免疫抑制剤 …………………………………………… 171

生命科学の泉　「ヒトに関する数値」 ………………………………… 173
日本語索引 ……………………………………………………………… 175
外国語索引 ……………………………………………………………… 180

Column
- 生物の多様性　4
- C_4 植物と CAM 植物　18
- プリオン病　25
- 寿命がない不老不死の多細胞動物になりたいか？　49
- 丸い種子としわの種子　103
- 検定交雑　106
- 肺炎レンサ球菌（旧 肺炎双球菌）　110
- モラル分子とも呼ばれる信頼のホルモンとは？　161
- RNA ワールド　172

Step up
- iPS 細胞　47
- 抗がん剤となり得るタンパク質キナーゼの阻害剤　77
- ラインウィーバー－バークの二重逆数プロット　100
- RNAi　129
- ゲノム編集　145
- エピジェネティクス　146

Chapter 1 生命とは

Summary

　生物に共通した特徴は，①体を維持する代謝の仕組みを持つこと，②自身を複製するための仕組みを持っていること，の2つに要約できます．生命科学は，広義では「生命に関する科学」で，この場合，応用科学的なニュアンスも多少含みます．一方で，生命科学は「人間（ヒト）の理解を中心視点に捉えた基礎生物科学」と見ることもでき，本書で扱う内容は，ほぼこちらに相当します．ところで生物は，生きていくに当たり，他の生物や無機的（無生物的）環境と関わらずにはいられません．つまり，いかなる生物も，まわりの環境があって初めて生命活動を続けていけるのです．現在，ヒトは，生態系に対して最も影響力が強い生物となりました．したがってヒトである私たちは，環境とのよりよい関わり合い方を模索し，それらとの共生なくしては存続できないのです．

Keywords

生命　life　　　　　　　　　　環境　environment
生命科学　life science　　　　生態系　ecosystem
生物科学　bioscience

1 生命とは

1 生命や生物を定義することは難しい

　いろいろなものについて，それが生きものかどうか，子供に尋ねてみます．すると，「動く」，「反応する」，「成長したり増えたりする」などの特徴を持つかどうかで，判断して答えてきます．たしかに，これでだいたいは判断できます．しかし，科学技術の発達により，「人工生命」と呼ばれる擬似生命や，生きものに酷似した特徴を持つ「ロボット」が作られるようになりました．これらが生きものかどうかを判断する基準は何でしょう．また，医療技術の発達により「脳死」やいわゆる「植物状態」という，個体として生きているかどうかの判断が難しい状態も維持できるようになりました．このような状態にある人の生命については，どう考えたらよいのでしょうか．

　実は，生命や生物については，専門家によっても見解が違っています．生命や生物を定義することについては，地球の生物についての情報しかないことなどの理由から，不可能または時期尚早という専門家もいます．特にヒトの生命については，宗教などの影響も完全には排除できませんので，社会的に統一した見解を得るの

表1-1　生物に共通した特徴

| ① 体を維持するための代謝の仕組みを持つ |
| ② 自身を複製するための仕組みを持つ |

は極めて困難であるのが現状でもあります．

2 生物の特徴

　そこで，ここでは，これまでに記載されてきた生物に共通した特徴を仮の定義としてあげておくことにとどめます．それは，①体を維持する**代謝**の仕組みを持つこと，②自身を複製するための仕組みを持っていること，の2つに要約できます（表1-1）．

　①は，外から物質を取り込み，それを代謝することで，エネルギーを取り出し，それを利用して自分に必要な物質（有機化合物）を合成し，体を維持したり成長（生長）したりできることです．②は，遺伝物質である**核酸**を持ち，その情報に基づいて，自分と同じ特徴を持った細胞を作り出すことができることです．

3 ウイルスは生物か無生物か

　光学顕微鏡では見えないほど小さい**ウイルス**についてはどうでしょうか．ウイルスは遺伝物質を持ち，その情報から，体のタンパク質を作

ります．増殖することもできます．しかし，ウイルスは，増えるための仕組みは部分的にしか持っておらず，増殖する際に，宿主となる細胞が持つ仕組みを借りなければなりません．生物の定義を，上記の生物に共通した特徴2つとすると，ウイルスはそれらを部分的にしか持っていないことになります．つまり，ウイルスは生物ではないといえます．

ただし，この問いの答えは，定義に依存しています．生物の定義を変えれば，ウイルスも生物ということにもなり得るのです．実際に別の定義を掲げて，ウイルスも生物だと主張する専門家もいます．いずれにしてもウイルスは生物と無生物の境界近くに分類されるもの，ということです．

4 細胞の生命，個体の生命

ヒトを含めた多細胞生物については，個体としての生命と，細胞としての生命について，分けて考える必要があります．基本的には，細胞が生きていても，それらの統合が乱れ，個体を維持できる機能が果たせなくなれば，個体は死んだとされます．例をあげれば，自発呼吸ができる「植物状態」の人は生きていると判断されますが，人工呼吸器がなければ呼吸できない「脳死」状態の人は，多くの国で，死んでいると見なされます[※1]．

かつては，細胞の生命は，あくまでも細胞の生命として，個体の生命とは分けて考えれば済んでいました．それが科学技術の進歩によって，両者の線引きが難しくなってきています．クローン動物作製，臓器移植，人工臓器，再生医学の技術や医療技術がどんどん進み，これらが，細胞や組織レベルの生命と，個体としての生命の境界を曖昧にしてきているのです[※2]．

多細胞植物のたった一個の細胞を培養して増やして個体を作ることができるようになってから随分と時間が経ちました．同じことを動物ではできませんが，やがて可能になるでしょう．

そのときには，細胞と個体の生命について，もう一度考え直す必要が生じるに違いありません．

5 生命科学とは

生命科学という学問についても，専門家により定義が異なることがあります．広義での生命科学の意味するところは，生命に関わるすべての科学の分野を包括したものです．この場合，医学，薬学，農学，工学などの応用科学的なニュアンスを含んでいます．一方で，生命科学はヒトの理解を中心視点に捉えた生物科学とされることも多いようです[※3]．あるいは，最近の新聞などでの生命科学やライフサイエンスの言葉の使われ方を見ていると，それらには生命に関係した最先端のテクノロジー（技術）のニュアンスも含まれていると感じることがあります．しかし，本来，科学は学問であり，技術そのものは学問ではない部分を多く含んでいます．また，応用を視野に入れていても，応用を直接の目標として発達してきた部分が生命科学の根幹を成しているとはいえません．すなわち，生命科学は，応用が目的ではないものの，応用しやすい内容が詰まっている学問分野といったところでしょう．

本書では「多細胞動物としてのヒトを中心とした生命科学を，基礎科学の立場から，応用を意識しながら展開していく」こととします．特に，細胞生物学，生化学および分子生物学の基礎を中心とした内容となっています．

2 他の生物や無生物環境との関わり合い

1 生態系とは何か

ヒトを含め，あらゆる生物は，まわりの他の種の生物や無生物と関わらなければ生きていけません．

ある生物はまわりの環境の影響に応じて変化しますが，逆にその生物の働きで，まわりの環

※1：日本でも2009年に「臓器の移植に関する法律」の改正案が提出され，衆・参両議院で可決されました（2010年7月施行）．その内容は，脳死は人の死であることを前提としたものです．
※2：脳死者の女性が帝王切開で子供を産んだアメリカでの事例があります．この例は，個体としては死んだと見なされる親からも子供が生まれる可能性があることを示しています．
※3：1996年の科学技術会議のライフサイエンス（生命科学）部会では，「ライフサイエンスはあくまでも人間理解を中心視点に捉えたバイオサイエンス（生物科学）である」と定義されました．

2. 他の生物や無生物環境との関わり合い

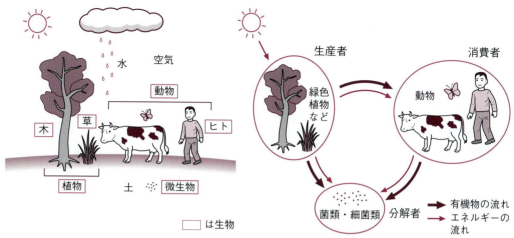

図 1-1 生態系　　　　　　　　　図 1-2 生態系の中の生物の集団

境が影響を受けて変わっていくこともあります．つまり，ある同じ地域・空間にいる生物の集団と，水，空気や土などの無生物による環境は，相互に影響を及ぼし合う密接な関係を持っています．このようなまとまりを**生態系**といいます（図 1-1）．

2 生産者，消費者と分解者

　生態系の中の生物の集団は，大きく 3 つに分けられます．すなわち，太陽の光エネルギーを取り入れて，無機物である二酸化炭素や水から有機物を作る植物などの**生産者**，生産者の作った有機物を直接・間接に栄養として利用する動物などの**消費者**，生物の遺体や排出物中の有機物を分解して無機物にする菌類や細菌類などの**分解者**です（図 1-2）．消費者や分解者が生態系内に戻した無機物は，再び生産者が利用します．ですから，これらの三者は相互に依存し，影響を及ぼし合いながらも，見かけ上，ある程度は安定しているように見えます．このような状態を**動的平衡状態**といいます．

3 ヒトは最も影響力が大きい消費者

　生態系では，ヒトは消費者に属します．数百万年前に出現した私たちの先祖は，一消費者として，生態系の中の環境にうまく順応していったと考えられます．しかし，1 万年前に農耕や牧畜を開始すると，環境に及ぼす影響が大きくなりました．さらに約 200 年前の産業革命以降，石油や石炭などの化石燃料の莫大なエネルギーを使うようになったヒトは，環境へ様々な物質を大量に排出するようになりました．このころからヒトは生態系で影響力が一番大きい消費者になったのです．脊椎動物は地質時代の 100 年に平均して 1 種が絶滅してきましたが，最近の 100 年では 90 種も絶滅しています．この事実から，ヒトは，他の生物を間接的に絶滅に追いやっているとも考えられます．現在，様々な対策が講じられていますが，人口は増え続けており，エネルギー源に化石燃料を使わねばならない状況も続くと思われますので，ヒトの消費者としての影響力は小さくならないでしょう．

4 生態系の視点を原点の一つに

　できるだけ環境に影響を及ぼさないよう，化石燃料を使うのを止めようという考えもあります．しかし，現在のように文明が進み，人口も増えている状態では，皆でそうするのは不可能なことです．したがって，私たちは，これから生態系の中で，どのように生きていくか，新しい方法を常に考えて実行する必要があります．私たちは，他の生物や環境とのよりよい関わり合い方を模索し，共生していかねばならないのです※．

※：例えば，ガソリンに代えて，バイオエタノールを使用することも，共生していくための新しい方法でしょう．

生物の多様性

● 維持していくことの意義

　生物多様性を維持する意義はどこにあるのでしょうか．私たちが生きていくことから考えてみましょう．食物は当然，まわりの動植物から得るわけですから，多数の種がいるほうが食物を選べるので，望ましいことがわかります．また，植物の光合成に依存してエネルギーを得るにしても，多数の種の植物が共存するほうが，光をエネルギーに変換する効率がよくなるというデータがあります．さらに，私たちはいろいろな生物から有用な生理活性物質を得て利用してきました．アオカビからペニシリン（抗生物質），キナノキからキニーネ（マラリヤの特効薬），ヤナギの樹からサリチル酸（解熱鎮痛薬）などで，これらの中には使われなくなったものもありますが，より有用な医薬品を作るヒントとなったものもあります（サリチル酸をもとにアセチルサリチル酸が合成され，世界初の人工合成医薬品〔アスピリン®〕として使われるようになりました）．このように，多様な生物は資源として有用です．最近では，遺伝子資源という言葉もよく聞きますが，これは例えば，抗がん活性を持つタンパク質や，高温でも活性を失わないタンパク質などの有用なタンパク質が，様々な生物から得られることがわかってきたからです．タンパク質であれば，その遺伝子を単離して，それを微生物や培養細胞に導入して作れるので，産業上の利用価値が非常に高いのです．地球上には，数千万種以上の生物が共存していると推定されていますが，ゲノムの解析が済んだのはいまだほんの一部ですから，多くが未知です．これらはいずれも約40億年という時間が偶然に偶然を重ねて作った遺産であり宝庫といえます．こうした観点からも，生物の種の絶滅は防ぐべきだといえるでしょう．

● 守るためのルール

　生物多様性条約（正式名称「生物の多様性に関する条約」）は，生物の多様性を「生態系」「種」および「遺伝子」の3つのレベルでとらえ，①生物多様性の保全，②生物多様性の構成要素の持続可能な利用，③遺伝資源の利用から生ずる利益の公正かつ衡平な配分を目的とする国際条例です．1992年にブラジルのリオ・デ・ジャネイロで開催された国連環境開発会議で調印式を行い，1993年12月に発効されました．この条約の大きな特徴は，地球上の多様な生物の持続可能な利用にあります．すなわち，経済的・技術的な理由から生物多様性の保全と持続可能な利用のための取り組みが十分でない開発途上国に対して，資金的，技術的に支援されることが定められています．例えば，開発途上国で，産業上有用な遺伝子を持つ微生物などが他国の人に発見された場合，それを利用する権利は基本的には発見者にありますが，その土地の人々にも利益の一部を還元して，生物多様性の保全と持続可能な利用の取り組みに役立てようというものです（ただし，米国など一部の国がこの条約を締結していません）．

　生物多様性条約では，生物多様性に悪影響を及ぼす恐れのある遺伝子組換え生物の移送，取り扱い，利用の手続きなどについても検討するとしていました．このことを受けて，2003年に遺伝子組換え生物などの輸出入時に輸出国側が輸入国に情報を提供，事前同意を得ることなどを義務づけた国際協定「カルタヘナ議定書」（正式名称「バイオセーフティーに関するカルタヘナ議定書」）が発効されました（名称はコロンビアのカルタヘナでこの条約に関する最初の会議が開催されたことによる）．

　これに対応するため，わが国ではカルタヘナ法（正式名称「遺伝子組換え生物等の使用等の規制による生物の多様性の確保に関する法律」）が制定され2004年に施行されました．この法律では，遺伝子組換え生物などの一般使用や輸入など環境中への拡散を防止しないで使用する場合（第Ⅰ種使用：圃場などでの遺伝子組換え作物の栽培など）の事前承認・届出の義務，研究など環境中への拡散を防止して使用する場合（第Ⅱ種使用：実験室内での遺伝子組換え生物の作製など）の安全措置，輸出の際の相手国への情報提供，主務大臣による輸入立ち入り検査，回収・使用中止命令などが定められています．

Chapter 2 生命の最小機能単位・細胞

Summary

　生命は，今から約40億年前，深海の熱水噴出孔のような環境下にあった原始の海で誕生したと考えられています．最初の生物は細菌類などの原核生物でした．やがて光合成を行うことができる生物が誕生し，また，DNAは核膜に包まれるようになり単細胞の真核生物が誕生しました．真核生物には，他の生物が共生したり，いろいろな機能を行う細胞小器官も発達して，複雑化して植物や動物へと進化していきました．今から20〜17億年前の話です．酸素を利用できるようになった生物は飛躍的に生息域を広げ，細胞分裂によって個体数を増やし多細胞生物も誕生しました．多細胞生物の生息域は水中から陸上・大気中にまで拡大しました．また，多細胞生物には組織や器官が発達しましたが，それには個々の細胞周期上で分化の調節が必要となりました．構造や機能の異なる細胞では分裂速度や寿命も違います．特にアポトーシスと呼ばれる細胞死は，細胞自らが死んでいくことで形態形成にも寄与する，遺伝子に組み込まれた調節機構の一つです．

Keywords

原核生物　prokaryote
デオキシリボ核酸（DNA）
細胞小器官　cell organelle
真核生物　eukaryote
細胞分裂　cell division
組織　tissue
器官　organ
細胞周期　cell cycle
調節　control
細胞死　apoptosis

1 細胞の多様性

　生命の誕生，それは細胞の誕生を意味します．今から約40億年前，地球上に蓄積してきた無機物から**有機物**が合成され始めました．この過程を**化学進化**といいます．これらの無機物がどのように生じ蓄積したのか，地球の内部から地表に現れたのか，隕石によって運ばれてきたものなのか，それには諸説あります．いずれにせよ，合成された有機物は膜（膜の成因にも諸説ある）に包まれ，内部で簡単な代謝を行うようになったと考えられます．細胞（＝生命）の誕生です．その場所は，原始の海のどこかであるに違いないのですが，近年，深海の熱水噴出孔付近である可能性が高いと考えられています．細胞多様性のスタートです．

1 原核細胞

（1）原核細胞の誕生

　ここで，生命誕生のシナリオを少し紹介しましょう．現在，生物の類縁関係を調べる最も有効な手法の一つは，細胞に含まれるリボソームRNAの塩基配列（RNAは，リン酸，糖，塩基からなるヌクレオチドを構成単位とし，塩基にはA〔アデニン〕，U〔ウラシル〕，C〔シトシン〕，G〔グアニン〕の4種類あり，この並び方）の違いを調べることです．**リボソーム**は，原核・真核細胞に共通に含まれ，タンパク質合成に欠かせない**細胞小器官**（核やミトコンドリアのように，細胞内にあって独自の働きを行う構造体）です．したがってリボソームは，生命誕生時の細胞にも含まれていた可能性が高い細胞小器官の一つです．このリボソームRNAを構成する塩基は，何億年かに1回の確率で置換する性質があります．この置換する速度を置換速度といい，リボソームRNAの場合，置換速度が非常に遅いため，数億年単位の生物の系統を明らかにするのに都合がよいわけです．この手法によって作られた**系統樹**が図2-1です．

　この系統樹からも，地球上に最初に現れた生物は**原核生物**（原核細胞からなる生物）であることがわかります．また，原核生物に分類される細菌類の生育温度を調べると，分岐点の早い（古い）細菌ほど生育温度が高いことから，生命の誕生の場所が海底の熱水噴出孔付近のような環境を持つ原始の海，またはその様な環境であった可能性が考えられるのです．

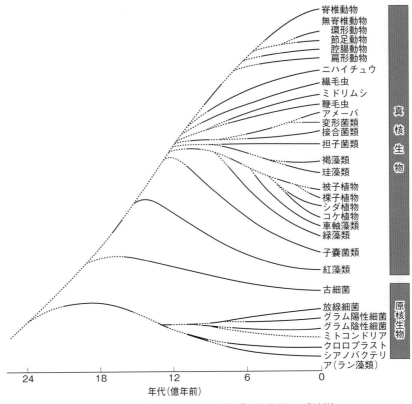

図 2-1　リボソーム RNA に基づく生物界の系統樹
ヒトとコウボ（子嚢菌類）の分岐を 12 億年前と推定して作られました．破線は誤差の範囲を示しています．

(2) 原核細胞とは

真核細胞には，遺伝情報を含む DNA が**核**という細胞小器官内に集められ，その周囲は小さな孔（**核膜孔**）が開いた**核膜**によって囲まれています．このように，真核細胞が核膜に包まれた核を細胞質内に持つのに対し，原核細胞は細胞質内に核膜に包まれた核を持ちません．したがって DNA は細胞質基質中に露出しています．しかし，原核細胞を電子顕微鏡で観察する限り，DNA は均一に細胞質基質内にあるのではなく集まって写っています．特にこの部分を核様体と呼ぶこともあります．

真核細胞は，細菌類とシアノバクテリア（ラン藻類）以外の生物細胞に共通の細胞で，その大きさ（長さ）は，数 10 〜 100 μm です．原核細胞の大きさは，真核細胞の 100 分の 1 ほどの大きさで数 μm 以下がほとんどです．核様体部分に含まれるゲノムの大きさ（簡単にいうと遺伝子の量）も真核生物の 100 分の 1 〜 1,000 分の 1 しかありません．また，原核細胞の細胞質基質中には目立った細胞小器官がないこともわかります．実際，真核細胞に見られるミトコンドリアや葉緑体などはなく，観察できるのは細胞壁，細胞膜，リボソームだけです．中には，鞭毛を持って泳ぐことができる原核生物もいます（図 2-2）．なお，細胞壁の成分は真核細胞がセルロースであるのに対して，原核生物の細胞壁の主成分はペプチドグリカンという物質です．また，細菌類に分類される最も小さな生物といわれるマイコプラズマには細胞壁はありません．

(3) 原核生物の世界

原核細胞を持った生物を**原核生物**といいます．原核生物には細菌類とシアノバクテリアが含まれます．最古の化石は，約 35 億年前にできたと推定される岩石から発見された細菌類と

1. 細胞の多様性

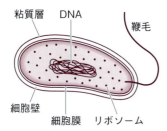

図 2-2　原核細胞（細菌）の模式図
細胞壁や鞭毛のない仲間もいます．

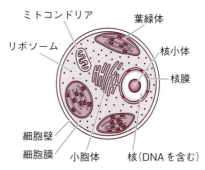

図 2-3　真核細胞の模式図（植物）

されています．マイコプラズマは，大きさがウイルスほどしかなく細胞壁もないことからウイルスとも考えられましたが，宿主なしに自己増殖できるので，近年では細菌類に分類されています．細菌類の仲間を高等学校の生物の教科書からその一部を拾ってみただけでも，大腸菌，乳酸菌，酢酸菌，硝酸菌，亜硝酸菌，コレラ菌，肺炎レンサ球菌，根粒菌と，多様であることがわかります．シアノバクテリア（ラン藻類）についても代表的な仲間を探してみると，アオコ，スイゼンジノリ，ユレモ，ネンジュモなどあり，唯一スイゼンジノリは，黄金川（福岡県）産のものが食用として市販されています．

2 真核細胞と真核生物

　二重膜でできた核膜によって包まれた核を持つ細胞を**真核細胞**といい，細胞質内には膜構造を持った**細胞小器官**が発達しています．真核細胞に共通な細胞小器官は，**核**，**ミトコンドリア**，**リボソーム**，**ゴルジ体**，**小胞体**などで，植物細胞では**葉緑体**などの色素体や**液胞**が発達しています（図2-3）．また，**細胞骨格**である**紡錘糸**として働く**微小管**，原形質流動に関係する**マイクロフィラメント**，細胞の形態を保持する役割の**中間径フィラメント**なども動・植物細胞に共通に見られます．これらの他に**中心体**，**リソソーム**，**ペルオキシソーム**などもありますが，詳しくは次節で解説します．地球上の生物で原核生物以外の生物が真核生物です．

3 単細胞生物と多細胞生物
(1) 原核の単細胞生物

　地球上に最初に誕生した生物は単細胞の原核生物です．原核生物には，真核細胞に見られる

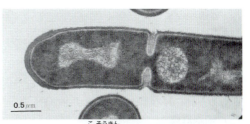

図 2-4　枯草菌の電子顕微鏡写真
膜構造を持った細胞小器官は見当たりません．
（天児和暢：細菌の電子顕微鏡図譜，p.7，南山堂，1983）

ような好気呼吸によってエネルギーを作り出すミトコンドリアはなく，独自の代謝系によって海水中の有機物を分解してエネルギーを作り出していました．また，原核生物であるシアノバクテリアのなかまには，真核生物が持っているような葉緑体はありませんが，光合成色素としてクロロフィル a や，フィコシアニンを持ち光合成を行うことができます．なお，ミトコンドリアや葉緑体は，真核生物が誕生（約20億年前）した後，すなわち今から約18～17億年前に，真核細胞内に別の生物が共生したと考えられています（**マーグリスの共生説**）．このように原核の単細胞生物には，真核細胞に見られるような細胞小器官（リボソームを除く）がないことがわかります（図2-4）．

(2) 真核の単細胞生物

　まずはゾウリムシと緑藻類のミドリムシの細胞構造を見てみましょう（図2-5）．単細胞でありながらゾウリムシには，消化酵素を含む食胞や細胞内部の浸透圧を調節する**収縮胞**などが発達しています．また，ミドリムシには葉緑体や感覚器（感光点や眼点）があり，光に向かって泳ぐこともできます．このように真核の単細

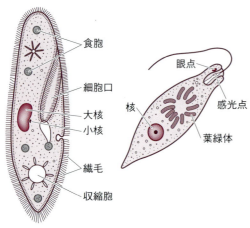

図 2-5　ゾウリムシ（左）とミドリムシ（右）

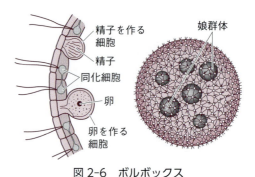

図 2-6　ボルボックス
卵や精子を作る細胞が球状の群体の表層に分化しています．

胞生物になると，細胞内小器官を発達させているものが見られるようになります．

（3）細胞群体

分裂などによって殖えた単細胞生物が，分離しないまま接着して生活しているものを**細胞群体**といいます．細胞群体を作る生物の中には，個々の細胞に分業化が見られるものがあります．例えば，水田や池などの淡水中に生育するボルボックスは，生殖細胞である卵や精子を作る細胞が表面に分化しています．細胞の構造と機能の多様化です（図2-6）．

ボルボックスの形は球形で，構成している細胞数は数千から数万程度です．その他の細胞群体を作る生物の形も球形，または糸状がほとんどです．つまり，これ以上大きな細胞群体になると，球状の個体では，すべての細胞に養分やガスが届かなくなるという問題が起きます．したがって細胞群体を作る生物が多細胞生物に進化していくには，この問題を解決するために，さらに多様な細胞の分化が必要となるのです．

（4）多細胞生物

多細胞生物になると，細胞は組織や器官などが分化した細胞集団となって互いに助け合いながら個体の生命活動を維持するようになります．例えば，私たちヒトの神経組織や筋組織を構成する細胞の大きさや形状，それぞれの働きは大きく異なり，分業化・専門化が一段と進んでいます（Chapter 3 参照）．

このように1個体の多細胞生物でも，構成する細胞は多種多様に分化し，さらに生育環境が異なる生物では，細胞の構造も働きも，大きく違ってきます．しかしながら，それぞれの細胞の中で機能を果たしている細胞小器官には共通なものがあります．

4 生物の多様性

このように地球上の生物は大きく原核生物と真核生物とに二分されます．また，地球上に誕生した順から，原核生物のほうが先輩に当たります．真核生物が多様化できたのも，原核生物が別の生物と共生し，さらに独自の環境に適応して進化した結果なのです．

さて，これら地球上の生物界を分類する考え方を提唱した学者は歴史上たくさんいますが，近年話題になって広く認められている学説を提唱したのが**ウーズ**と**マーグリス**です．微生物学者のウーズは，1990年，リボソーム RNA の塩基配列の研究から原核生物を古細菌と真正細菌の2群に分類し，真核生物とあわせて**3大ドメイン説**を提唱しました（図2-7）．真正細菌は，細菌類やシアノバクテリアなど教科書にも載っている馴染みのある分類群です．古細菌は好熱性細菌やメタン生成菌といった細菌類で，これらは現在でも太古の地球環境に似た過酷な生息域に見られる細菌類が含まれているのが特徴です．

次に真核生物は，マーグリスとシュワルツにより植物界・動物界・菌界・原生生物界と，原核生物界とあわせて生物界は図2-8のように5つに分類する考え方が支持されています．これを**5界説**といいます．5界説にはいくつもの考え方が提唱されてきました．なかでもホイッタ

1. 細胞の多様性

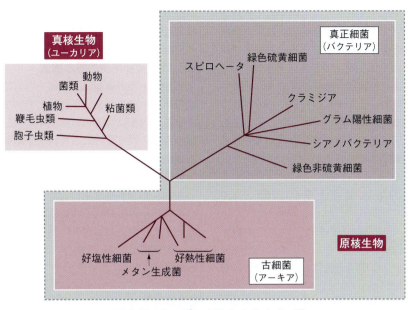

図 2-7　ウーズによる3大ドメイン説

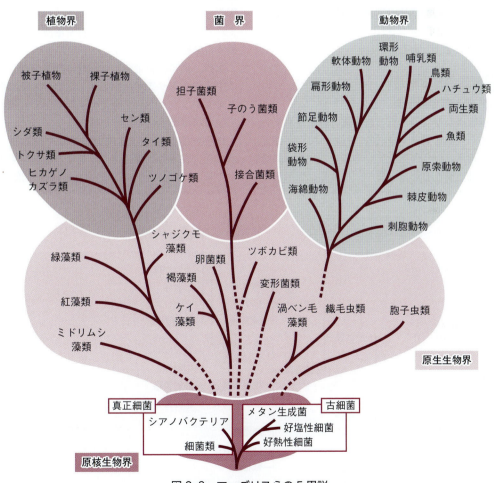

図 2-8　マーグリスらの5界説

カーの5界説は，マーグリスらの学説と共によく知られていますが，藻類を植物界に，卵菌類と変形菌類を菌界に分類している点がマーグリスらの5界説と異なっています．マーグリスらの5界説では，植物界や菌界がすっきりしているものの，原生生物界が他の4つのどの界にも含まれない生物の集まりになってしまいました．しかし，現在ではマーグリスらの5界説のほうが広く支持されています．

2 細胞の基本構造とその機能

1665年イギリスのフックは，コルクの切片を顕微鏡で観察したところ，たくさんの細胞壁に囲まれた小さな空所を発見し，この空所に対して「小さな部屋」という意味の「cell」という単語を当てはめました．日本語では「細胞」という語を使うようになりました．以後，生物を構成する基本単位が動物も植物も細胞であるという**細胞説**が提唱され，生命の単位としての細胞観も確立しました．

1 細胞の基本構造

(1) 原形質と後形質（図2-9）

細胞はかつて**原形質**と**後形質**に分類されていました．原形質は生命活動が行われている部分で，簡単にいうと生きている部分で，核・細胞質・細胞膜などを指します．後形質は原形質の働きで作られた物質で，生命活動を行っていない部分を指していました．しかし，今では後形質も生命活動を行っていることが知られており，後形質という言葉は使われなくなりました．

(2) 動・植物細胞の基本構造

多細胞生物の細胞は，組織や器官に分化し同じ個体の中でも形態は多様化しています．しかし，その内部に含まれる細胞小器官には共通なものも見られます．ここでは電子顕微鏡レベルで観察することができる細胞の基本構造を解説していくことにします（図2-10）．

まず，動物細胞にも植物細胞にも共通に含まれる細胞小器官や構造物には次のようなものがあります．染色質を含み二重膜でできた核膜によって囲まれた**核**，細胞の周囲を囲む**細胞膜**，好気呼吸によりエネルギー（ATP）を産生する**ミトコンドリア**，分泌顆粒，リソソームなどを生成する**ゴルジ体**，タンパク質の運搬経路である**小胞体**，タンパク質を合成する**リボソーム**，細胞内消化を担う**リソソーム**，多くの酵素が含まれる**細胞質基質**，形態の維持や細胞運動に関係する**細胞骨格**などです．

次に，動物細胞全般に見られる細胞小器官には**中心体**があります．中心体は細胞分裂時に働きますが，コケやシダなどの植物細胞でも精子を作る精細胞中に中心体が見られます．

植物細胞に見られる細胞小器官や構造物には，光合成を行う**葉緑体**，成長した細胞や果実中の細胞に多く見られ分泌物を貯蔵する**液胞**，形態維持を担う**細胞壁**などがあります．

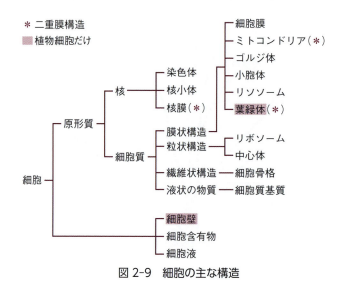

図2-9 細胞の主な構造

2. 細胞の基本構造とその機能

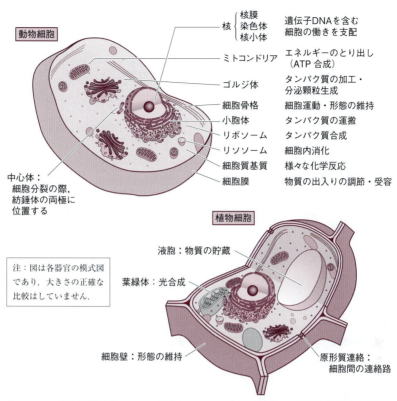

図2-10 電子顕微鏡レベルで観察することができる動・植物細胞の基本構造

2 核 nucleus

(1) 核の構造（図2-11）

核の大きさや細胞内での位置は，生物によって，また同一個体でも組織や器官によって様々です．核の構造は，二重膜の**核膜**，その内部の**核液**（**核質**），電子顕微鏡写真では濃く写る**核小体**（旧来「仁」と呼ばれていたもの）などに区別できます．核膜には，**核膜孔**がたくさん開いており，細胞質と連絡しています．タンパク質合成時には，**伝令RNA**（mRNA：messenger RNA）がこの核膜孔を通って細胞質中のリボソームに到達します．また，核膜は小胞体とも連絡しています．核の中の液体で満たされた部分を核液，または核質といい，遺伝子DNAが含まれています．細胞周期の分裂期と分裂期の間の間期と呼ばれる時期（後半）には，数十〜数百μmの長さの**染色体**（**染色質**〔クロマチン〕よりなる）が核の中に見られるようになります．染色体とは，DNAがタンパク質でできた球状の**ヒストン**に巻きついて**ヌクレオソーム**を形成し，さらにそれが折りたたまれて糸状になった

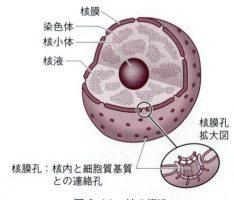

図2-11 核の構造

ものです．核分裂が近づくと複製されたDNAを含んだ染色体が急速に凝縮して太い染色体となり，光学顕微鏡でも確認できるようになります（図2-12）．

(2) 核の働き

細胞質と隔たれた核内は，DNAの複製やRNAの合成に適した環境を与えています．生物の成長に欠くことができない細胞分裂では，

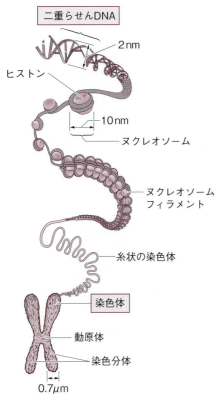

図2-12 染色体の構造

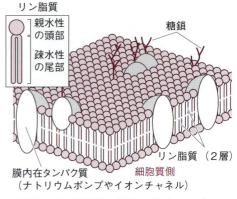

図2-13 細胞膜の流動モザイクモデル

分裂に先立って核内でDNAが複製され，次いで染色体が形成されるころ核膜が消失し，核の内部は細胞質にさらされ，分裂装置の働きで染色体が娘細胞に等分されます．このように核は，遺伝子DNAを子孫に受け継ぐための安定した環境を与えているのです．

また，核は形質発現に際しDNAからmRNAへの**転写**の場として重要な役割を担っています．転写とは，RNAポリメラーゼ（RNA合成酵素）によってDNAの塩基配列が相補的にmRNA（正確にはmRNA前駆体）に写し取られる過程をいいます．出来上がったmRNA前駆体は有用な遺伝情報を持つ部分（**エクソン**）と持たない部分（**イントロン**）を含むので，**スプライシング**によってイントロン部分が切り取られてエクソン部分のみのmRNAが完成します（p.120）．なお，核液の中に1～数個見られる核小体には，リボソームRNAを合成するDNAが含まれており，現在，核小体からのリボソーム形成過程が研究されています．

3 細胞膜　cell membrane

(1) 細胞膜の構造

細胞膜は原形質の周囲を囲む厚さ5～8nmの膜です．現在，膜構造に関してはシンガーとニコルソンによって提唱された**流動モザイクモデル** fluid mosaic model が支持されています．それによると，リン脂質は親水部が外側を向き，疎水部が内側を向いて2層に重なり，そのリン脂質の層にタンパク質がモザイク的に埋め込まれています（図2-13）．さらにリン脂質やタンパク質などの構成分子は流動的な性質を持ち，自由に移動することができるというものです．リン脂質の間を埋めるタンパク質には，特定の分子を通過させるチャネルタンパク質やホルモンなどの受容体タンパク質，ナトリウムポンプなどのタンパク質，細胞間結合に関係するタンパク質などがあります．また，細胞膜の表面には，自己・非自己の認識において目印となる糖鎖が伸びています．

(2) 細胞膜の働き

細胞膜は選択的透過性を持った半透性の膜（半透膜）ということができます．

a. 半透性と浸透圧

半透膜とは，分子量の大きな溶質（糖など）は通さないが，分子量の小さな溶媒（水など）は通す膜をいいます．細胞膜のような生体膜の他にはセロハン膜が半透性を示します．半透性の性質を実験で示すと図2-14のようになります．半透膜を境にショ糖溶液と水を入れた容器を用いると，やがてショ糖溶液の液面が重力に逆らって上昇する現象が見られます．これは，小さな穴が開いている半透膜のモデルで考え，

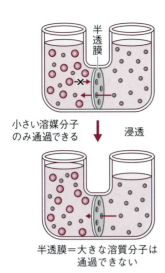

図 2-14 半透膜と浸透圧
大きな丸（例えばショ糖分子）は拡散することができず、小さな丸（水分子）のみが拡散し半透膜を浸透することができます．

水分子のみが拡散にしたがって移動でき，ショ糖分子は半透膜の穴を通ることができなかったことで説明できます．このとき半透膜を介した水の移動を浸透といい，ショ糖の液面を押し上げた圧力を浸透圧といいます．

b. 選択的透過性

もし細胞膜が半透性のみの性質であったら，細胞内外の物質の出入りは非常に限られたものになってしまいます．血球や肺胞，消化管内の様々な成分の出し入れには，半透性以外の性質が欠かせません．冒頭に「選択的透過性を持った半透性の膜（半透膜）」と記したように，細胞膜には選択的透過性という，もう一つの性質があります．**選択的透過性**とは，物質によっては透過させたりさせなかったり，透過速度を変えたりする性質をいいます．例えば，分子の大きさが大きくても脂溶性の物質（ビタミンAなど）は比較的細胞膜を通りやすい性質があります．また細胞膜はイオンを通すことはできませんが，特定のイオンチャネルと呼ばれるタンパク質部分からはイオンが出入りすることができます．これらの透過は細胞内外の濃度差に従い，エネルギーを使うことがない単純な拡散現象なので**受動輸送**といいます．また，細胞膜にはエネルギーを用いて細胞内外の濃度差に逆らって特定の物質を出し入れする**能動輸送**があ

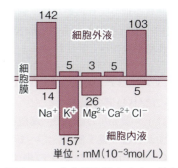

図 2-15 赤血球内外のイオン分布
ナトリウムポンプの働きによって細胞外に Na^+ が，細胞内に K^+ が多いことがわかります．

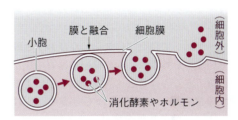

図 2-16 細胞膜の分泌作用

ります．例えば，赤血球の細胞膜にあるナトリウムポンプと呼ばれるタンパク質は，ATP（アデノシン三リン酸）のエネルギーを使って，細胞内のナトリウムイオン（Na^+）を細胞外に排出し，細胞外にあるカリウムイオン（K^+）を細胞内に取り込みます．

このように細胞膜には選択的透過性という性質があり受動輸送の他にエネルギーを使う能動輸送も兼ね備えているのです（図2-15）．

c. 膜流動

原形質周囲の細胞膜の他，細胞小器官である小胞体やゴルジ体の膜を含め，これらの膜は互いに融合したり分離したりすることができます（膜流動）．したがって細胞膜は，粗面小胞体→ゴルジ体→細胞膜という膜の融合離散を繰り返して合成されると考えられています．その際，ゴルジ体より分離した小胞などの内容物は，細胞膜の融合とともに細胞外へ排出されます．これを分泌作用といいます（図2-16）．寝る前にチョコレートやナッツ類を食べると，翌朝，ニキビや吹き出物が出るのはこの分泌作用により不要な油分が排出されるためです．また，**分泌作用**とは逆にアメーバやマクロファージなどが

細胞外の物質を取り入れる際には，細胞膜が凹んで細胞内へ物質を取り込むことができます．これは**飲作用**や**食作用**と呼ばれています．

4 ミトコンドリア　mitochondria
(1) ミトコンドリアの構造

　大きさは1〜数μmの棒状で，細胞によって異なりますが数百〜数千個入っています．名前の由来は，糸（mito）のように細く，顆粒（chondria）状のものという意味です．特殊な手法で撮影した細胞像では，模式図（図2-17）よりは細長く，核の周辺で盛んに動いているのが観察できます．なお，ミトコンドリアの染色にはヤヌスグリーンなどが用いられます．膜は二重膜で，内膜はミトコンドリア内部の基質（マトリックス）にひだ状に突出し**クリステ**と呼ばれています．外膜は，他の細胞小器官の膜と似た性質であるのに対し，内膜には電子伝達系に関する酵素群が多く含まれています．これはマーグリスの共生説を裏付ける証拠の一つで，ミトコンドリアが好気性の原核生物由来である可能性を強く物語っています．この他にも共生説を裏付ける証拠として，ミトコンドリアはマトリックス内に独自のDNAを持ち，分裂で増えることもできます．このDNAの塩基配列や大きさが，ミトコンドリアを持つほとんどの生物で共通であることも共生説を支持するものです．

(2) ミトコンドリアの働き

　ミトコンドリアは，**好気呼吸**（酸素を使う呼吸）の過程である解糖系・クエン酸回路・電子伝達系のうちクエン酸回路と電子伝達系を担当します．このうち，解糖系は酸素を使わないので**嫌気呼吸**（酸素を使わない呼吸）であるアルコール発酵や乳酸発酵にも見られる過程です．嫌気呼吸では1モルのグルコースを呼吸基質とした場合，ピルビン酸やエタノールや乳酸が生成される間に2モルのATPしか合成することができません．一方，好気呼吸を行うことができる生物は，解糖系で生じたピルビン酸をミトコンドリアのマトリックス内で活性酢酸に変え，クエン酸回路や内膜にある電子伝達系の酵素群によってATPを新たに36モル合成することができます．これをグルコース1モルのエネルギー利用率で見ると，好気呼吸はアルコール発酵の約20倍にもなります（p.88）．

5 葉緑体　chloroplast
(1) 葉緑体の構造（図2-18）

　陸上植物の葉緑体は直径5μm，厚さが3μmほどの細胞小器官で，生物種によって異なりますが1つの細胞中に数十〜数百個入っています．膜は二重膜で，基質である**ストロマ**中にはさらに扁平な袋で光合成色素を含む**チラコイド**が多数見られます．ストロマ中には，円盤状のチラコイド膜が餅を重ねたように積み重なった部分があり**グラナ**と呼ばれます．その他に，ストロマ中には水，各種イオン，酵素，リボソーム，葉緑体独自のDNAなどが含まれています．チラコイドに含まれる光合成色素には，主色素としてクロロフィルa，補助色素としてクロロフィルbやカロテノイドなどが含まれています（図2-19）．クロロフィル（葉緑素）の基本構造は，4個のピロールが結合したポルフィリン環の中央にMg原子が1個配位し，ピロール環にフィトール基が1個エステル結合したものです（図2-20）．

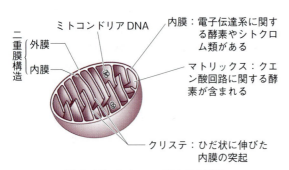

図2-17　ミトコンドリアの構造
ヒトのミトコンドリアDNAは16,569塩基よりなります．

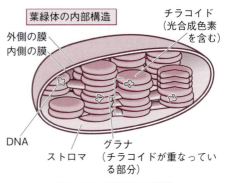

図2-18　葉緑体の構造

	光合成色素		光合成細菌類	シアノバクテリア	藻類 紅藻類	藻類 ケイ藻類	藻類 褐藻類	藻類 緑藻類	コケ・シダ・種子植物
主色素	クロロフィル	クロロフィル*a*		●	●	●	●	●	●
主色素	クロロフィル	バクテリオクロロフィル	●						
補助色素	クロロフィル	クロロフィル*b*						○	●
補助色素	クロロフィル	クロロフィル*c*				○	○		
補助色素	カロテノイド	カロテン類		○	○	○	○	○	●
補助色素	カロテノイド	キサントフィル類			○	○	○	○	●
補助色素	フィコビリン	フィコシアニン		○	○				
補助色素	フィコビリン	フィコエリトリン		○	○				

●は特にポイントとなる分布

図 2-19　光合成色素

クロロフィル *a* は，光合成細菌を除くすべての生物に含まれます．

(2) 葉緑体の働き

葉緑体の働きは光合成です．光合成とは炭酸同化作用の一つです．太陽光を用いて光合成を行うことができるのは**クロロフィル**を持つ緑色植物と，**バクテリオクロロフィル**を持つ光合成細菌です．これらの生物は炭素源として CO_2 を用い，水素源としては H_2O や H_2S などを用いて，炭水化物であるグルコース（$C_6H_{12}O_6$）を作り出します．また，緑色植物ではグルコースの他に酸素と水が，光合成細菌では水と硫黄などが生成されます．

緑色植物の光合成は4つの反応系に分けて説明できます．1990年以前の教科書では，光合成は明反応と暗反応の2つの反応系で説明されていましたが，現在では，光が関係するのは反応系Ⅰのみで，反応系Ⅱ，Ⅲ，Ⅳは光を必要とせず，温度の影響を受ける反応系として説明されています．それぞれの反応は次の通りです．反応系Ⅰは光化学反応といい，クロロフィルが光エネルギーを吸収する反応です．反応系Ⅱは，反応系Ⅰに続き，水が分解され，その結果生じた水素がNADPを還元しNADPHとなる反応です．反応系Ⅲは光リン酸化といいATPが合成される反応です．反応系Ⅳは，NADPHとATPを使い，さらに大気中の CO_2 を還元してグルコースを生成する**カルビン・ベンソン回路**（還元的ペントースリン酸回路）です．これらの反応系のうちⅠ～Ⅲは主にチラコイドで行われ，反応系のⅣがストロマで行われます（図2-21）．

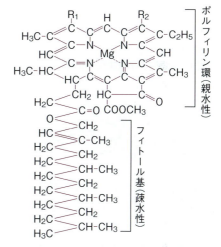

図 2-20　クロロフィルの構造

6 リボソーム　ribosome

大きさは15～30 nmで，大小2つの部分（ユニット）よりなります．構成成分は，リボソームRNAとタンパク質複合体です．原核細胞にも真核細胞にも含まれますが，両者で構造は若干異なっています．また，葉緑体やミトコンドリア内にも含まれています．細胞中には 10^3 ～ 10^6 個含まれており，細胞質に遊離しているものと小胞体に付着しているものとがあります．その働きは，いずれもタンパク質の合成です．タンパク質の合成では，初めにmRNAがリボソームに取り込まれます．次いでmRNAの塩基配列が解読され（翻訳），その情報にしたがって**運搬RNA**（**tRNA**:**transferRNA**）がアミノ酸

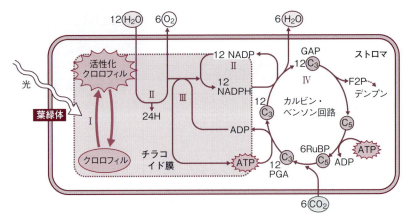

図 2-21　光合成の反応過程
PGA：ホスホグリセリン酸　GAP：グリセルアルデヒド 3-リン酸
RuBP：リブロース 1,5-二リン酸

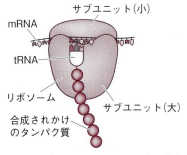

図 2-22　リボソームによるタンパク質合成

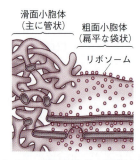

図 2-23　粗面小胞体と滑面小胞体

を運び，アミノ酸どうしがペプチド結合してポリペプチド→タンパク質となります（図 2-22）（Chapter 6 参照）．

7 小胞体　endoplasmic reticulum (ER)

一重膜で扁平な袋状構造や管状構造をしており，細胞質内の物質移動路です．リボソームの付着した**粗面小胞体**とリボソームが付着していない**滑面小胞体**とがあり，粗面小胞体は核膜とも連絡していることがあります．タンパク質や脂質を運搬し，ゴルジ体とも連携して細胞外に物質を分泌します（図 2-23）．

8 ゴルジ体　golgi body

1898 年にゴルジにより発見された一重膜の細胞小器官で，扁平な袋が幾重にも重なり，袋の端からは小胞（ゴルジ小胞）が離脱し一部は細胞膜に融合し内容物を分泌し，また，一部はリソソームとなって細胞内消化などの働きをします．ゴルジ体は膜流動により，生成されたタンパク質（酵素）などを加工選別して小胞に入れ分離します．したがってゴルジ体は，肝細胞や消化腺，内分泌腺に多く含まれています（図 2-24）．

9 リソソーム　lysosome

一重の膜に囲まれた細胞小器官で，大きさは数 μm ほど，内部にはリボソームで作られた多くの種類の加水分解酵素を含んでいます．図 2-25 のように食作用によって細胞外より取り込んだ物質を分解する働きがあります．なお，細胞内消化を行った後に残った不消化物の一部は細胞外に排出されず，これが蓄積することが老化の原因の一つとも考えられています．

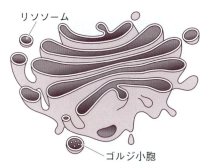

図 2-24　ゴルジ体

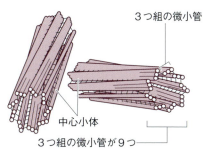

図 2-26　中心体

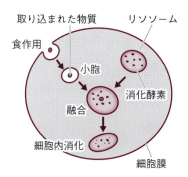

図 2-25　リソソームによる細胞内消化

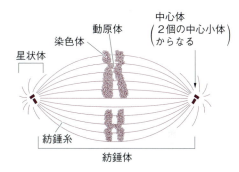

図 2-27　分裂中期の分裂装置

10 中心体　centrosome

　2個の**中心小体**（中心粒）が核の近くで直交した分裂装置の一部です．中心小体は3本の**微小管**が束になったものが9つ集まってできています．動物細胞の細胞分裂の際には，中心体は両極に移動し，微小管を伸ばして**星状体**を形成し，さらに伸びた微小管が**紡錘糸**となり一部が染色体の動原体と付着して染色体を両極に移動させ，また，一部は両中心体どうしを結んで，その間隔を広げていると考えられています．この紡錘糸の数は，生物種によって異なりますが数十から数千本あるといわれています（図2-26，27）．

3 細胞骨格と細胞運動

　細胞は中央に核を持ち，約70%の水を含む細胞質をリン脂質からなる二重の膜で包んだ小さな袋です．このような細胞が適度な強度を保ちながら自由に形を変えることができる秘密は，細胞内部に無数に張りめぐらされた線維のネットワークにあります（図2-28）．この細胞内の線維ネットワークは細胞を支える支持構造として働いていて，**細胞骨格**と呼ばれています．細胞骨格は太さや構造の異なる複数の種類の線維からできていて，最も太い線維は**微小管**，最も細い線維は**マイクロフィラメント**，両者の中間の太さを持つ線維として**中間径フィラメント**，の3種類に分類されます（図2-29）．細胞骨格はその名称からくるイメージとは異なり，状況に応じて線維構造を自由に組み換えることができるため，細胞内物質の移動や細胞の変形を制御する柔軟なネットワークを形づくっています．

1 微小管の構造と働き

　微小管は平均直径25 nmの管状構造をした線維です．動物細胞の形態を支える中心構造であり，植物細胞においても微小管が細胞壁の主成分であるセルロースの形成に密接に関わっています．また，**線毛**，**鞭毛**の運動や細胞内の物質輸送を担っているのも微小管です．

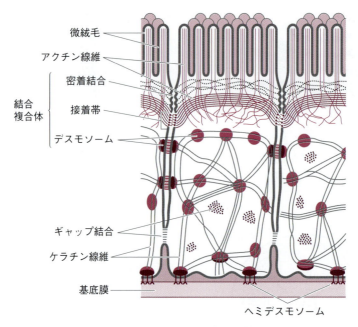

図 2-28　上皮組織の細胞内構造
細胞は様々な接着構造により結合して組織を形づくると共に，細胞内にある細胞骨格に支えられて形や位置を保持しています．

(1) 微小管が作る細胞内構造

動物細胞の中心体は微小管が束になった構造です．細胞分裂のときには，中心体から微小管が伸びて**紡錘体**を形づくり，染色体を娘細胞へ分配する分裂装置の中心構造となります（図2-27）．また，精子の鞭毛や気管上皮細胞の線毛では，中央に微小管が束状に集まり，線毛や鞭毛の運動を引き起こすための構造を形づくっています．神経細胞の長い**軸索**は細胞の一部が著しく突出した細胞突起です．微小管はこの軸索を内側から支える構造であると同時に，軸索内で神経伝達物質を輸送するためのレールの役割を演じています．

(2) 微小管形成

微小管は**チューブリン**と呼ばれる粒子状のタンパク質が繋がって管状になったものです．αチューブリンとβチューブリンが1:1に結合したチューブリン二量体が微小管の構成単位となっています．チューブリンタンパク質はGTPと結合すると安定化し，一周13個のチュー

Column

C_4 植物と CAM 植物

陸上の緑色植物の大部分は，CO_2 をカルビン・ベンソン回路の C_3 化合物であるホスホグリセリン酸（PGA）に取り込みますが，トウモロコシやサトウキビなど熱帯性の植物は，気孔をあまり開けていられないので葉肉細胞内の C_4 化合物（リンゴ酸やオキサロ酢酸）に CO_2 をいったん取り込み，次に，それを維管束鞘細胞中の葉緑体のカルビン・ベンソン回路に渡します．前者のような植物を C_3 植物，後者のような植物を C_4 植物といいます．C_4 植物は環境に適応した固定系を発達させた植物といえます．この他にもベンケイソウやサボテンなど乾燥地に生育する多肉植物は，夜間に気孔を開いて CO_2 を取り込み，リンゴ酸などの有機酸に固定して液胞にためておき，昼間に気孔を閉じて，同じ細胞内で脱炭酸し，この CO_2 をカルビン・ベンソン回路に供給します．このような植物は CAM 植物と呼ばれています．

ブリン二量体が管状に並び，直径25 nmの微小管構造を形成します（図2-29）．チューブリン二量体はαとβの向きをそろえて並ぶため（これを重合という），微小管には方向性があります．βチューブリン側は速い重合反応が起こるため＋端，αチューブリン側は重合が遅く−端と呼ばれます．

(3) 微小管の働き

細胞内の微小管は核の周辺にある中心体が微小管形成の中心となり，この形成中心から細胞膜直下まで放射状に伸びた配列をとっています（図2-27）．この配向には一定の規則性が見られ，形成中心側は微小管の−端，細胞膜側は微小管の＋端となっています（図2-30）．

細胞質中には，微小管の上を移動する分子が存在します．**ATPを加水分解して得られるエネルギーを使って**，細胞質ダイニンは微小管の−端方向へ，キネシンは逆の＋端へ移動します．その結果，2種類の分子により，微小管をレールにして双方向の物質輸送が行われます（図2-30）．

線毛内には**9＋2構造**と呼ばれる微小管の集まりがあり，9対の周辺二連微小管の中央に2本の微小管が配置した中心小管対が見られます（図2-31）．周辺二連微小管のA小管に結合した線毛ダイニンが隣接する周辺二連微小管のB小管の上を移動する力によって，線毛の波動運動が引き起こされます．

2 マイクロフィラメントの構造と働き

細胞内には微小管よりも細い線維構造があり，直径が5〜9 nmのこの線維は，**マイクロフィラメント（微小細線維）**と呼ばれます．線

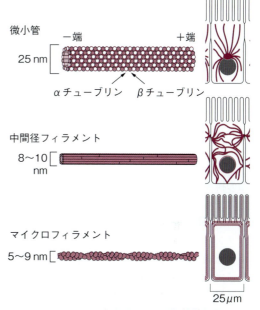

図2-29 細胞骨格の種類と分類
細胞内には細胞骨格と呼ばれる大小様々な線維構造が見られます．これらの線維は直径が大きい順に微小管，中間径フィラメント，マイクロフィラメントの3種類に大別されます．

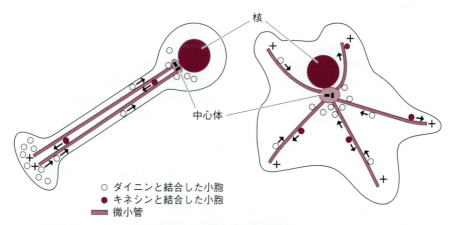

図2-30 微小管と物質輸送
細胞の中央には核があり，これに隣接して中心体が存在します．この中心体から細胞周辺に向かって伸びる微小管には方向性があり，中心体側が−端，細胞周辺側は＋端となっています．この微小管の上をダイニンは−端方向へ，キネシンは＋端方向へ移動することにより細胞内の物質輸送に関わっています．

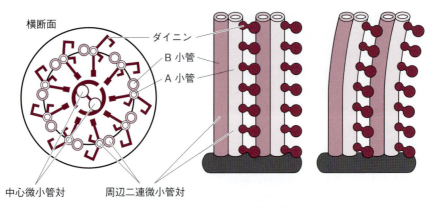

図 2-31　微小管と線毛運動
線毛内には微小管が規則的に配向した 9 + 2 構造が見られます．
微小管の上をダイニンタンパク質が移動する力によって線毛の波動運動が引き起こされます．

維の構成単位は**アクチンタンパク質**が重合したものであり，アクチン線維とも呼ばれています（詳細は後述の**(2)**を参照）．細胞内にはアクチンタンパク質が豊富に存在し，絶えず重合と脱重合を繰り返しているため，状況に応じて速やかにマイクロフィラメントの数や向きを変更できます．

(1) マイクロフィラメントが作る細胞内構造

細胞の分裂には微小管と同様にマイクロフィラメントも重要な役割を演じています．細胞分裂の後期になると，微小管により形づくられた紡錘体が染色体を娘細胞へ分配します．この染色体の移動が完了するころまでに，娘細胞を分ける細胞質の境界面にマイクロフィラメントがリング状に並んで**収縮環**と呼ばれる構造を形成します（図 2-32）．収縮環は収縮によって細胞質を 2 つの娘細胞に区切る役割を果たしています．細胞がシート状に並んだ上皮組織では，細胞の接着構造の内側にマイクロフィラメントがベルト状に配列した**接着帯**が見られます（図 2-28, 32）．個々の細胞はマイクロフィラメントの収縮により変形しますが，隣接する細胞の間ではマイクロフィラメントの束が接着帯を介して連結しているために，上皮組織は全体として大きく折れ曲がったり陥入するなどの形態変化を引き起こすことができます．盛んに形を変えながら細胞運動を繰り返す細胞，例えばマクロファージや線維芽細胞では，細胞の表面から移動方向に向かって仮足と呼ばれる細胞質の突起が作られます．こうした伸展運動をしている細胞の細胞質中にはストレスファイバーと呼ばれるマイクロフィラメントの束が作られ，強い収縮力により細胞に張力を与える役割を果たしています（図 2-32）．小腸の上皮細胞の表面ではマイクロフィラメントの束が軸となって，多数の細胞突起が形成されています．これは特に**微絨毛**と呼ばれ，腸内に面した細胞の表面積を拡大して，膜表面における物質の吸収効率を上げる役割を果たしています（図 2-28）．

(2) マイクロフィラメント形成

マイクロフィラメントの構成単位はアクチンタンパク質です．ATP の存在下でアクチンタンパク質が重合してできるマイクロフィラメントには，微小管と同様に速く重合する＋端と重合が遅い－端があります．腸上皮に見られる微絨毛では，突起の突出方向，すなわち膜に向かう方向がアクチン線維の＋端となっています．菌類の代謝産物である**サイトカラシン B** はアクチン線維の＋端に特異的に結合するために，アクチンの重合阻害剤として働き，マイクロフィラメントの機能を阻害します．

(3) マイクロフィラメントの働き

細胞分裂や上皮組織の変形などを引き起こす局面では，マイクロフィラメントは線維の収縮現象を示します．この収縮変化にはマイクロフィラメントのアクチンタンパク質と相互作用を行う**ミオシンタンパク質**が重要な役割を果たしています．ミオシンタンパク質も重合してミ

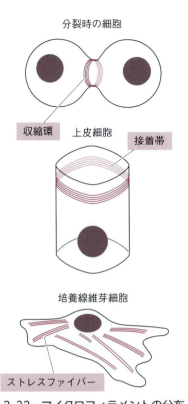

図2-32 マイクロフィラメントの分布
マイクロフィラメントは細胞内に共通して認められる線維ですが，多数の線維が集まった特別な構造としては，分裂細胞の収縮環，上皮細胞の接着帯，伸展運動をしている細胞のストレスファイバーなどがあります．

オシン線維を作ります．アクチン線維とミオシン線維が相互作用によって高い収縮変化を示す典型例が筋細胞です．筋細胞中ではアクチン線維とミオシン線維が規則的に並んで線維の束を形づくり，互いにスライドして強い収縮力を生み出しています．

3 中間径フィラメントの構造と働き

微小管とマイクロフィラメントの中間となる8〜10nmの直径を持つ線維構造は**中間径フィラメント**と総称されています．細胞骨格を構成する他の線維と異なり，中間径フィラメントには中程度の直径を持ついくつかの種類の線維が含まれます．上皮細胞を接着している**デスモソーム**と呼ばれる構造の内側には，ケラチンタンパク質が線維状につながった中間径フィラメントが束になって結合しています（図2-28）．

線維芽細胞に見られる中間径フィラメントは**ビメンチン**，筋細胞には**デスミン**，神経細胞には**ニューロフィラメント**というように，細胞の種類と密接に関係した中間径フィラメントが知られています．一方，**ラミン**と呼ばれる中間径フィラメントは核膜の裏打ち構造としてすべての細胞の核に共通に見られます．これらの中間径フィラメントは線維と同名の線維状タンパク質からできています．微小管や，マイクロフィラメントが粒子状タンパク質の重合と脱重合を絶えず繰り返す不安定な線維構造であるのに対して，中間径フィラメントは，線維状タンパク質をねじり合わせて作った安定した構造を取っています．細胞質や核内に張り巡らされた中間径フィラメントは，細胞や核を内側から支えて形を保つ役割を果たしていると考えられます．

4 細胞周期とその調節

細胞は分裂によって数を増やします．細胞の分裂頻度は生体内の細胞の種類によって様々ですが，細胞が分裂する過程や，分裂に要する時間には細胞の種類による差が少なく，ほぼ同じ時間をかけて完了します．分裂頻度が細胞の種類によって違うのは，細胞が分裂していない時期（間期）の長さが細胞によって違うからです．細胞周期の調節には細胞内外の様々な要因が関わっています．

1 細胞の分裂周期

細胞は分裂をしている時期（**分裂期**）と，分裂をしていない時期（**間期**）を繰り返しており，この繰り返しは**細胞周期**と呼ばれます．分裂期は，染色体を分配する様子が観察できるため，有糸分裂を意味するmitosisの頭文字を取って**M期**とも呼ばれます．見かけ上，分裂をしていない分裂間期でも，細胞は分裂に必要な準備をしています．細胞の分裂に先立ってDNAの複製が行われている時期は外見上はわかりませんが，DNA合成の材料となるヌクレオチドの取り込みを調べることで検出できます（DNAの複製についてはChapter 6 参照）．この時期はDNAの合成（synthesis）期という意味で**S期**と呼ばれます．S期の前と後の分裂間期を，それぞれ**G_1期**，**G_2期**（Gはgapの頭文字）と

呼びます（図2-33）．DNA合成を行うS期から分裂が終了するM期までの時間は細胞の種類が違ってもほぼ同じです．しかしその後のG₁期の長さは，分裂後の細胞が成長したり特定の働きに従事したりするため，細胞の種類によって大きく異なります．盛んに分裂を繰り返す受精卵の分裂（卵割と呼ばれる）では，分裂後に細胞の成長が起こらずG₁期とG₂期が欠如しています．その結果，分裂のたびに細胞は小さくなっていきます．これとは対照的に，通常の体細胞は生体内で特定の役割を演じるため細胞分裂が静止した状態にあります．これは通常の分裂周期G₁から細胞が抜け出した状態であり，特に**G₀期**と呼ばれます．分化した神経細胞や筋細胞が分裂せずに働いている状態は，G₀期の典型的な例です．

2 細胞周期の細胞内調節

分裂周期の進行過程では，次の段階へ分裂を進めるか否かを調べる**チェックポイント**と呼ばれる関門があります．G₁期の後半ではDNAの複製開始を検討するG₁チェックポイントがあ

り，G₂期からM期への移行には有糸分裂の開始を調べるG₂チェックポイントがあります．このチェックポイントの通過には**サイクリン**および**サイクリン依存性キナーゼ（Cdk）**※と呼ばれる2つのグループのタンパク質が関与しています（図2-34）．細胞内に含まれるサイクリンの量は細胞分裂と共に周期的に変動しており，このサイクリンの量に依存してCdkの活性化が起こります．それぞれのチェックポイントにおいて，サイクリンとCdkが結合したCdk-サイクリン複合体の量が一定量を超えるとCdkが活性化し，次の分裂段階の開始に必要な様々なタンパク質の特定部分にリン酸基を付加します．これはタンパク質のリン酸化と呼ばれる現象です．リン酸化により活性化されたタンパク質はDNA合成の準備や有糸分裂の準備を開始します．

3 細胞周期の細胞外調節

細胞はまわりの細胞との相互作用の中で，互いに調整し合って調和の取れた分裂を維持しています．細胞分裂の調節には増殖因子や細胞外

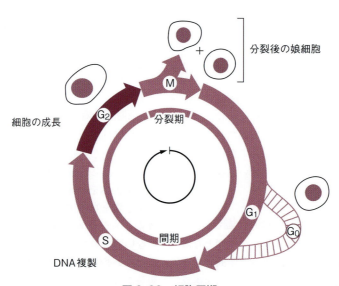

図2-33 細胞周期

細胞が分裂していない間期はDNA合成を行っているS期と，その前後のG₁期，G₂期に分けられます．細胞は有糸分裂をするM期を含めた4種類の時期からなる細胞周期を一定の間隔でまわりながら数を増やします．

※：cyclin-dependent kinase．サイクリンと結合してタンパク質中の特定アミノ酸にリン酸基を付加する反応（リン酸化反応）を触媒する酵素です．

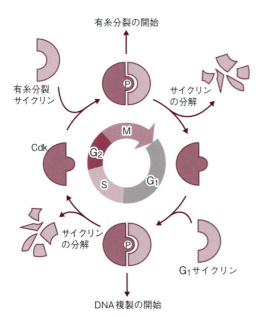

図 2-34　サイクリンとリン酸化
細胞周期の進行はサイクリンと Cdk によってコントロールされています．サイクリンに結合した Cdk は活性化型キナーゼとなり，DNA 複製や有糸分裂の開始に必要なタンパク質をリン酸化します．

マトリックスなど，様々な要因が関わっています．

(1) 増殖因子

多細胞生物の生体組織からは様々な**細胞増殖因子**が見つかっています．これらのタンパク質性の増殖因子は，最初に得られた組織の名称を付け加えて，線維芽細胞増殖因子 FGF，表皮増殖因子 EGF などと呼ばれます．これらの因子には増殖因子（GF は growth factor の頭文字）の名が示す通り，細胞の分裂を促進する作用があるばかりでなく，後述するように（Chapter 3-6 参照），細胞分化の制御因子としての働きも知られています．細胞増殖因子にはそれぞれを特異的に認識して結合する受容体タンパク質が細胞膜上に存在します．細胞増殖因子はこの受容体を介して，細胞外からの細胞増殖シグナルを細胞内の分裂調節機構に働きかけて，細胞の分裂周期を調節する働きがあります．

(2) 足場依存性

血球などの浮遊性の細胞を除けば，ほとんどの生体内の細胞は，細胞を取り囲む隣接細胞や細胞間を埋める**細胞外マトリックス**を足場とし

て生命活動を営んでいます．細胞は細胞表面にある特別な接着分子を使って，隣接細胞や細胞外マトリックスと結合しており（Chapter 3-5 参照），この結合分子を通して細胞の置かれている環境を認識しています．隣接細胞や細胞外マトリックスとの接着が部分的に断たれると，接着状態の変化を通して細胞は隣接細胞やマトリックスとの結合状態の変化を感知し，細胞の運動や細胞分裂を開始します．失われた組織が新しい細胞により埋め合わされ，隣接細胞や細胞外マトリックスとの接着が回復すると，細胞はそれを認識して細胞分裂と細胞運動を停止します．このようにして，細胞は遮断された組織の不連続面を元の状態に戻すように働くわけです．

 ## 細胞死

細胞は分裂により新たに誕生しますが，いずれは消滅します．細胞が消滅する細胞死には 2 通りあり，1 つは細胞を取り巻く環境から細胞が傷害を受けた場合に起こります．これらの細胞死は**ネクローシス**（**壊死**）と呼ばれるのに対し，細胞が自らを積極的に消滅させる細胞死は**アポトーシス**と呼ばれます．アポトーシスという言葉はギリシャ語の apo（離れて）と ptosis（落ちる）の合成語で，積極的に細胞を排除するための生理的な細胞死を意味します．外的要因により生じるネクローシスでは最初に細胞膜が破壊されてから核の崩壊が起きます．これに対してアポトーシスでは，細胞膜の破壊よりも先に核膜の崩壊が見られるのが特徴です．このように最初に破壊される場所を調べることによりどちらのタイプの細胞死が起こっているのか区別することができます．

1 アポトーシスによる細胞の除去

生体を構成する組織や器官では，見かけ上，形態的な変化が見られなくても，絶えず古い細胞が新しい細胞へ置換されています．同じ状態を維持しながら組織が新しい細胞へ置き換わるためには，細胞分裂と細胞死のバランスをとる必要があり，アポトーシスによる細胞死の重要な役割がここにあります．また，通常の代謝による細胞の排除とは別に，生体を守るために積極的に排除しなければならない細胞がありま

す．最も典型的な例は発生初期の胸腺に起こるアポトーシスです．免疫に関わるリンパ細胞の一種であるT細胞は，自己と非自己を認識して体外から進入する異物を排除する役割を果たします．しかし生まれたばかりの体には，自己を認識して排除するT細胞も含まれています．そこでT細胞が作られる胸腺と呼ばれる器官において，自己を認識するT細胞だけをアポトーシスにより除去します．細胞は2本鎖DNA上の塩基配列を比較し異常配列を修復する監視機構を備えています（Chapter 6-9 参照）．しかし，著しい損傷を持つ細胞では修復が不可能な場合があり，放置するとがん化の原因となります．生体は，がんなどの異常細胞から身を守るために，このような細胞をアポトーシスにより排除します．

　発生過程では形づくりを行うための細胞死が決まった場所と時期に起こることが知られており，**プログラム細胞死**と呼ばれます．プログラム細胞死も生理的に起こる細胞死であり，アポトーシスの一例です．プログラム細胞死の典型的な例は手足に指ができる過程に見られます．手足は肢芽と呼ばれる突起状の細胞塊から作られます（図2-35）．肢芽の先端は一枚の平板として形づくられ，形成の初期には，手のひらと指がシート状に繋がっています．しかし，肢芽

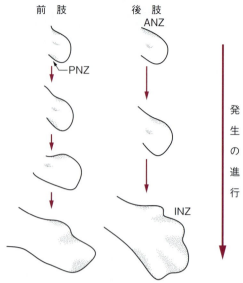

図2-35　肢芽形成とアポトーシス
前肢，後肢ともに四肢の形成では突起状の肢芽を伸ばしながら，特定の領域（ANZ，PNZ，INZ）の細胞をアポトーシスにより除去することによって形を作り上げます．指間膜の領域（INZ）にアポトーシスが起こると，指が形づくられます．

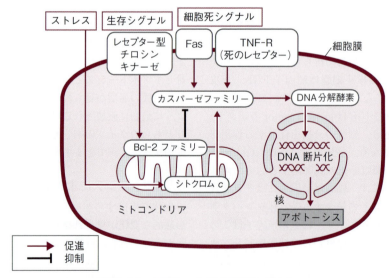

図2-36　アポトーシスの誘導シグナル
アポトーシスを引き起こすシグナルには複数の経路がありますが，いずれの場合にも，最終的にはカスパーゼファミリーに属するタンパク分解酵素の活性化を引き起こし，この酵素がアポトーシスの実行分子として働きます．カスパーゼによって活性化されたDNA分解酵素が核内のDNAを断片化して細胞の内側から細胞死を起こします．

形成の最終段階で，指間膜と呼ばれる水かき部分の内側の細胞にアポトーシスが起こり，これに伴ってまわりの表皮も消失するため，一本一本が独立した指が形づくられます（図2-35）．また，哺乳類の生殖器官形成では，雌雄の違いに関わらず最初はミュラー管とウォルフ管と呼ばれる2種類のY字状細管が中腎の両側に作られます．その後，雄ではミュラー管が消失すると共にウォルフ管が精管や精囊へ発達し，雌ではウォルフ管が消失してミュラー管が卵管や子宮や腟上部へ発達していきます．このように，雌雄ともにいったん同じ生殖器官原基を作った後に，アポトーシスによって不要な組織を除去する作業は，発生の過程でしばしば見られる現象です．

2 アポトーシスの分子機構

外的要因により傷害を受けるネクローシスと異なり，アポトーシスでは，細胞崩壊を引き起こすために積極的に働く分子があります．アポトーシスの引き金となる誘導分子には様々な情報伝達分子が知られており，情報の伝達経路も複数存在します．しかしいずれの場合にも，細胞内ではアポトーシスを引き起こす分子としてカスパーゼファミリーに属するタンパク分解酵素が働きます（図2-36）．活性化したカスパーゼは核ラミンを切断するとともに，DNA分解酵素を活性化します．活性化したDNA分解酵素は細胞にとって最も重要な遺伝情報を破壊する役割を持っています．DNAはヌクレオソーム（p.115参照）単位で切断されるため，アポトーシスを起こした細胞では，規則的な大きさのDNA断片が見られるのが特徴です．これはランダムにDNAの分解が起こるネクローシスと対照的です．アポトーシスを起こした細胞ではDNAの切断に続いて核そのものも断片化し，最終的にはマクロファージに貪食されて排除されます．

Column

プリオン病

プリオン prion とは，proteinaceous infectious particle を略した言葉で，タンパク質性感染粒子のことです．ヒトをはじめとする哺乳類の脳の神経細胞の細胞膜に含まれています．このタンパク質の立体構造が変化して異常型プリオンになるとクロイツフェルト－ヤコブ病や狂牛病（ウシ海綿状脳症：BSE），スクレイピー（伝染性海綿状脳症）などを引き起こします（図2-37）．例えばBSEに罹患したウシの肉骨粉（プリオンを多く含む脳や脊髄なども含まれている）を餌としてウシが食べると感染し，異常型プリオンは正常型のタンパク質を次々と異常型に変えて神経障害を引き起こし，その結果，脳組織がスポンジ状になってやがて死に至らせます．

このようにプリオン病の感染性は，ウイルスや細菌による病原微生物によるものとは異なり，罹患した生物から体内に取り込まれたプリオンタンパク質による立体構造の変化なのです．したがって空気感染をすることはなく，ウイルスや細菌用の薬剤の効果はありません．

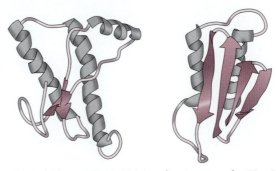

図2-37　正常型（左）と異常型（右）のプリオンタンパク質の立体構造

Chapter 3 多細胞動物の体

Summary

多細胞動物の体は多数の細胞が集まって一つの社会を作っています．この社会の中では，生命活動を営むために，それぞれの細胞が役割を分担しています．同じ役割を持った細胞が互いに集まって組織を作り，複数の組織が組み合わさって器官を形づくります．これらの細胞集団は役割を効率よく分担して行うための機能単位を構成しています．いろいろな種類の細胞がある中で，同じ種類の細胞だけが互いに集まって組織を作るための細胞接着の仕組みがあります．複数の組織が集まって複雑な器官が体の決まった場所に形づくられるためには，発生過程における細胞間の情報伝達機構が重要な役割を果たしています．体を構成している多様な細胞はいずれも受精卵という一つの細胞から発生します．受精卵は分裂をしながら次第に特殊化した体細胞へ分化していきますが，発生が進んでも次の世代を作るための生殖細胞は未分化のまま保存されます．生殖細胞とは別に，幹細胞と呼ばれる未分化な体細胞が組織や器官の中に存在し，組織に再生能力を与えています．

Keywords

組織　tissue	発生　development
器官　organ	幹細胞　stem cell
細胞接着　cell adhesion	誘導　induction
受精　fertilization	再生　regeneration

組織，器官，器官系

1 多細胞動物の体制

（1）組　織

多細胞動物の体は，多種多様に分化した多数の細胞でできています．例えばヒトの体は200あまりの種類に分化した，約60兆個※の細胞からなっています．これらは単に集まったものではなく，相互に認識し合い，役割を分担して関わり合いを持ちながら活動し，個体としての生命を維持しています．

多細胞動物の体の一部を顕微鏡で観察すると，細胞の形や配列のしかたなどにより，いくつかの**組織**に分けられることがわかります．通常はこれらは，顕微鏡観察でわかる情報の他に，働きなども考慮して，4つの組織に分けられています．すなわち①**上皮組織**，②**筋組織**，③**神経組織**，④**結合組織**です（図3-1）．これらはある程度共通した細胞が集まってできたものです．

（2）器官と器官系

多細胞動物では，組織が1種類以上集まって，肉眼でもわかる形や大きさをした**器官**を形成しています．例えば，脳，心臓，肝臓や皮膚などは器官の名称です．器官は，しばしば，臓器や内臓と呼ばれることもあります．

多細胞動物では，器官のうち，働きの関連したものが**器官系**を形成しています．例えば，呼吸系（呼吸器系）は肺と気管から，消化系（消化器系）は食道，胃，小腸などからなっています（図3-1）．

2 多細胞植物の体制

多細胞植物の場合は，動物とは異なり，関連のある組織の集まりを**組織系**といいます．この組織系という概念は動物には適用されません．また，多細胞植物では，葉，根，茎，および花の4つだけが器官であり，器官系というまとめ方はしません（図3-2, 3）．

※：成人の細胞数は約60兆個とされていますが，2013年に約37兆（3.72×10^{13}）個だとする報告もありました．

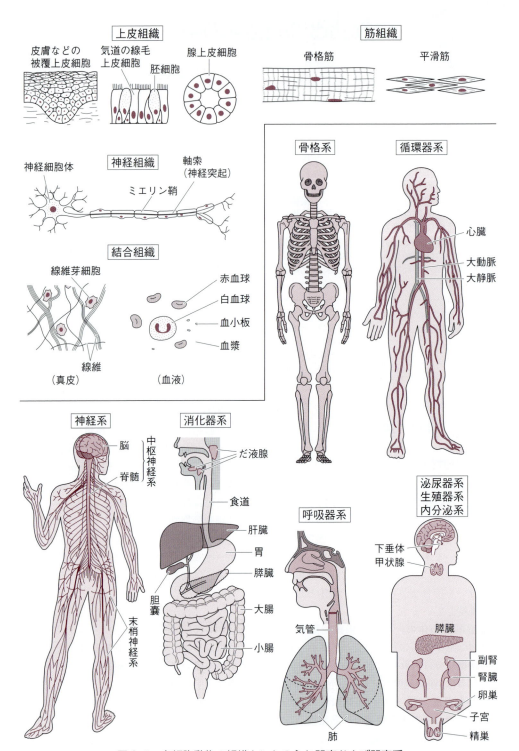

図 3-1 多細胞動物の組織とヒトの主な器官および器官系

ヒトの組織は，上皮，筋，神経，結合の4つのグループに分けられています．各器官は，どれか一つの器官系に属するとは限らず，例えば膵臓は，消化器系と内分泌系とに含まれています．なお，この図で省略されている器官もあります．

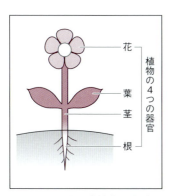

図 3-2　多細胞植物の器官

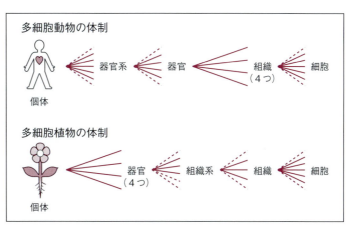

図 3-3　多細胞動物と多細胞植物の体制比較

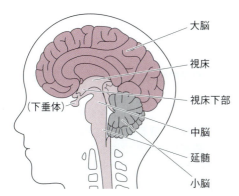

大　脳		随意運動，感覚，言語，記憶，思考，判断など
間脳	視床	脊髄から大脳へいく感覚神経の中継点
	視床下部	体温，血圧，血糖値，食欲など（下垂体と自律神経系の調節）
脳幹	中脳	瞳孔反射，眼瞼反射
	延髄	呼吸運動，心臓の拍動，唾液の分泌
小　脳		姿勢や運動の調節

図 3-4　脳の組織と働き

 ## 器官の働き

ここでは，器官ごとに働きを記述したほうが理解しやすいと思われる，脳，心臓，肝臓，腎臓，皮膚と，器官ではありませんが血液について，それらの特徴や働きなどを解説します．

1 脳

ヒト（成人）の脳は全体で 1,500 g ぐらいの重量で，体重との相関はありません．ヒトでは比較的大きい器官です．

脊椎動物の脳は，大脳，小脳，脳幹などに分けられます（図 3-4）．**大脳**は精神活動などの高次の神経活動をする場所で，ヒトで著しい発達が見られます．**小脳**は姿勢や運動に関与しています．**延髄**には呼吸中枢など，生命維持に重要な中枢があります．

脳や脊髄などの**中枢神経系**はどの部位も，肉眼的に肌色がかった灰色に見える**灰白質**と白っぽく見える**白質**よりなっています．灰白質には**神経細胞（ニューロン）**の細胞体が，白質には脂質を多く含むミエリン鞘を伴う**神経線維**が多いので，そのように見えるのです．

脳を顕微鏡で見ると，神経活動の主体で興奮を伝導する役割を持つニューロンとその働きを助ける 3 種類の**神経膠細胞（グリア細胞）**からなることがわかります（図 3-5）．

グリア細胞はニューロンよりも数が多く，神経細胞の**軸索**に**ミエリン鞘**を形成する**シュワン細胞**や**オリゴデンドロサイト**[※]，神経細胞間を埋めて神経伝達物質の代謝などに関与する**アス**

※：末梢神経系ではシュワン細胞が，中枢神経系ではオリゴデンドロサイトがミエリン鞘を形成します．

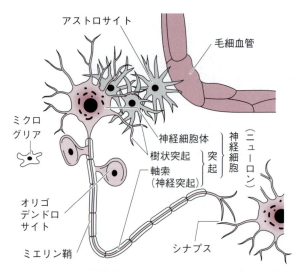

図 3-5 光学顕微鏡で見た脳の神経細胞とグリア細胞
オリゴデンドロサイトの突起は中枢神経内で軸索に巻きついてミエリン鞘を形成します．アストロサイトは，ニューロンや他のグリア細胞，毛細血管の間を埋めています．

トロサイトの 2 つが主なものです．この他，細胞の死骸や異物の除去などに関わる**ミクログリア**もわずかに見られます．

ミエリン鞘は髄鞘とも呼ばれ，リン脂質に富み，これがある軸索（**有髄線維**）では，興奮の伝導が速く，跳躍伝導が可能になります．

脳は大食いで，ヒトでは安静時に全身で消費するエネルギー量の約 60 % を消費します．しかも，脳にはエネルギーを貯蔵する場所がなく，基本的には血液からのグルコース（ブドウ糖）だけしかエネルギー源として使うことができません．飢餓状態においてのみ，肝臓で脂質からケトン体（アセト酢酸と 3-ヒドロキシ酪酸，p.95）が作られ，これが血液を経由して脳に運ばれ，利用できます．

最近，脳にも幹細胞（体性幹細胞）があり，ニューロンも再生されることが知られるようになりましたが，それは一部のものだけで，脳のニューロンのほとんどは再生されることはありません．したがって，ニューロンが何らかの理由で死んだ場合，ミクログリアが集まってきてその部位は清掃され，その後には増殖したアストロサイトによって埋められていきます（図 3-5）．

大脳の機能が失われても，呼吸の中枢である延髄の機能が残っていれば，意識がなく寝たきりですが，自発呼吸ができます．これがいわゆる「**植物状態**」です．延髄の機能までも失われると，自発呼吸は止まります．このとき，人工呼吸器により呼吸させれば体の他の部分をしばらくの間生かすことはできます．これが「**脳死**」の状態です．「臓器の移植に関する法律」によると，脳死は人の死であることを前提としていますが，植物状態の人の大脳も再生は期待できないため，意識が復活することはあり得ません．

2 心　臓

ヒトの心臓の大きさはこぶし大（大人では約 300 g）で，胸部の中央より少し左寄りにあります．ヒトなど哺乳類の心臓は二心房二心室の構造を持っています．心臓は，周期的に収縮，拡張を繰り返し，間欠的に血液を全身に送り出しています．

心臓の筋肉は特殊で，自動興奮性を持っているのが特徴です．しかも平滑筋よりも収縮が速く，そして強く，構造にも骨格筋のように横紋があります．また，再生されない特徴があり，このため，心臓の筋肉を特別に**心筋**と呼んで区別しています．

血液の循環を最も簡単に描くと，図 3-6 のようになります．心臓に血を戻すための血管を**静脈**といい，心臓から血を送り出すための血管を**動脈**といいます．すなわち，静脈から右心房・右心室に入った血液は左右の肺に流れ，肺から戻ってきた血液は左心房・左心室に入り，ここから動

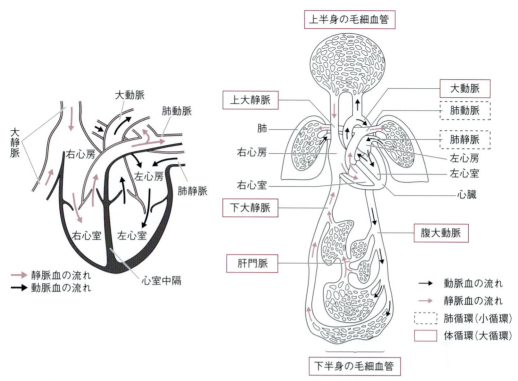

図 3-6 心臓（左）と全身（右）の血液循環

脈を経て，全身に分配されます．動脈と静脈の間は，多数の細かい毛細血管でつながっており，ここで各組織の細胞と物質のやりとりをします．

3 血液

血液は，組織としては結合組織に分類されています．血液の量は，体重の約13分の1で，そのうち55％が液体成分，45％が血球などの有形成分からなっています（図3-7）．血液の働きは，酸素，二酸化炭素，栄養素や老廃物などの運搬，体液量の維持や酸－塩基平衡，止血作用，生体防御など，多岐にわたっています．

血球のほとんどは骨髄で作られます．血球のうちでは無核の赤血球が一番多く，約450（女性）～500（男性）万個/mm^3 あります．赤血球はその中にヘモグロビン（図4-13参照）というタンパク質を含み，これによって酸素の運搬をしています．

白血球は約4,000～8,000個/mm^3 あります．白血球には，いくつかの種類があり，いずれも免疫など生体防御に関係した働きをしています（図3-8）．

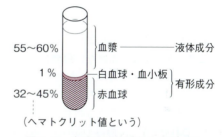

図 3-7 血液の液体成分と有形成分

凝固しないように処理した血液を放置すると，薄黄色の上澄みの液体成分と，下に沈殿した有形成分に分かれます．

血小板は約10～40万個/mm^3 あり，止血や血液凝固などに関係しています．

血液から有形成分を除いた液体成分を血漿（けっしょう）といいます．血漿の90％は水で，残りの成分はアルブミンやグロブリンなどの血漿タンパク質，脂質，ミネラル，糖などです．血漿は栄養素，二酸化炭素，代謝産物，ホルモンなどの運搬や，体液の酸－塩基平衡などに働いています．

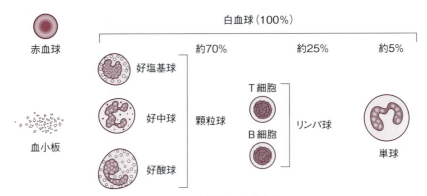

図 3-8　哺乳類の血球成分
リンパ球の T 細胞と B 細胞は形態的には区別することができません．

4　肝　臓

ヒトでは，**肝臓**は最大の臓器とよくいわれます．実際，体重の 2％ ぐらいの重さがあり（体重 60 kg なら 1,200 〜 1,400 g），皮膚を除けば最も重い器官です．腹腔の右上部分にあります．大事なことを「肝心」や「肝腎」などということからもわかるように，多細胞動物が個体を維持していくために以下の多数の大事な働きをしています．①尿素の生成の他，各種有毒物質の解毒，②血糖値の維持，③胆汁の生成，④発熱，⑤赤血球の破壊．これらは肝細胞（肝実質細胞）によるものです（図 3-9）．

尿素の生成とは，窒素代謝でできた有毒な**アンモニア**を毒性がほとんどない**尿素**に変えるというものです．肝臓で作られた尿素は血流に乗って腎臓でろ過されて尿として排出されます．アンモニアの他にも有毒物質が体に入ってくると，これを分解して解毒する働きもあります．

肝臓は血糖値の維持もしています．小腸で取り込まれたグルコース（ブドウ糖）が門脈から肝臓に運ばれてくるので，肝細胞はこれを取り込み，**グリコーゲン**を合成してこの形で蓄えます．血糖値が低くなると，このグリコーゲンを分解し，あるいは**糖新生**（炭水化物以外の物質からグルコースが生成する反応）を行って，血中にグルコースを放出します．飢餓状態では，脂肪酸から**ケトン体**を生成し，グルコースの代わりに使えるように血中に放出します．

肝臓で作られる**胆汁**には，**胆汁酸**，**胆汁色素**，**コレステロール**などが含まれています．このうち，胆汁色素は，赤血球の破壊によるヘモグロビン代謝物のビリルビンに由来しています．生

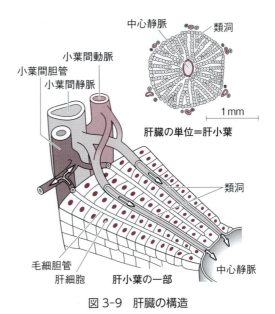

図 3-9　肝臓の構造

成された胆汁は，**胆嚢**を経由して**十二指腸**に分泌され，脂質を乳化させ消化液と混ざりをよくして消化を助けます．

なお肝臓は再生力が非常に強く，ラットでは 7 割を切除しても再生することが知られています．しかし，肝臓には感覚神経が入り込んでいない特徴があり，傷害を受けても痛みを感じません．そのため沈黙の臓器とも呼ばれ，症状を自覚したころには再生不能な状態まで傷害が進んでしまっているということです．

5　腎　臓

ヒトの腎臓は，ソラマメのような形で，左右一対が，腹腔内の背中側，腰の少し上に位置し

2. 器官の働き

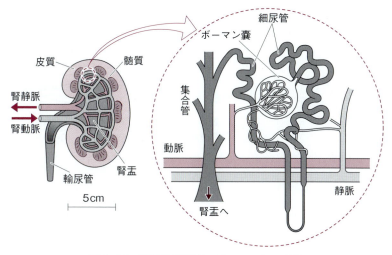

図 3-10　腎臓と腎単位（ネフロン）の構造

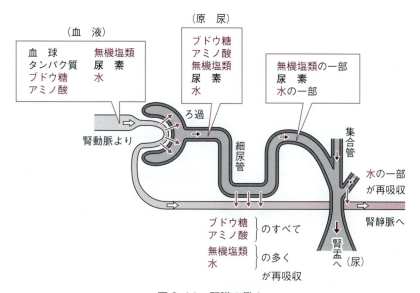

図 3-11　腎臓の働き

ています．1つ当たり約120gです．腎臓の機能は，排出と体液の水分調節にあり，このために腎臓には3本の太い管が出入りしています．うち2本は太い血管で，大動脈から分かれた**腎動脈**と大静脈へ血液を送る**腎静脈**です（図3-10）．もう1本は**輸尿管**で，腎臓でできた尿を膀胱まで運ぶための管です．

腎臓には，心臓から送り出される血液の約4分の1もの量が送り込まれます．血液は，腎臓の中の**糸球体**を通るとき，血球や分子量が比較的大きいタンパク質以外の成分が，血管壁を通して濾しとられて，**ボーマン嚢**を経て**細尿管**（尿細管ともいう）に送られます（図3-11）．これを**原尿**といい，1日に150～200Lも作られます．原尿には，尿素などの排出物の他，体でまだ使える糖類やミネラルなども含まれているので，細尿管を流れる間に，糖類，ミネラル，水などの多くが，毛細血管から再吸収されます．このうち，水以外の再吸収のプロセスには，エネルギーを必要とします．そのため，好気的な呼吸を行い，得られたATPを分解して，エネルギーを得ています．

集合管における水分の再吸収量は，下垂体後葉からの抗利尿ホルモン（バソプレシン）によ

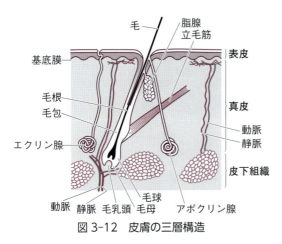

図 3-12 皮膚の三層構造

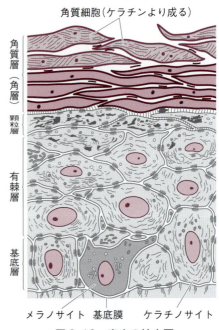

図 3-13 表皮の拡大図

り調節されています．

細尿管における再吸収を経てできた尿は，集合管を通って，**腎盂**に集まります．そしてさらに尿管を経て，膀胱に溜まり，尿道から体外へ排出されます．

腎臓は，一対のうち片方を失っても，大きな問題はないので，生体腎移植が行われることがあります．

6 皮 膚

おもしろいことに，ヒトの最大の臓器（内臓）は何かと問えば肝臓が正しい答えですが，ヒトの最大の器官は何かと問うと答えは別にあります．それは皮膚です．皮膚は臓器や内臓とは呼ばれない器官だからです．

皮膚の働きは，まず，外界と体内部を仕切っていることです．そして，できるだけ隙間なく体を覆うことで，体から水分の流出・蒸発を防ぎ，また外からの病原体などの異物の侵入を阻止するなど，バリアとしての働きも重要です．

皮膚は大まかに分けて，三層の構造をしています．表面から，**表皮**，**真皮**，**皮下組織**です（図3-12）．表皮と真皮は，**基底膜**で仕切られています．

表皮はほとんど細胞からなっています．表皮の細胞はほとんどがケラチノサイトと呼ばれる細胞で，これは基底膜に接した基底層で毎日のように分裂しています．分裂した細胞は，徐々に外側へ移動しつつ分化して，最終的にはアポトーシス（p.23参照）を起こして脱核しながら乾燥し扁平化して**角質細胞**になります．これはアポトーシスを起こしつつ分化していくので

終末分化と呼ばれます．角質細胞はケラチンの塊のようなもので，機械的強度が高く，体を保護しています（図3-13）．1日およそ1層の角質細胞がはがれ垢となって失われる一方，1層の細胞が新しく基底層で分裂して供給され，その他の細胞も少しずつ分化が進んでいくので，バランスがとれています．表皮の中には，**メラノサイト**というメラニン色素を合成する細胞や，**ランゲルハンス細胞**（**表皮に存在する樹状細胞**）という免疫に関係する細胞もまれに見られます．

真皮は**コラーゲン**や**エラスチン**などの**細胞外マトリックス**成分から主にできており，その中にわずかの**線維芽細胞**などが埋まった状態となっています．皮膚を走る毛細血管は真皮には分布していますが表皮には出ていません．

この他，**毛**，**汗腺**（エクリン腺，アポクリン腺），**脂腺**などが皮膚にはあり，これらは**皮膚付属器官**と呼ばれています．

3 配偶子形成

生体を構成するほとんどの細胞は**体細胞**と呼ばれ，通常は次の世代を生み出すことはできません．次の世代の基になる細胞は**卵**や**精子**のよ

3. 配偶子形成

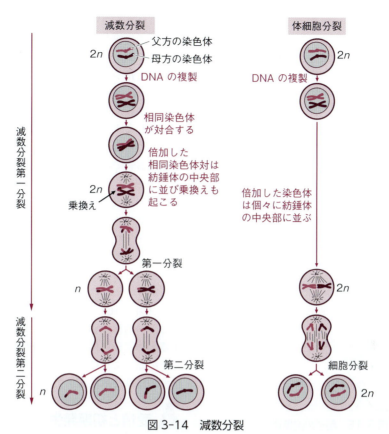

図 3-14 減数分裂
体細胞分裂と比較すると，減数分裂では有糸分裂が 2 回起こり，分裂後には染色体が半数の 4 個の娘細胞ができます．

うな生殖に関わる専門の細胞で，**生殖細胞**と呼ばれます．生殖細胞の基になる**始原生殖細胞**は個体発生の初期から体細胞とは区別され，生殖器官に移動して定着します．移動を終えた始原生殖細胞は卵や精子を形成する母細胞として生殖器官の中で減数分裂を行い，染色体が体細胞の半分となる一倍体の**配偶子**を形成します．

1 減数分裂

私たちの体細胞の核には，父親由来の遺伝子セットと母親由来の遺伝子セットが 1 組ずつ存在します．このような細胞は**二倍体**と呼ばれ，遺伝情報を 2 組持っています．体細胞の分裂では細胞周期の S 期に 1 回 DNA 複製を行った後，M 期に 1 回の有糸分裂を行うため，分裂後も分裂前と同じく，核には 2 組の遺伝情報が保たれています．これに対して配偶子形成では，1 回の DNA 複製の後に 2 回連続して有糸分裂を繰り返すため，両親から由来する相同染色体が別々の娘細胞に分かれ，染色体数が半減します．この分裂様式は**減数分裂**と呼ばれ，できた細胞は**一倍体**となります．減数分裂では，2 回の有糸分裂のうち，第一分裂の中期までに相同染色体が対合して赤道面に並び，後期には相同染色体が互いに分かれて両極へ移動し染色体の数を半減させます（図 3-14）．両極へ移動する染色体の組み合わせは，両親の起源とは無関係に起きますから，分かれる相同染色体の組み合わせは様々になり，結果として多様な染色体の組み合わせを持つ配偶子ができます．例えば，ヒトの体細胞核は 23 対の相同染色体を持つため，配偶子の種類は 2^{23} 通り＝ 8.4×10^6 通りとなります．実際には，第一分裂の前期で相同染色体が分かれるときに，染色体間で**乗換え**と呼ばれるつなぎ変えが起こるため，減数分裂後の細胞の種類は一層多様となります．

2 配偶子の形成

減数分裂では，1個の二倍体の体細胞から4個の一倍体の生殖細胞ができます．精子形成の場合，1個の精原細胞が減数分裂して4個の精細胞になりますが，さらに著しい形態変化を起こして成熟した4個の精子になります．この変化は精子形態形成と呼ばれます．精子形態形成の過程では，核が凝縮して先端に受精に使われる先体を持つ頭部を作ります．細胞質の多くは捨てられ，運動エネルギーを供給するミトコンドリアが核の後方に集まって中片と呼ばれる部分を作ります．中心体には一対の中心小体があり，その一方が核後方へ微小管を伸ばし，精子の運動器官である尾部を形成し，成熟した精子が完成します（図3-15）．

一方卵形成過程では，減数分裂の2回の分裂とも大きさが大小異なる不等分裂を行います．細胞質を失わずに保持した細胞は大型の卵として成熟し，細胞質をほとんど含まない細胞は**極体**と呼ばれる小型の細胞になります．結果として，2回の分裂で1個の卵と3個の極体ができます（図3-16）．雌雄を持つほとんどの生物種では，一倍体の卵や精子が受精により二倍体に戻るため，一倍体の状態は一時的ですが，ミツバチの雄のように一倍体のまま1個体となり生活する特殊な例もあります．

4 受精と初期発生

減数分裂によってできる生殖細胞には，遺伝的多様性があります．受精では様々な遺伝子

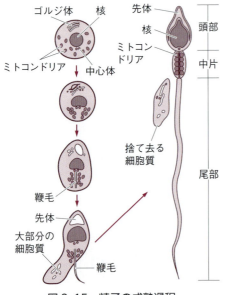

図3-15　精子の成熟過程

減数分裂が完了した精細胞では，核の凝縮と鞭毛形成が起こり，ほとんどの細胞質が捨てられて運動可能な精子が完成します．

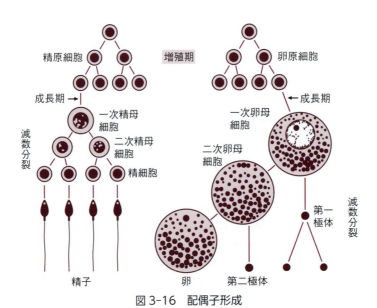

図3-16　配偶子形成

減数分裂により1個の一次精母細胞から成熟した精子が4個できますが，一次卵母細胞からは成熟卵は1個しかできず，残り3個の細胞は極体になります．

セットを持った卵と精子がランダムに出会うため，同じ両親から生まれた受精卵でも，同じ遺伝子の組み合わせを持つ確率は極めて低くなります．兄弟姉妹が似ていても同じにならないのはこのためです．二倍体へ戻った受精卵の核には，母親由来と父親由来の遺伝子セットが1組ずつ含まれています．この遺伝子セットを使って，たった1つの細胞から複雑な1個体を作り上げる過程が発生です．

1 初期発生

多くの脊椎動物の二次卵母細胞は，減数分裂第二分裂中期で分裂を停止しています．受精によって，二次卵母細胞の減数分裂が再開して完了した後に，卵と精子の核が一緒になって二倍体の核を持った受精卵が誕生します（図3-17）．受精卵には極体を放出した側に相当する**動物極**と，その対極になる**植物極**が存在します．受精後の第一分裂は動物極と植物極を通る面で起こり，その後は一定間隔で体細胞分裂が繰り返されます．卵細胞の分裂は通常の体細胞分裂とは異なる点があるため，発生初期に見られる細胞分裂は**卵割**，分裂後の細胞は**割球**と呼ばれて区別されます．卵割は通常の体細胞分裂と異なり，G_1およびG_2期が見られません．分裂後の細胞の成長が起こらないため，割球は分裂するたびに小さくなっていきます（図3-18）．卵割が進むにつれて割球は互いに接着してシート状に並び，**胚**※の中央に**卵割腔**と呼ばれる空間を持つ**胞胚**になります．胞胚期を過ぎると植物極側の細胞が内側へ潜り込み始めます．植物極側から動物極側へ向かって起こるこの陥入運動により，**原腸**と呼ばれる消化管の原型ができます．そこで，この時期は**原腸胚**と呼ばれます．多く

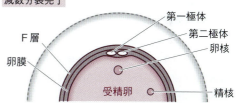

図3-17 受精と卵の成熟分裂
二次卵母細胞に精子が侵入すると減数分裂が再開され，卵核と精核が合体して受精卵になります．

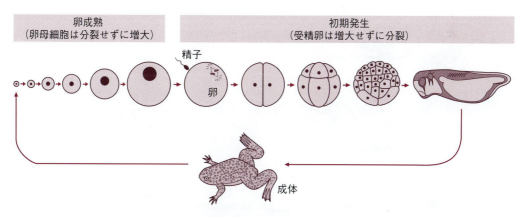

図3-18 卵成熟と卵割
カエルの卵母細胞は減数分裂の第二分裂中期で分裂を停止させ，発生に必要な卵黄顆粒を細胞内に蓄積させることにより肥大化します．受精後の卵割期には，細胞の成長を伴わない細胞分裂により，卵割のたびに細胞のサイズは小さくなっていきます．

※：発生初期の個体は胚と呼ばれます．

の多細胞動物では原腸胚期に将来の体の向き（頭尾軸，背腹軸，左右軸）を確認することができます．原腸胚の後期までに，胚の細胞はその位置関係によって**外胚葉**，**中胚葉**，**内胚葉**の三胚葉に区別することができるようになります．原腸胚以降に行われる器官形成によって，外胚葉からは表皮や神経が，中胚葉からは脊索や心臓，腎臓，血球が，内胚葉からは腸や肝臓などが形づくられます（図3-19）．

2 体細胞クローンと細胞分化

哺乳類の受精卵が分裂して2細胞や4細胞からなる胚に達したとき，細胞を互いに分離して発生させると，それぞれの細胞は完全な1個体を作ることができます．1つの胚の割球を分離してできた個体は，互いに全く同一の遺伝子セット（ゲノム）を持つことから**クローン**と呼ばれます（遺伝子の詳細についてはChapter 6参照）．一卵性双生児もクローンです．発生過程では受精卵が分裂を繰り返して多細胞化していく中で，様々な特徴を持った細胞が現れてきますが，この変化を**細胞分化**と呼びます．同じ受精卵から出発しながら，どのような仕組みで多様な細胞が分化してくるのでしょうか．イギリスのガードン博士の行ったツメガエルの核移植実験から，分化した体細胞であっても，その核内にはカエルを1個体作るのに必要なすべての遺伝情報が含まれていることが証明されました（図3-20，体細胞の初期化についてはp.47 STEP UP "iPS細胞"参照）．最近ではヒツジの乳腺細胞の核から**体細胞クローン**であるドリーが誕生して，この事実は哺乳類にもあてはまることが確かめられました．発生過程では，細胞が分裂しても受精卵の核に含まれていた最

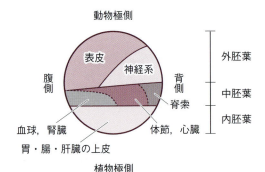

図3-19　三胚葉の形成と発生運命
原腸形成が進むと，胚を形づくる細胞は外胚葉，中胚葉，内胚葉の3種類の領域に分かれ，それぞれの細胞群は異なる組織を形づくるようになります．

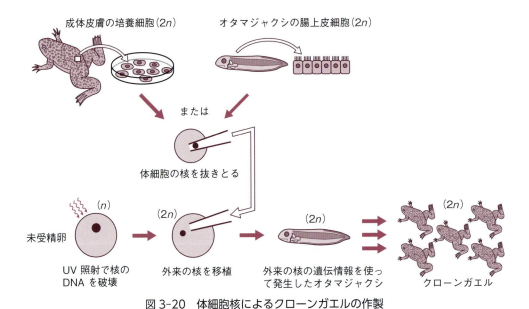

図3-20　体細胞核によるクローンガエルの作製
成体ガエルやオタマジャクシの体細胞から核を抜き取り，あらかじめ核を破壊しておいた未受精卵へこの核を移植します．この実験を繰り返し行うとクローンガエルを作ることができます．

初の遺伝情報は損なわれることなく分裂後の細胞に分配されていきます．持っている遺伝情報は同じであっても，使う遺伝子の種類を変えることにより多様な分化細胞が生み出されるというのが発生の仕組みです．

細胞接着と細胞外マトリックス

多細胞生物の体内では，機能を分担した様々な細胞が集まって生命活動を営んでいます．分化した体細胞は，同じ種類の細胞群が集まり，組織と呼ばれる集団を作り，複数の組織が集まって一つの機能単位である器官を形づくります．組織や器官は，生体内で細胞集団が生理機能を効率的に発揮するための機能単位です．このような組織や器官の形成には，細胞どうし，あるいは細胞と細胞を取り巻く細胞外マトリックス（細胞外基質）との接着が重要な役割を演じています．

1 細胞どうしの接着構造

腸の上皮組織では，隣接する細胞どうしをつなげる様々な接着構造が見られます．腸管の内腔に近い部分には**密着結合**と呼ばれる構造があります．この構造は上皮上面に沿って帯状に配列し，隣接する細胞膜どうしを1つの分子がジッパーのように直接つなげています（図2-28，図3-21）．密着結合ではほとんどすべての物質の通過が遮断され，Na^+やK^+のようなイオンがわずかに通過できるだけです．こうして密着結合は，消化吸収する低分子が腸管の内側から細胞間隙を抜けて腸管外へ拡散することを防ぐ役割を果たしています．ジッパー状の密着結合に対して，ボタン状に隣接細胞をつなげる接着構造として**デスモソーム**（接着斑）があります．この構造では直径0.2～0.5 μmの円盤状の付着板が膜の直下にあり，隣接する付着板を膜貫通型の**カドヘリン**タンパク質がつなげています．付着板の内側にはケラチン線維が結合し，細胞の形状維持のために働いています．細胞の周囲を取り巻くように帯状に配列している接着構造として**接着帯**があります．この構造では，カドヘリンタンパク質が隣接する細胞を結合し，カドヘリン分子の膜内部分にアクチン線維が結合しています．アクチン線維はミオシンタンパク

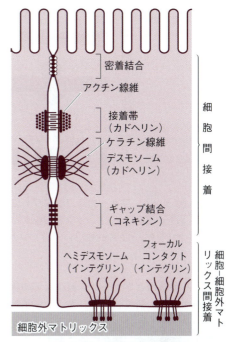

図3-21 細胞の接着構造
組織の形成と保持には，細胞間の接着構造に加えて，細胞と細胞外マトリックスとの結合も重要な役割を果たしています．

質と相互作用して収縮し，接着帯を介して細胞集団の形態変化を引き起こす役割を果たしています．**ギャップ結合**は隣接細胞の結合と物質輸送に関わっています．この構造は6個のサブユニットが2組向かい合ってチャネルを形成し，アミノ酸，糖，ヌクレオチド，イオンなど低分子の物質の輸送経路となっています．神経細胞の電気的シナプス形成や，筋収縮時の細胞間の電気的同調などにおいて，細胞間の情報伝達用チャネルとして働いています．

2 細胞と細胞外マトリックスの接着

上皮組織を裏打ちしている結合組織では，細胞と細胞がある程度の距離を持ってゆるく結合しています．このような組織では，細胞が直接結合する場合はまれで，**細胞外マトリックス**と呼ばれる物質により細胞間隙が埋め尽くされています．

細胞外マトリックスは線維芽細胞から分泌された巨大分子からなり，グリコサミノグリカン

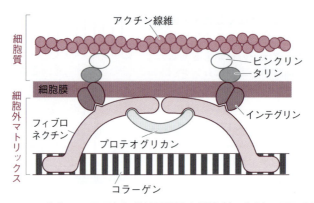

図3-22　フォーカルコンタクトにおける細胞と細胞外マトリックスの結合様式
細胞が細胞外マトリックスと結合するフォーカルコンタクトでは，膜を貫通するインテグリンタンパク質が細胞外のフィブロネクチンと細胞内のアクチン線維を連結しています．

と呼ばれる多糖類とコラーゲン線維などの線維状タンパク質から構成されています．多糖類は通常タンパク質と結合してプロテオグリカンの形で存在しています．結合組織に含まれるプロテオグリカンの重量は線維状タンパク質より少量ですが，親水性が高く含水量の高いゲルを作るため，容積では細胞外マトリックスの多くを占めています．プロテオグリカンのゲルは栄養分やホルモン，増殖因子などをたくわえたり拡散させる重要な役割を果たしています．一方，線維状タンパク質にはコラーゲンやエラスチン，フィブロネクチン，ラミニンがあり，細胞外マトリックスの構造を維持すると共に，細胞と細胞外マトリックスの接着に関わっています．細胞が細胞外マトリックスと接着する部分は，**フォーカルコンタクト**や**ヘミデスモソーム**（**半接着斑**）と呼ばれます．フォーカルコンタクトの部分では細胞膜上の**インテグリン**を介して，細胞内のアクチン線維と細胞外マトリックス（主にフィブロネクチン）が間接的に結合しています（図3-22）．

インテグリンは，フィブロネクチンタンパク質のアルギニン-グリシン-アスパラギン酸（アミノ酸の一文字表記でRGD）という，わずか3個のアミノ酸配列を認識して，それと結合します．このような構造を介した細胞と細胞外マトリックスとの結合は，細胞の接着のみならず，変形や移動にも重要な役割を果たしています．

3 接着分子と細胞認識

表皮や神経を個々の細胞にまで解離し，ばらばらになった細胞を混ぜておくと，同じ組織の細胞どうしが集まって細胞塊を形成します（図3-23）．この選択的な細胞の再集合には，細胞表面の接着分子を介した細胞認識が働いています．この細胞認識には，大別すると**カドヘリンスーパーファミリー**と**免疫グロブリンスーパーファミリー**に属する，いずれかの接着分子が関わっており，前者の結合にはCa^{2+}が必要とされます．それぞれのファミリーには多種の接着分子が含まれていて，表皮細胞にはE-カドヘリン，神経細胞にはN-カドヘリンというように，使われる接着分子の種類が組織ごとに決まっています．同じ種類の細胞どうしが接着して再集合するのは，接着分子に同じ種類のみが結合するという性質があるからです（図3-24）．接着の強さはカドヘリンの種類により異なるため，解離細胞の再集合時には，接着力の強い細胞の集団は接着力の弱い細胞の集団の内側に集まって細胞塊を作ります（図3-23）．発生過程で，連続した外胚葉のシートから表皮組織と神経組織が分離する場合には，E-カドヘリンとN-カドヘリンによる細胞接着の違いが重要な働きを果たしています（図3-23）．

器官形成の機構

発生過程では，受精後，一定の時間が過ぎると特定の場所に特定の器官が形成されます．器

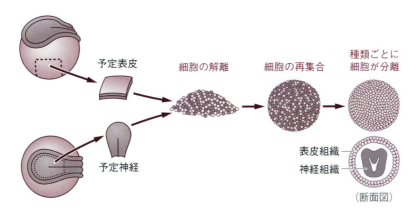

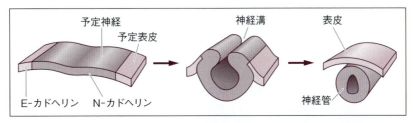

図 3-23 カドヘリン分子による組織特異的な細胞接着と神経管形成
予定表皮と予定神経を単一細胞にまで解離して，両者を混合しておくと，同じ種類の細胞が集まって互いに分離します（上段）．これは表皮組織に E-カドヘリン，神経組織に N-カドヘリンが発現して，同じカドヘリン分子どうしが結合することにより，組織の分離が起こるからです（下段）．

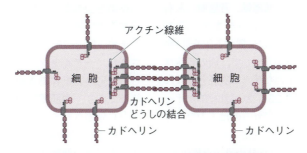

図 3-24 カドヘリン分子の構造と細胞接着
細胞の接着では，同じ種類のカドヘリン分子が隣接する細胞間で結合します．カドヘリンは膜貫通型の分子で，細胞内ではアクチン線維につながっています．

官ができる位置は，胚全体の位置関係を制御する仕組みにより決定され，器官ができる時期は，この位置関係を順序だてて作り上げていく一連の反応に要する時間により決定されると考えられます．一つの器官は複数の組織から構成されており，複数の組織は互いに密接に連携して，器官としてまとまった生理機能を発揮します．したがって器官を形成する組織の形や位置関係は器官の機能と密接に関係しています．

1 胚軸形成とオーガナイザー

生体を構成する様々な器官は生体内の決まった位置に形づくられます．これは発生の初期過程において，胚全体の3次元的な座標軸が決められ，この軸に沿って器官形成が行われるからです．カエルのような両生類の受精卵では，精子の侵入側に卵の表層が回転し（表層回転と呼ばれる），受精位置の反対側に灰色三日月環と呼ばれる色の薄い部分ができます．この部分には表層回転により活性化したディシェベルドと呼ばれるタンパク質

Chapter 3 多細胞動物の体

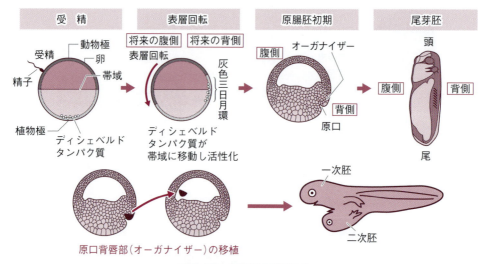

図 3-25　受精と胚軸形成
両生類の発生では，受精直後の表層回転により精子侵入点の反対側に，将来オーガナイザーとなる特別な領域ができ，この領域のある側が将来の背側になります．オーガナイザーの領域は原口の背唇部に位置し，別の胚へ移植すると二次胚を誘導します．

が含まれており，発生が進むと，この領域の細胞群が胚の形づくりの中心（**オーガナイザー**，あるいは**形成体**と呼ばれる）となり胚の内側へ潜り込み陥入運動を行いながら，**頭尾軸**，**背腹軸**，**左右軸**の3本の体軸を作り上げていきます（図3-25）．陥入開始部位のすぐ上に位置する細胞群（**原口背唇部**と呼ばれる）を切り出して，別の胚へ移植すると，移植部位に新たな胚（**二次胚**と呼ばれる）が誘導されます（図3-25）．原口背唇部がオーガナイザー（形成体）と呼ばれるのはこのためです．原口背唇部の細胞は胚の内側へ潜り込みながら，まわりの細胞に対して分泌性の分子を放出し，この分子を受け取った隣接細胞は新たな遺伝子発現を引き起こします．このような細胞どうしのコミュニケーションは**誘導**と呼ばれ，器官形成の過程において，複数の組織が順序だって器官を形づくるための基本的反応です．

2 組織形成と誘導

組織形成の中心として働くオーガナイザーは，発生初期の誘導現象により形成されます．原腸陥入が起こる前の胞胚期に動物極側（予定外胚葉※）と植物極側の領域（予定内胚葉）を切り出し，それぞれを単独で培養すると，動物極側からは未発達な表皮が，植物極側からは内胚葉性の組織がつくられ，中胚葉組織は形成されません．しかし切り出した予定外胚葉と予定内胚葉を接触させて培養すると，両者の境界に面する予定外胚葉側から中胚葉組織が分化してきます（図3-26）．これは予定内胚葉から分泌されたノーダルタンパク質が中胚葉誘導因子として予定外胚葉に働きかけて中胚葉を誘導した結果であり，**中胚葉誘導**と呼ばれます．植物極側から分泌される中胚葉誘導因子は，植物極側をピークに動物極側に向かって濃度勾配を作り，中程度の濃度領域で帯状に中胚葉組織を誘導すると考えられています（図3-19）．誘導された中胚葉細胞群のうち最も背側の領域は，ディシェベルドタンパク質の働きによってオーガナイザーとなりオーガナイザー領域の細胞は脊索細胞へ分化しながら，予定外胚葉へ働きかけて神経を誘導します（図3-27）．誘導を受けた神経外胚葉はまわりの外胚葉から分かれて神経管を形成し（図3-23），神経管の前端部は大きく膨らんで脳を形成します．脳の一部は左右に突出して眼胞と呼ばれる突起を作り，眼胞や，それが変形してできた眼杯は外側を覆う外胚葉に働きかけて，眼のレンズ（水晶体）を誘導し

※：将来，外胚葉組織になる予定の細胞群を指します．同様に内胚葉の予定領域は予定内胚葉と呼ばれます．

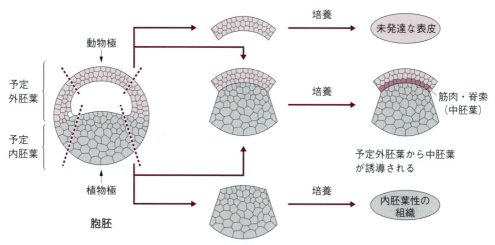

図 3-26 中胚葉誘導を調べる実験

三胚葉が分化する前の胞胚期に細胞群を切り出して単独で培養すると，動物極側と植物極側からは中胚葉組織は形成されません．しかし切り出した動物極側の細胞群と植物極側の細胞群を接触させて培養すると，動物極側の細胞群のうち植物極側に面する側から筋肉・脊索などの中胚葉組織が分化してきます．

ます（図 3-27）．このように，器官形成の過程では，発生過程に沿って連続的に組織の誘導が起こり，最終的には調和のとれた器官が特定の場所に形づくられることになります．

3 器官形成のマスター遺伝子

一つの器官は複数の組織の組み合わせにより形づくられており，それぞれの組織を作り上げるために多くの遺伝子が使われています．一つの器官を完成させるためには，器官ごとに特定の組み合わせの遺伝子群のスイッチを，入れたり切ったりする制御が必要です．この遺伝子発現の制御に中心となって働く遺伝子は器官形成の**マスター遺伝子**と呼ばれ，特定の器官形成を支配しています．眼が欠損する突然変異の原因遺伝子として発見された $Pax6$ 遺伝子は眼形成のマスター遺伝子です（図 3-28）．ショウジョウバエでは，"tinman" というニックネームで呼ばれる遺伝子は心臓を作るマスター遺伝子で，この遺伝子に突然変異が起こると，心臓を欠損した個体ができます．

手足を作る四肢形成の場合には，肢芽と呼ばれる突起が前後左右に 4 ヵ所形成され，この肢芽が伸びて手（前肢）や足（後肢）になります．前肢や後肢には器官としての向きがあり，器官の前後，背腹の向きは体の軸と一致しています．

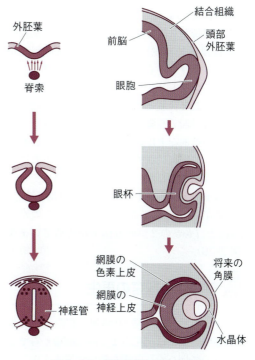

図 3-27 神経誘導と眼の形成

オーガナイザーの領域は胚内に陥入して脊索を作り，外胚葉に働きかけて神経組織を誘導します（左）．神経前方の前脳領域は両側へ突出して眼胞を作り，眼胞とそれから発生する眼杯は外胚葉に働きかけて水晶体を誘導します（右）．

図 3-28　*Pax6* 遺伝子による過剰眼形成

ショウジョウバエの複眼を作る遺伝子は，脊椎動物の眼を作る *Pax6* 遺伝子に相同の遺伝子で，眼以外の組織で強制的に発現させると，過剰な眼（矢印）を作ることができます．

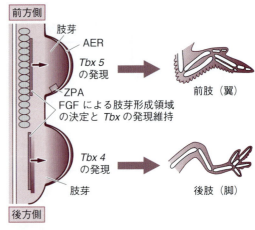

図 3-29　ニワトリの肢芽形成と前肢後肢の決定

体の側方に位置する中胚葉組織が，FGFのシグナルを受け取ると肢芽形成を開始します．4ヵ所にできる肢芽のうち，前方2ヵ所では *Tbx5* 遺伝子が，後方2ヵ所では *Tbx4* 遺伝子が働き，それぞれの肢芽が前肢になるか後肢になるかを決定します．

肢芽の前後方向は肢芽基部の後方領域に存在する極性化活性域（ZPA）と呼ばれる一群の細胞により制御され，肢芽の伸長は肢芽先端部の外胚葉性頂堤（AER）と呼ばれる領域の細胞が形を作りあげる中心となって働いています（図3-29）．ニワトリの肢芽を上皮と**間充織**[※1]に分け，前肢と後肢とで組み換えて培養した実験から，翼の羽毛や脚の鱗といった前肢あるいは後肢に特徴的な上皮組織の構造が，上皮組織の由来とは無関係に間充織によって制御されていることが明らかになりました．肢芽形成そのものにはFGF8やFGF10[※2]が重要な役割を演じ，できた肢芽が前肢になるか後肢になるのかを *Tbx4* と *Tbx5* の2つの遺伝子が決めています（図3-29）．

7　幹細胞と器官の再生

ヒトの成体はおよそ60兆個の細胞からできています．成体は，死ぬまで同じ細胞からできているのではなく，一部を除いて絶えず新しい細胞に置き換えられています．この細胞置換の頻度は組織によって異なり，表皮，毛髪，血球では高い頻度で新しい細胞に置き換わっていますが，脳の神経細胞はほとんど置き換わりません．ヒトの赤血球の寿命は約4ヵ月，肝細胞は約5ヵ月といわれています．もともと組織内の細胞置換はゆっくりと起こりますが，損傷により大規模な組織の欠損が生じた場合には，欠損部分を補充するために大がかりな細胞の供給が行われます．生物が失われた組織や器官を作り直す現象を再生と呼び，イモリの肢や眼のレンズの再生がよく知られています．

1　再生能力

再生の能力を両生類で比較すると，イモリでは成体になっても四肢再生が起こるのに対して，成体のカエルでは四肢は再生しません．ヒトでは再生が見られる場所は皮膚や肝臓など特定の器官に限られています．このように，再生の能力は動物の種類や器官によって大きな違いがあります．プラナリアでは全身のどこを切断しても，失われた部分が再生されます．プラナリアが高い再生能力を示すことができるのは，**新生細胞**と呼ばれる未分化な細胞が体全体に分布しているからです．プラナリアの新生細胞は

※1：多細胞動物の発生において見られる上皮組織を裏打ちする組織です．
※2：fibroblast growth factor（線維芽細胞増殖因子）の略．FGF8やFGF10はそのファミリーに属する増殖因子です．

様々な体細胞に分化することができるので，再生時には切り口付近に新生細胞が集まり，細胞分裂を繰り返しながら，失われた部分の組織再形成を行います．

2 幹細胞

組織の成長，再生，新たな細胞への置換は，組織内に分布している未分化な**幹細胞**と呼ばれる細胞に依存して起こる現象です．新陳代謝の激しい表皮では，角化した表皮細胞（ケラチノサイト）が体表部分で剥がれ落ちる一方，表皮の基底部分に存在する幹細胞が絶えず新しい表皮細胞を供給しています．骨髄中に存在している造血幹細胞は，絶えず消費される血球細胞や，免疫細胞の供給を行っています．新たな細胞を供給し続けても，成体内から幹細胞が消えない理由は，幹細胞の持つユニークな分裂様式に秘密があります．幹細胞は全く同じ細胞2個へ**等分裂**する場合には，幹細胞を増やす自己複製を行います．新たな分化細胞を供給する場合には，**不等分裂**によって生じた片方の娘細胞を特定の細胞へ分化させつつ，もう一方の娘細胞を幹細胞のまま保持します（図3-30）．これらの幹細胞は，組織や器官ごとに違っていて，それぞれの組織に特有の分化細胞を供給する役割を担っています．これに対して，哺乳類を用いた研究では，体中のすべての細胞を生み出す全能性の細胞を試験管内で作り出すことに成功しており，この細胞は**胚性幹細胞（ES細胞）**と呼ばれています．ES細胞は胚盤胞※から，将来，胚そのものを作る運命にある**内部細胞塊**と呼ばれる部分を外へ取り出してその細胞を培養する

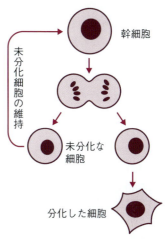

図 3-30 幹細胞の不等分裂

幹細胞は不等分裂を行い，分裂後の一方の細胞は特定の細胞へ分化し，もう一方の細胞は未分化の状態を保ちます．こうして幹細胞は一定の数を維持しながら分化細胞を供給し続けることができます．

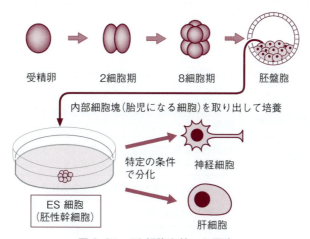

図 3-31 ES細胞を使った再生

哺乳類では，将来胚を作る部分に相当する内部細胞塊を胚盤胞から取り出して培養すると，増殖性の未分化細胞であるES細胞ができます．ES細胞からは肝細胞や神経細胞などを分化させることができます．

※：哺乳類の卵割期の終わった時期の胚です．

ことにより作られます．培養条件を変えることにより，ES細胞から生体内の様々な組織を作り出せることから，ES細胞は再生医療分野の鍵を握る重要な細胞となっています（図3-31）．

8 細胞の老化と個体の老化

1 寿命・老化と加齢

多くの多細胞動物は，生殖年齢を過ぎるとやがて死を迎えます．この生まれてから死ぬまでの期間を**寿命**といい，個体の死を迎える前には**老化**と呼ばれる劣化現象が見られます．老化の進行を測ることは容易ではないため，寿命の長さを老化の速さの指標とすることがよくあります．寿命が長ければ老化は遅く，寿命が短ければ，老化は速いと推測できるからです．似た言葉に**加齢**もあり，こちらは単に時間が経って歳をとることを指し，劣化の意味はありませんでしたが，最近では老化とほぼ同じ意味で用いられることがあります[※1]．

2 分裂能力と寿命による細胞の分類

多細胞動物の体内では，多数の細胞が生じては分化し，役割を終えたら死んで，新しい細胞と置き換わっています[※2]．ところで，遺体の髪の毛やヒゲはしばらくの間伸び続けます．個体は死んでも体の多くの細胞は生きているので

す．このことからもわかるように，個体を構成する細胞が等しく老化して寿命を迎えるのではありません．

細胞は，その種類によって，機能の他，分裂能力や寿命などが異なっています．したがって，個体の老化や寿命について考えるときに，細胞を，分化の程度，分裂能力，および寿命から，区別しておく必要があります．この観点から，ヒトの細胞は大まかに5つに分類されています（表3-1）．

3 インビトロ細胞老化モデル

細胞の種類にもよりますが，多細胞動物個体から細胞を取り出し，適切な条件で培養すると，もとの個体の寿命の期間よりも長く培養できることがあります．一方で，ヒトの正常細胞（ただし，いわゆる幹細胞やがん細胞を除く）を培養すると，有限の分裂回数の後に分裂を停止し，やがて死に至ることも知られています．これは正常な体細胞が，生体外〔インビトロ（*in vitro*）は試験管内の意味〕で老化して，分裂寿命を持つことを示しています．これは，発見者の名前を取って「**ヘイフリックモデル**」，または「**インビトロ細胞老化モデル**」といわれています．このモデルで見られた老化細胞では，いくつかの「細胞老化遺伝子」が働いて分裂を抑制しており，細胞周期のG1期で止まっています．また，

表3-1 分化の程度と寿命による細胞の分類

① 長寿命固定性分裂終了細胞群	神経細胞や心筋細胞など，細胞ができた後，個体の生涯を通して生き続ける
② 短寿命固定性分裂終了細胞群	赤血球や白血球，出来上がると分裂することなく短期間に死んでしまう細胞
③ 可逆性分裂終了細胞群	肝細胞や線維芽細胞など，分化して働く細胞だが組織損傷などのときに分裂もする細胞
④ 分化性分裂細胞群	表皮のケラチノサイトなど，分化を進行させながら分裂する細胞
⑤ 増殖性分裂細胞群	未分化の幹細胞，高い分裂能力がある細胞

※1：加齢はaging（またはageing）と英訳されますが，これらには加齢の他に老化や熟成という意味もありますので注意が必要です．
※2：ヒト成人では，1日に約3,000億個の細胞がアポトーシスにより死ぬと推定されています．線虫などのように非再生系の細胞だけからなる多細胞動物もいます．そのような動物の体内では，ある細胞が死んだら，他の細胞がそれに置き換わるということはありません．

多くの細胞機能が変化しています．

がん細胞や，がんになりかけともいえる**不死化細胞**は，このような分裂寿命を示さず，培養条件さえ整えてやれば，永久に分裂して増えます．これらの細胞は，遺伝子に変化が起きて，無限に増殖する性質を得ているのです．なお，がん細胞が個体を死に至らしめるのは，本来，死ぬべき細胞や増殖停止すべき不要な細胞がどんどん増えてしまい，個体内の細胞社会の秩序を壊して，ホメオスタシスを破綻させてしまうからです．

4 細胞老化の指標＝テロメア

分裂寿命を示す細胞には，分裂するごとに減ってゆく，いわば回数券のようなものがあります．それは染色体DNA末端の**テロメア**と呼ばれる部分です．ヒトなどのテロメアはTTAGGGで示される6塩基配列の数千個の繰り返しで，遺伝子として機能しているのではなく，染色体の構造を維持するための構造と考えられています．このテロメアが細胞分裂のたびに短くなり[※]，そしてそれが一定以下の長さになると，細胞はもう分裂しなくなるのです．

Step up

iPS細胞

ES細胞（胚性幹細胞）は様々な体細胞を生み出す多能性の細胞であるため，再生医療への応用が期待されています．しかしヒトのES細胞は，一人の人間になり得る発生途中の胚盤胞を破壊して作製するため倫理的な問題があります．また，ES細胞から誘導された体細胞を再生医療に利用できたとしても，他人の細胞を移植することになるため，免疫学的な拒絶反応を避けられません．患者本人の細胞を使った治療法の開発が望まれる中，分化した体細胞を初期状態に戻すという画期的な方法が開発されました．ES細胞で発現している遺伝子群の中から特定の遺伝子を複数選び，この遺伝子を体細胞に入れて強制的に発現させると，分化した体細胞を未分化状態に初期化できることがわかりました．人工的に誘導された多能性細胞はiPS細胞 induced pluripotent stem cell（人工多能性幹細胞）と呼ばれ，ES細胞に匹敵する多能性を示します．iPS細胞をつくり出した山中伸弥博士は，核移植実験により体細胞を初期化できることを示したイギリスのジョン・ガードン博士とともに，2012年，ノーベル生理学・医学賞を受賞しました．iPS細胞の技術をさらに発展させ，患者本人の細胞を使った新しい再生医療へ道が拓かれようとしています．

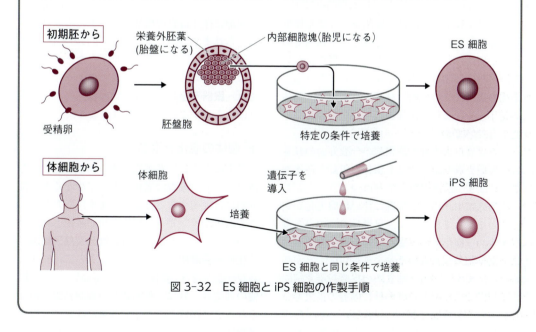

図3-32　ES細胞とiPS細胞の作製手順

※：この現象はDNA複製のメカニズムを学習すると理解できます（p. 118参照）．

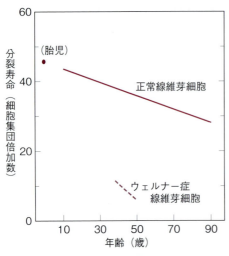

図 3-33 様々な年齢のヒト個体から取り出した皮膚線維芽細胞の分裂寿命

ウェルナー症は若年者に起こる若年性白内障皮膚萎縮，毛髪脱落などを伴う早老症です．

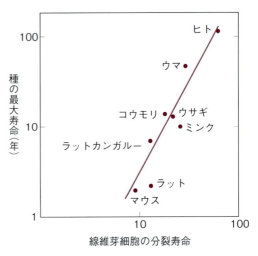

図 3-34 哺乳類の皮膚線維芽細胞の分裂寿命と個体の最大寿命

これに対し，分裂寿命を示さない細胞は，**テロメラーゼ（テロメア伸長酵素）**が発現し，これが細胞分裂の度に短くなっていくテロメアを伸長させているため，いつまでもテロメアが短くならずに分裂できるのです．

5 インビトロ細胞老化モデルと個体の老化

インビトロでの実験は，細胞をとりまく環境が生体内とは異なるため，しばしば生体内での状況を反映していないことがあり，得られた結果の解釈には注意が必要です．インビトロ細胞老化の過程については，以下の事実から，個体の老化を少なくとも部分的に反映していると考えられています．

ヒト皮膚由来の線維芽細胞の分裂寿命の長さは，細胞を取り出したヒト個体の年齢と逆比例しています（図 3-33）．これはつまり，インビトロ同様に生体内でも加齢に伴い細胞老化が進むことを示します．また，早老症の一つであるウェルナー症患者の皮膚線維芽細胞の分裂寿命は，同年齢の正常者のそれよりも短いことが知られています．一方，哺乳類の皮膚線維芽細胞の分裂寿命は，それぞれの種に固有の最大寿命と正の相関があることもわかっています（図 3-34）．ウェルナー症は 8 番染色体にある遺伝子による劣性遺伝病ですし，種の寿命はそれぞれの遺伝子によって決まっていますから，インビトロ細胞老化モデルにおける分裂寿命は，遺伝子によって決められているとも考えられます．

老化した個体では，おそらく，一部の細胞が細胞老化を起こし，それらが大きな機能変化を示すので，他の細胞へも影響し，その結果として加齢に伴う器官の機能低下がもたらされると考えられます．そしてそれらのうちのどれかが，個体維持が困難な程度まで低下したときに，個体は死を迎えるのでしょう．このような個体の死は，**臓器不全**による死といわれ，いわゆる老衰による死がこれに当てはまります．

6 個体の老化と寿命

以上のように，多細胞動物の個体の老化や寿命について，細胞の老化や寿命で少なくとも部分的には説明することができます．ただし，ここで述べたインビトロ細胞老化が確認されている細胞は，今のところ，**可逆性分裂終了細胞**と**分化性分裂細胞**に限られていることに注意する必要があります．個体の老化や寿命については，他の細胞群，特に，他の新しい細胞に置き換えられることがほとんどない**長寿命固定性分裂終了細胞**群の神経細胞や心筋細胞などの理解もたいへん重要だからです．しかし，これらについ

ては，培養系での研究が難しいため，分裂寿命という指標も使えないので，研究があまり進んでいません．**増殖性分裂細胞**群の幹細胞も，加齢に伴いどのように変化するかもよくわかっていません．これらの他，細胞外マトリックスなどの細胞以外の構造物の加齢に伴う変化や，がんになりかけの段階の細胞などについても，個体の老化や寿命について考えるときは，考慮に入れる必要があります．

Column

寿命がない不老不死の多細胞動物になりたいか？

　細菌のように，環状のDNAを遺伝子に持つ細胞にはテロメアがありません．こういう細胞は，環境さえよければ，無限に分裂することができるので，寿命が無いともいえます．一方，多細胞生物の場合，DNAは染色体を形成しますから，テロメアがあります．このような生物の細胞は分裂寿命があり，個体としても寿命があります．ところで，ヒトの体には分裂してもテロメアが短くならない細胞があります．それは生殖細胞を供給する幹細胞です．この細胞では，短くなったテロメアを長くして復活させるテロメラーゼがよく働いているからです．ヒトの全身の細胞にテロメラーゼを発現させれば，テロメアが短くならないので不老不死の体が実現できるかもしれないとも考えられています．

　実は，多細胞で，全身がいくらでも分裂できる幹細胞からなるといわれている動物があります．淡水にすむ刺胞動物のヒドラの仲間がそれで，多細胞動物でありながら，栄養状態や衛生状態を整えてやれば，寿命がないかのようにふるまいます．つまり一匹も死ぬことなく増え続けるのです．これはある意味ですばらしいことですが，ここで，彼らになったつもりで少し考えてみましょう．ヒドラは出芽と呼ばれる無性生殖で増えるので，ふと気づいたら，少なくとも遺伝子も見かけも自分と全く同じクローンの子が自分の体の一部から生えてきます．しばらくするとその自分と全く同じ子は分かれて，さらに全く同じ子や孫が出芽で生まれての繰り返しです．どうやら無限に増殖する細胞だけからなる体を持つと，細菌と同様に大量に子孫を増やしやすいので，生き残るための戦略上，有性生殖という遺伝子のシャッフルが特に必要ないということのようです．死ぬときも老衰はありえませんから，環境の悪化による栄養の不足や病気，他の動物の餌になるなどでしょう．

　さて，あなたは，ヒドラのような体を持ちたいと思いますか？

Chapter 4 生命体を構成している物質

Summary

　生体を構成する物質は，水，有機物，その他に分類できます．水は化学的に安定で，様々な物質を溶かすことができ，温まりにくく冷めにくいなどの特徴から，生命活動に必須の物質です．有機物は炭素を含む複雑な化合物です．これはさらに，タンパク質，糖質，脂質および核酸（デオキシリボ核酸＝ DNA，リボ核酸＝ RNA）などに分けられます．タンパク質は体を形づくる他，酵素などの生理活性物質として，糖質はエネルギー源として，脂質は生体膜成分やエネルギーの貯蔵などに，DNA は遺伝子として，RNA は遺伝子の発現に，それぞれ重要です．これらの物質はわずか 10 種類の元素からできています．他にも微量ながら生命活動に不可欠な元素があり，それらを微量元素と呼びます．なお，有機物を構成する主な 4 つの元素（炭素：C，水素：H，酸素：O，窒素：N）以外で，生理活性を持つ元素を無機質（ミネラル）といいます．生命を理解するためには，そのパーツともいえるこれらの物質についての基礎知識が不可欠です．

Keywords

有機物　organic compound
タンパク質　protein
糖質　sugar
脂質　lipid
核酸　nucleic acid
無機質　mineral
デオキシリボ核酸（DNA）
リボ核酸（RNA）
微量元素　trace element

1 生体を作る元素

　太陽系の惑星の中で生命を育んでいるのは唯一地球のみです．その理由は，太陽からの熱エネルギーと地球の大きさと重力との関係で，水が液体の状態で存在し得る環境にあるからだといわれています．そして生物は地球の物質を取り込み，利用して繁栄してきたのです．

1 地殻を構成する元素

　地殻（地表からマントルの表面まで）を構成する元素は，図 4-1 のように考えられています．このように地殻中には酸素（O）とケイ素（Si）の割合が多いことがわかります．酸素やケイ素は，単体としては存在せず，酸素は酸化物として，ケイ素は石英などの岩石の成分（二酸化ケイ素 SiO_2）として地殻中に多く存在します．

2 生体を構成する元素

(1) 生重量

　生体を構成する元素は，酸素（O），炭素（C），水素（H），窒素（N）の 4 元素で全体の 9 割以上を占めています．これは生体を構成する成分，特に原形質（核と細胞質をあわせた部分，細胞質にはミトコンドリアなどの細胞小器官や細胞質基質が含まれる）成分の 8 割以上が水（H_2O）で占められていることによります（図 4-2 上）．さて，この**生重量**（図 4-2 下）と地殻を構成する元素を比べると，共に酸素が 5 割以上を占めていることをはじめ，元素には共通なものが多く見られることがわかります．しかし，共通の元素もその割合はだいぶ異なっています．このことは大部分の生物が酸素圏で生息しているにも関わらず，利用している元素は生物特有であることを意味します．

(2) 乾燥重量

　生重量より水（H_2O）を除いた元素の割合が**乾燥重量**です（図 4-3）．この値は，主に生物の体構成物質と貯蔵物質を表しています．円グラフから，それはタンパク質や脂質・核酸が大

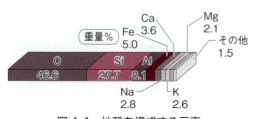

図 4-1　地殻を構成する元素

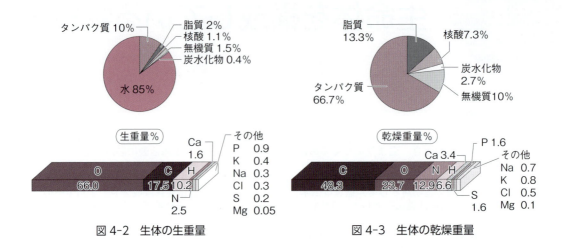

図 4-2　生体の生重量　　　　　　　図 4-3　生体の乾燥重量

表 4-1　主な微量元素の働きと欠乏症

元素名	主な働き	欠乏症
Mn	ムコ多糖合成酵素などのマンガン酵素を助ける	植物：葉の黄化現象 動物：軟骨の退化
B	細胞壁（ペクチン）の維持	成長点の破壊（植物）
Zn	アルコール脱水素酵素などの成分	前立腺異常，味覚障害，精子不形成
Cu	銅酵素の成分	貧血，抜け毛，心臓障害
Mo	モリブデン酵素の成分	貧血，植物の窒素代謝不良
Co	ビタミン B_{12} の構成成分	食欲不振，貧血
I	甲状腺ホルモンの成分	クレチン病

部分を占め，エネルギー源としての炭水化物は比較的少ないことがわかります．

(3) 10大元素と微量元素

生重量でも乾燥重量でも C，H，O，N の割合が多いことがわかりますが，この他にも Mg（マグネシウム），Ca（カルシウム），K（カリウム），S（イオウ），P（リン），Fe（鉄）などの元素が核酸や酵素，ATP の成分として生体内に含まれています．以上の元素を **10大元素** と呼ぶこともあります．特に植物では，水耕法（一種の水栽培）を用いて根より吸収される水溶液中より，これらの元素のうちのどれか１つを欠くと正常な成長が見られなくなることがわかります．このように必要な元素のうち，１つでも欠いたことが成長全体に影響を及ぼすことを **リービッヒの最少律** といいます．また，これらの10元素の他に微量でも必要な元素に Mn（マンガン），B（ホウ素），Zn（亜鉛），Cu（銅），Mo（モリブデン），Co（コバルト），I（ヨウ素）があり **微量元素** と呼ばれます．それぞれの主な働きや欠乏症を示すと表 4-1 になります．

2　水と無機質

前節で，ヒトの体重の 60～80％が水分であることを学びました．ヒトはメロンの果実のように水分が多い生物といえます．しかし，もっと水浸しのような生物も存在します．それはクラゲで，体の99％が水分で満ちています．一方，空を飛ぶことができる鳥類や昆虫類は，できるだけ水分を減らして体を軽くしています．生物にとって水とはどんな意義を持つのでしょうか．また，水にはどんなものが溶けているのでしょう．

2. 水と無機質

1 水の構造と性質

(1) 水の構造

水の分子式は H_2O で，1個の酸素原子と2個の水素原子が**共有結合**しています（図4-4）．液体の水は分子が単独で存在しているのではなく，互いに接し**水素結合**によって弱く結びつきながらも自由に動ける状態で存在しています．

(2) 水の性質

水の一般的な性質は分子量18，密度1（g/cm³）で約4℃で最大，融点が0℃で沸点が100℃です．さらに生物にとって優れた性質をあげると以下のようになります．

比熱（容量）が大きい：18℃の水の温度を1℃上げるのに4.2（kJ/kg·K）^{※1}必要です．鉄0.44（kJ/kg·K）と比べても比熱（容量）の値は1桁大きくなっています．つまり「温まりにくく，冷めにくい」「温度変化の影響を受けにくい」性質であるといえます．生物は外部環境が大きく変化しても多量の水によって温度変化が少なくて済むのです．

融解熱・気化熱が大きい：水は凍りにくく気化しにくい液体です．水は動物の体内で固体や気体に変化することはめったにありません．過酷な環境に生育する植物などにとっては，この水の性質の恩恵によるところが大きいのです．

熱伝導率が大きい：銅などの金属は熱伝導率が大きいことで知られていますが，水は液体の中で熱伝導率が大きいほうです（水の熱伝導率はアルコールの約3倍，空気の約25倍）．例えば，鳥類は血流で熱を全身に運び，最外層は羽毛などによって空気の層を作り，熱を逃がさないようにしています．

表面張力・凝集力が大きい：水の表面張力の大きさはアルコールの約3倍です．これは水分子が水素結合によって結ばれているためで，水が高木の導管を通って高いところまで1本の柱のようにつながって上ることができるのも水の凝集力によるものです．

図4-4 水の構造

H－O－Hの角度は104度で，分子内の電子0.33個分が酸素原子側に偏っています（矢印は電子が偏る方向）．

2 生体と無機質

無機物は有機物の対語で，二酸化炭素などの炭素化合物や炭素原子を含まないすべての化合物を指します．これに対し**無機質**（ミネラル）とは，有機物を構成する主要構成元素（C, H, O, N）以外の元素で，何らかの生理的意義を持つものを指します．生体内では無機質は水に溶けてイオンとして働いたり，生体の構成物質として存在したりします．まず，乳製品に多く含まれ骨の成分として知られるCaは，イオン（Ca^{2+}）として筋原線維の表面にある筋小胞体中より筋細胞中に放出されると，これがきっかけとなって筋収縮が生じます．また，血液凝固の際にはCa^{2+}がないとトロンビンという酵素ができず，血球を結びつける線維（フィブリン）が作られないので血液凝固が起こらなくなります．Na^+やK^+は浸透圧の調節や興奮の伝導に関係し，Mgは植物のクロロフィルの構造の一部として欠かせない金属原子で動物の骨の成分としても重要です．Feは血液色素であるヘモグロビンやシトクロム系のヘムタンパク質の構成成分です．また，酵素カタラーゼの成分でもあります．Cuは多くの甲殻類や軟体動物の血液色素ヘモシアニンの成分でヘモグロビンとは異なり血漿^{※2}中に含まれています．酸素と結合すると青紫色になります．ヨウ素（I）は脊椎動物の甲状腺ホルモン（チロキシン）の成分で海藻より摂取することができます．欠乏しても過剰に摂りすぎても弊害が生じることがあります．

※1：kJ/kg·K：1kgの物質を1K（ケルビン単位）上昇させるのに必要な熱量（kJ：キロジュール）です．
※2：試験管に血液を採って，しばらく放置しておくと血液は固まってしまいます．固まった血液の成分を血餅といい，その血餅の上にたまった透明な液体を血清といいます．血餅に含まれる凝固因子と血清を混ぜた黄色い液体が血漿といいます．つまり，血液＝血漿（血清＋凝固因子）＋血球成分＝血清＋血餅（血球＋凝固因子）というわけです．

3 タンパク質

1 タンパク質とはどんなもの

(1) タンパク質は「第一のもの」

タンパク質の英語名，プロテイン protein は，ギリシャ語で「第一位の」を意味する言葉「proteios」に由来します[※1]．実際，タンパク質は，細胞の乾燥重量の中で一番多く，約3分の2を占めます．タンパク質は，単に体の構成成分としてだけではなく，生体内の化学反応を触媒する酵素，あるいはその他の生理活性を有する物質（ホルモンや成長因子など）の本体としても極めて重要です．つまり，ほとんどの生命現象は，タンパク質の持つ多彩な機能によって成り立っているといえます．ヒトゲノムプロジェクトで，ヒトの遺伝子が2万5千個程度であることがわかりましたが，ヒトの体を構成するタンパク質の種類は10万ぐらいであろうといわれています．私たちの生命を理解するカギは，この約10万種類のタンパク質の中にあるともいえます．

(2) タンパク質はアミノ酸が連なったもの

タンパク質は，数十個以上のアミノ酸がペプチド結合（-CO-NH-）によって，鎖状に結合したポリペプチドからできています（図4-5）．アミノ酸は種類によってその化学的性質が大きく異なります．このため，タンパク質の性質や種類は，①どんな種類のアミノ酸が，②どのような順番で，③どれだけつながっているか，によります．これらは遺伝子によって指令されています．ただ，遺伝子によって指令されているアミノ酸は20種類ですが，生体のタンパク質はその20種以外にもいくつかの種類のアミノ酸を含んでいます．これは，タンパク質が一度出来上がってから，化学修飾（翻訳後修飾）を受けることによります．

(3) タンパク質には他のものもついている

タンパク質には，アミノ酸以外のものも結合しているものが多く，そのようなタンパク質を**複合タンパク質**と呼びます．例えば，糖を結合したものは**糖タンパク質**[※2]，脂質を結合したものは**リポタンパク質**と呼びます．これに対してアミノ酸だけからなるタンパク質を**単純タンパク質**と呼びます．高感度分析技術により，現在ではほとんどのタンパク質はアミノ酸以外の成分を多少は含んでいることがわかっています．

2 アミノ酸

(1) アミノ酸の基本構造

タンパク質の構成単位でもあるアミノ酸は，同じ炭素原子にアミノ基（$-NH_2$）とカルボキシ基（カルボキシル基）（$-COOH$）が結合した共通構造部分を持つ化合物です[※3]．アミノ酸の種類ごとに異なる部分をRとして，構造式を書くと図4-6のようになります．カルボキ

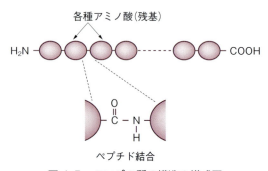

図4-5 タンパク質の構造の模式図
タンパク質は各種アミノ酸がペプチド結合で鎖状に結合しています．ペプチド結合を形成している原子は同一平面上にあります．

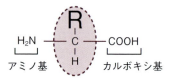

図4-6 アミノ酸の一般式
Rは側鎖といい，アミノ酸の種類ごとに異なります．

※1：生命が存在するために第一に重要なものという意味でオランダのムルダーが1838年に命名しました．
※2：糖とタンパク質が結合しているものには，糖タンパク質の他，プロテオグリカンというものがあります．糖タンパク質はタンパク質部分のほうが多く，プロテオグリカンは糖の部分のほうが多いという特徴があります．
※3：ただしプロリンは例外でアミノ基の代わりにイミノ基（＞NH）を持ちます．

シ基から1つ目の炭素をα炭素といい，図にあるようにアミノ基がα炭素に結合しているアミノ酸を**αアミノ酸**といいます．タンパク質を構成するアミノ酸はすべてαアミノ酸です．Rの部分は側鎖と呼ばれます．ここが一番単純なのはグリシンで，側鎖はHだけです．グリシン以外のアミノ酸については，α炭素に結合する4つの結合の手の先（原子団）がすべて異なります．このような場合，構造式は全く同じでも，実物と鏡像の関係にあるような，つまり互いに重ね合わせることができない分子が存在し得ます．このような，重ね合わせのできない分子どうしは，**光学異性体**といいます（図4-7）．タンパク質を構成するアミノ酸は，すべてこのうちの片方でL型と呼ばれます．L型は図にあるようにカルボキシ基を上，側鎖を右にしてみたとき，アミノ基が左側にあります※．

(2) アミノ酸の特徴

アミノ基は正に，カルボキシ基は負に荷電し得る性質があります．この両者を持っているアミノ酸は，正にも負にも荷電し得る性質を持っています．まわりが中性のときはアミノ基，カルボキシ基共に荷電しています．まわりが酸性になるとカルボキシ基が荷電しなくなります．一方，塩基性になるとアミノ基が荷電しなくなります．このような性質を持つ物質は**両性電解質**と呼ばれます．アミノ酸からできているタンパク質も両性電解質です．これらは，水素イオン濃度（pH）を考えると，容易に理解できます（図4-8）．両性電解質とは，分子全体では陽イオンにも陰イオンにもなり得るものと捉えることができます．

(3) アミノ酸の種類と分類

タンパク質を構成する20種類のアミノ酸を

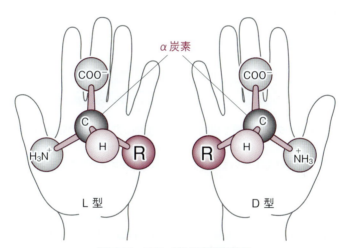

図4-7 アミノ酸の光学異性体
側鎖RがH（水素）のとき以外では，両者は互いに重ね合わせることができません．

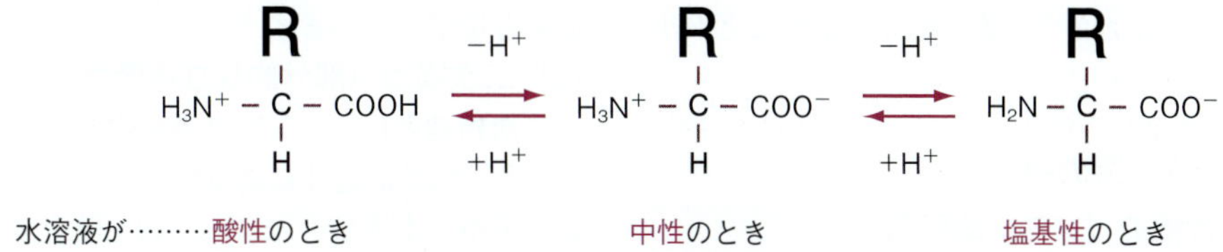

$$H_3N^+ - \underset{H}{\overset{R}{C}} - COOH \;\underset{+H^+}{\overset{-H^+}{\rightleftarrows}}\; H_3N^+ - \underset{H}{\overset{R}{C}} - COO^- \;\underset{+H^+}{\overset{-H^+}{\rightleftarrows}}\; H_2N - \underset{H}{\overset{R}{C}} - COO^-$$

水溶液が………酸性のとき　　　　　　　中性のとき　　　　　　　塩基性のとき

図4-8 アミノ酸の荷電状態の変化
水溶液中のアミノ酸は水素イオン濃度によって陽イオン，双性イオン，陰イオンの状態になります．

※：L型とD型はラテン語の「左の」を表わすLaevusと「右の」を表わすDexterに由来します．なお，抗生物質の中にはD型のアミノ酸を持つものもあります．

Chapter 4 生命体を構成している物質

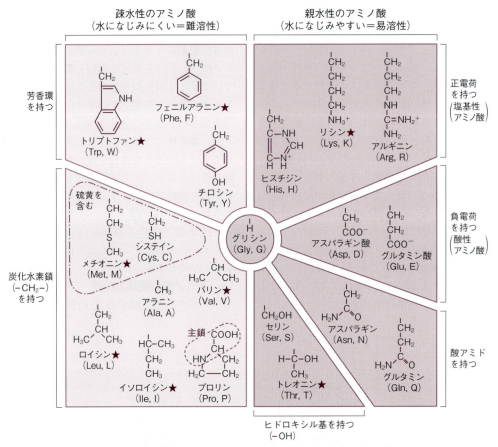

図 4-9　タンパク質を構成する 20 種類のアミノ酸の側鎖の構造
(カッコ内は 3 文字略号と，1 文字略号)
★印はヒトの必須アミノ酸を示しています．小児期ではアルギニンとヒスチジンも必須アミノ酸です．

図 4-9 に示します．この図にあるようにアミノ酸は化学的な性質（酸性，中性，塩基性や，水への溶けやすさなど）や，栄養学的な意義（体内で必要な量を合成できないために食事から摂らなくてはならないなど）から分類されます．アミノ酸を記号で示すときは，図 4-9 中の 3 文字もしくは 1 文字の英字略号で示すことが決められています．

3 タンパク質の構造

(1) 一次構造（アミノ酸配列）

タンパク質を構成するアミノ酸の配列順序を，そのタンパク質の**一次構造**といいます．通常，アミノ基が遊離している側（N 末側）を左に，C 末端を右とします．一次構造はタンパク質の性質を基本的に決めています．興味深いことに，私たちの言葉と同じで，順序を逆にすると性質が変わります※．なお，一次構造は一部の例外を除き遺伝子によって決められています．また，一次構造は，以下に述べる高次の構造をも規定しています．

(2) 二次構造（部分的な立体構造）

二次構造とは，タンパク質のポリペプチド鎖のうち，比較的近くにある特定の水素原子と酸素原子が，水素結合によって弱く結合することでできる，部分的な立体構造を指します．これには，同じポリペプチド鎖の中にできる**αヘリックス構造**というらせん構造，および横に並び合う

※：例えば RGDS という細胞接着に働く有名な配列は，SDGR では働きません．

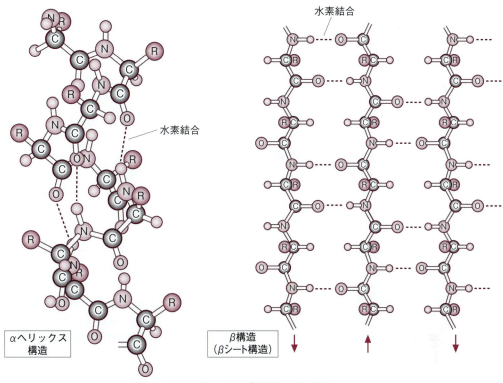

図 4-10　タンパク質の二次構造

異なるいくつかのポリペプチド鎖でできる**β構造**というシート構造があります（図4-10）．αヘリックス構造では，ポリペプチドが3.6個のアミノ酸残基[※]で1回転するらせんを作っています．

(3) 三次構造（立体構造）

二次構造をとったポリペプチド鎖は，多くの場合，比較的遠くにあるアミノ酸残基の側鎖間の相互作用によって，さらに折りたたまれます．そして，それぞれのタンパク質に特有の立体構造（三次構造）を形成します（図4-11）．この相互作用には，システイン残基間の**ジスルフィド結合（S-S結合）**，非極性（疎水性）アミノ酸残基の側鎖間の分子間力による**疎水性結合**，**水素結合**，カルボキシ基とアミノ基の静電引力による**イオン結合**などがあります（図4-12）．S-S結合を除いたこれらをまとめて**非共有結合**と呼ぶことがあります．

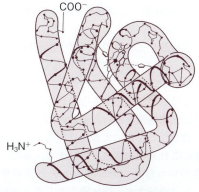

図 4-11　タンパク質の三次構造の例
（ミオグロビンの三次構造）

非共有結合は共有結合よりも弱い結合ですが，これらの結合により三次構造をとることは，タンパク質が機能し，安定するために非常に重要です．

※：タンパク質やポリペプチドを形成しているアミノ酸は，ペプチド結合をするために，遊離のアミノ酸から比べると一部が欠けているのでこう呼びます．

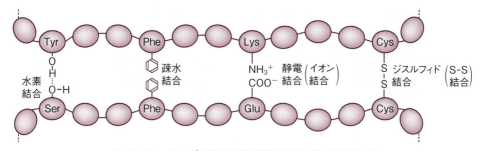

図4-12 タンパク質の三次構造形成に働く相互作用

チロシン-セリン間の水素結合，フェニルアラニン-フェニルアラニン間の疎水結合，リシン-グルタミン酸間の静電結合（イオン結合），システイン-システイン間のジスルフィド（S-S）結合を示しています．

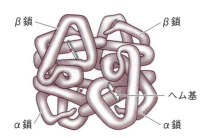

図4-13 タンパク質の四次構造の例
（ヘモグロビンの四次構造）

(4) 四次構造（三次構造をとったポリペプチド鎖の会合）

三次構造をとったポリペプチド鎖は，その種類によっては，いくつか集まって，疎水結合，水素結合やイオン結合などの非共有結合により会合して初めて機能するものがあります．このように三次構造をとった複数のポリペプチド鎖が，会合してさらに大きな立体構造を形成するとき，これを**四次構造**と呼びます．また，そのときの一つひとつのポリペプチド鎖を**サブユニット**と呼びます．四次構造をとるタンパク質でよく知られるものには，ヘモグロビンや乳酸脱水素酵素があります（図4-13）．

4 タンパク質の特性

(1) タンパク質の変性

酸，塩基，重金属イオン，有機溶媒，界面活性剤などによってタンパク質は**変性**します．変性は，しばしば肉眼で観察できます．例えば，もともと水に溶けているタンパク質（例えば卵白や血清タンパク質）なら加熱すると濁って沈殿してきたり，もともと線維性のタンパク質（例えばコラーゲン）なら同様に加熱すると溶けたりします．このようなタンパク質の変性は，二次構造以上の高次構造が壊れるために起こります．タンパク質は変性すると水に対する溶解性が変わるだけではなく，本来の生理活性を失います．この変化には不可逆的なものが多いですが，可逆的なものもあります．また，タンパク質は変性するとタンパク質分解酵素によって分解されやすくなります．この性質は，生体内でタンパク質がアクシデントにより変性するとそれを除去するために好都合で，合理的であるといえます[※1]．

(2) タンパク質の塩析

タンパク質の水溶液に多量の塩を加えると，タンパク質の種類によっては沈殿します．これを**タンパク質の塩析**といいます[※2]．またあるタンパク質は，塩があることで初めて溶けていられることもあります．こうした方法は，生体からタンパク質を抽出したり，分別したりするときにしばしば使われます．

(3) タンパク質の電気泳動

両性電解質であるアミノ酸からできているので，タンパク質もまた両性電解質です．それゆえ，

※1：私たちが食事としてタンパク質を多く含む肉を食べるときにも加熱するのは，①消化をよくする，②本来の生理活性を失わせる，③殺菌する，などのためです．
※2：この方法で大豆タンパク質を沈殿させ固めたものが豆腐です．

適当なpH[※1]の下では，タンパク質分子全体では正か負に荷電するために，電圧をかけると動きます．この現象を電気泳動といい（図4-14），これを利用して，タンパク質を分析することがよく行われます[※2]．

5 タンパク質の分類
(1) 機能によるタンパク質の分類
ヒトの体には約10万種類の，自然界全体ではおそらく100億種類以上のタンパク質があると考えられています．これだけ膨大な種類があると，それを整理しておく必要があります．タンパク質の分類法はいろいろありますが，機能による分類がよく使われます．

タンパク質を大別するとき，**構造タンパク質**と**機能タンパク質**に分けることがありますが，構造タンパク質も体を支える機能があると考えることもできます．したがって，タンパク質は，①生体触媒としての酵素，②ホルモンなどの調節タンパク質，③筋肉などの収縮性タンパク質，④他の物質を運ぶ輸送タンパク質，⑤ホルモンなどを受け止める受容体タンパク質，⑥病原体とたたかう防御タンパク質，⑦体の形を維持したり支えたりする構造タンパク質，⑧体の栄養になる滋養タンパク質などに分類することができます（表4-2）．

(2) 他の方法によるタンパク質の分類
機能以外の観点からタンパク質を分類することもあります（表4-3）．例えば，構造による分類があります．分子にタンパク質以外の成分がついている複合タンパク質と単純タンパク質，球状タンパク質と線維状タンパク質，一本のポリペプチドから分子ができている単量体タンパク質，複数のポリペプチドがサブユニットとして四次構造をしている多量体タンパク質などです．またその性質から，水溶性タンパク質や難溶性（不溶性または疎水性ともいう）タンパク質のように分ける場合もあります．

6 主なタンパク質の機能
(1) 酵 素
酵素の本体はタンパク質でできています[※3]．酵素は，生体内で起こる様々な反応の触媒として働くので，生体触媒とも呼ばれます．触媒とは，化学反応において必要な**活性化エネルギー**を小さくして，その化学反応を起こりやすくしたり，反応の速度を速める働きがあるもの（図4-15）で，それ自体は反応の前後で変化しないもののことです[※4]．

酵素はどんな反応も触媒するのではなく，基本的に，ある特定の反応しか触媒しない性質（**反応特異性**）があります．また酵素は，働きかける物質（**基質**）が決まっていて，特定の基質にしか作用しない性質（**基質特異性**）もあります（図4-16）．

本体がタンパク質でできているので，酵素は，

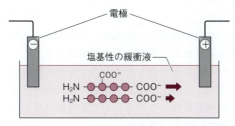

図4-14 タンパク質（ペプチド）の電気泳動

表4-2 機能によるタンパク質の分類

1	酵　素	ペプシン，アミラーゼなど
2	調節タンパク質	ホルモン，サイトカインなど
3	収縮性タンパク質	アクチン，ミオシンなど
4	輸送タンパク質	アルブミンなど
5	受容体タンパク質	ホルモン受容体など
6	防御タンパク質	免疫グロブリンなど
7	構造タンパク質	コラーゲンなど
8	滋養タンパク質	カゼインなど

※1：この場合，適当なpHとはタンパク質の種類によって異なります．また，どんなタンパク質も，分子全体としてある特定のpHで正にも負にも荷電しない性質があります．このpHはタンパク質によって異なり，タンパク質の等電点と呼びます．タンパク質は等電点近くでは沈殿しやすい性質があります．
※2：分子の大きさや等電点の違いでタンパク質を分けることができます．
※3：RNAにも，RNAを分解する酵素活性を持つものがあり，リボザイムと呼ばれています．
※4：比較的高い温度では徐々に失活することがあります．

表4-3 機能以外によるタンパク質の分類

組成による分類
・単純タンパク質（ペプシン，トリプシンなど） ・複合タンパク質 　・糖タンパク質（免疫グロブリン，卵白アルブミンなど） 　・リポタンパク質（低密度リポタンパク質，高密度リポタンパク質など） 　・金属タンパク質（フェリチンなど） 　・色素タンパク質（ヘモグロビンなど）
形状による分類
・球状タンパク質（アルブミン，酵素など多くのタンパク質） ・線維状タンパク質（コラーゲン，エラスチン，ミオシンなど）
構成による分類
・単量体タンパク質（ペプシン，ミオグロビン） ・多量体タンパク質（ヘモグロビン，アルコール脱水素酵素）

フェリチンは鉄と結合しています．ヘモグロビンは4本の，アルコール脱水素酵素は2本のポリペプチド鎖よりなっています．

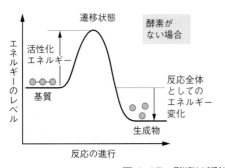
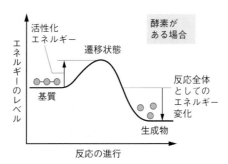

図4-15 酵素は活性化エネルギーを小さくする

一般に，加熱や有機溶媒，界面活性剤などで立体構造が壊れ，活性を失います．これを酵素の**失活**と呼びます．

酵素にはそれぞれ，最大の活性を示す温度があります．その温度を**最適温度（至適温度）**といいます．本体がタンパク質なので，多くの酵素は40℃ぐらいが最適温度です（図4-17）．最適温度より温度が高い場合には，酵素は失活するため，反応速度は遅くなります．

酵素が働くために適したpHもあり，それを**最適pH（至適pH）**といいます．胃液に含まれるタンパク質の分解酵素である**ペプシン**の最適pHはおよそ2，膵液に含まれるタンパク質分解酵素である**トリプシン**の最適pHはおよそ8で，このように酵素によって最適pHは違います．

酵素には，反応を触媒するのに直接関わる特定の部位があり，それを**活性中心**といいます．基質が活性中心に結合すると触媒作用が発揮され，基質が変化して生成物となります．基質が生成物になると活性中心から離れます．このようなことが繰り返し起こることで酵素反応は進みます．この活性中心と基質の形はカギとカギ穴に例えられ，この考え方で基質特異性が説明されています（図4-18）．

(2) 調節タンパク質

タンパク質の中でも，**ホルモン**や**成長因子**，**サイトカイン**（主に血液細胞の増殖と分化を制御する因子）として働くもの，遺伝子の転写（DNAの遺伝情報を基にRNAを合成すること）を制御するもの（**転写因子**）があります．これらは，すべて細胞間や細胞内の調節の機能を

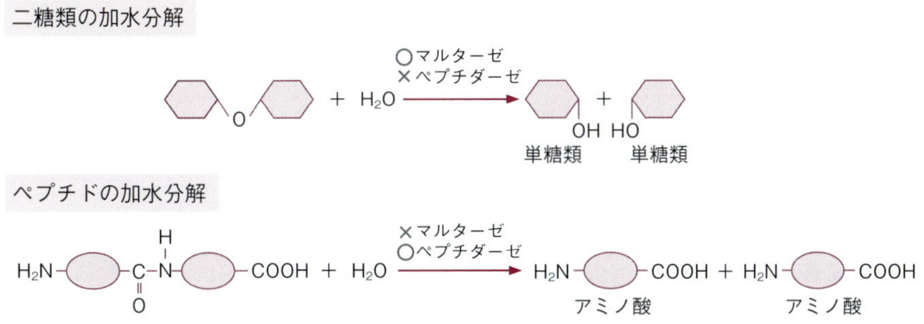

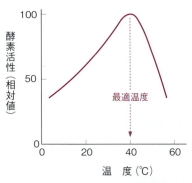

図 4-16 酵素の基質特異性の例

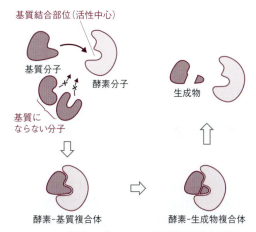

図 4-17 酵素の最適温度

図 4-18 分子モデルによる基質特異性の説明

担っていることから，**調節タンパク質**と呼ばれます．また，トロポニンやトロポミオシンなども筋収縮を調節しているので，これらも調節タンパク質といわれることがあるようです．

(3) 収縮性タンパク質

筋収縮などを担う**収縮性タンパク質**には，いくつかの種類がありますが，そのタンパク質分子自体がゴムのように伸び縮みするわけではありません※．最も簡潔には，**アクチン**と**ミオシン**の2種類のタンパク質の相互作用によって収縮が生じるといえます．以下に横紋筋における収縮について述べます．

球状のアクチン分子は，数珠状につながって線維を作ります．一方のミオシン分子は，柄の長い双葉のような形をしており，柄の部分で凝集してアクチンの線維よりも太い線維を作っています（図 4-19）．アクチン線維はZ帯と呼ばれる構造で束ねられ，ミオシン線維はタイチンと呼ばれるタンパク質で，Z帯とZ帯の間（Z

帯からZ帯までを筋節またはサルコメアといいます）の中央部に保たれています．Z帯の部分にはデスミンというタンパク質があります．

筋の収縮においては，これらの線維が相互に滑り込むように動きます．ミオシン分子の双葉状の頭部にはATPを分解するATPase活性があり，そのため，線維を形成しているミオシン分子は，ATPの存在下でATPを分解したときに出るエネルギーを使って，頭部を振りながら個々のアクチン分子との結合と解離を繰り返すことができるのです（図 4-20）．つまり，ミオシン分子が，数珠状にならんだアクチン分子の上を歩くように移動します．

ここで注意すべきは，アクチン線維にも，ミオシン線維にも，極性（方向性）があることです．このため，両線維は一方向にしか自発的に

※：皮膚に張りをもたらすエラスチンと呼ばれる細胞外マトリックスタンパク質は，それ自体が弾力があり伸び縮みします．

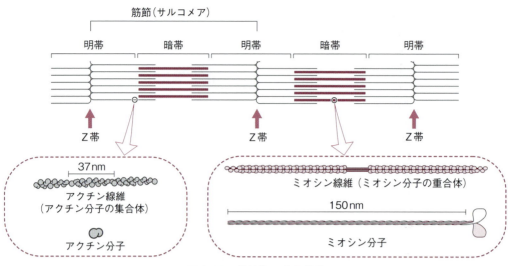

図 4-19 横紋筋の分子構造

滑っていくことができませんが，それらがうまく配列されているために，筋全体でも，一斉に同じ方向に収縮することができる仕組みになっています※．

アクチン線維には，**トロポミオシンとトロポニン T，トロポニン I，トロポニン C** というタンパク質分子が図 4-21 に示すように結合しています．筋の弛緩と収縮には，筋細胞質内の Ca^{2+} 濃度が大きく関係しています．例えば，細胞質中の Ca^{2+} 濃度が低いときには，Ca^{2+} がトロポニン C に結合しないため，トロポニンとトロポミオシンの複合体がアクチンとミオシンの頭部の間に入り，両者の相互作用を阻害しています．細胞質中の Ca^{2+} 濃度が上昇すると，トロポニン C に Ca^{2+} が結合し，トロポニンとトロポミオシン複合体の立体的な位置が変化し，ミオシンの頭部がアクチンからなる線維上を歩くように動くと考えられています．

なお，神経による骨格筋の収縮制御メカニズムについては，以下のように考えられています（図 4-22）．

①神経細胞（ニューロン）の軸索突起まで伝わってきた電気的刺激が，軸索先端部の小胞内に蓄えられているアセチルコリンという神経伝達物質を筋細胞へ向けて放出させます．②アセチルコリンが筋細胞膜表面の受容体に結合し，

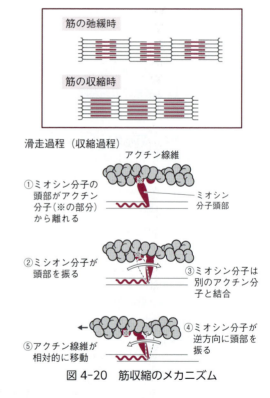

図 4-20 筋収縮のメカニズム

これによる筋細胞膜の興奮が，筋小胞体への刺激となって，③筋小胞体の Ca^{2+} チャネルを開かせることで Ca^{2+} を放出させ，④筋細胞質内の Ca^{2+} 濃度を上昇させて筋線維が収縮します．

※：筋肉は自ら伸びることができません．腕や脚の骨格筋などは反対側の筋肉が収縮することによって伸ばされます．

3. タンパク質

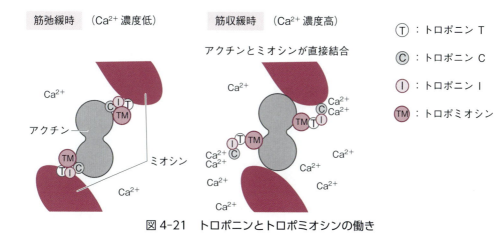

図4-21 トロポニンとトロポミオシンの働き

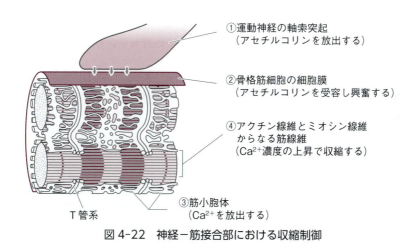

図4-22 神経−筋接合部における収縮制御

⑤放出されたCa^{2+}は，筋小胞体膜に存在するCa^{2+}-ATPaseによって再び取り込まれ，細胞質内のCa^{2+}濃度は元に戻ります．

(4) 輸送タンパク質

種々の生体物質を輸送するのが**輸送タンパク質**です．これには大まかに分けて2種類あります．一つは細胞外（ほとんどは血漿中）の輸送タンパク質であり，もう一つは細胞内で働く輸送タンパク質です．

a. 血漿中の輸送タンパク質

血漿とは，血液から血球成分を除いた液体成分のことです．多細胞動物では体が大きいので，体のすみずみまで物質を運ぶために循環系が発達しています．水に溶けるものならば溶かして運べばよいわけですが，水に溶け難いものを運ぶときには輸送タンパク質の助けを借りて物質を運びます．

ヒトの血漿には約7%のタンパク質が溶けていて，それをセルロースアセテート膜電気泳動[1]という方法で分離すると，図4-23のようになります．

輸送タンパク質はアルブミン画分からβグロブリン画分までに含まれています[2]．例えば$α_1$〜$α_2$グロブリン画分に含まれる**セルロプラスミン**は銅の，βグロブリン画分に含まれる**トランスフェリン**は鉄の運搬を，それぞれ

※1：セルロースアセテート膜を担体とした電気泳動法の一種で，臨床検査によく用いられる方法です．
※2：アルブミンは，動植物の細胞中や体液中に含まれ，水，希酸，希アルカリによく溶け，硫酸アンモニウムの50%飽和溶液中でも塩析で沈殿しない性質を持ったタンパク質の総称です．

担っています．また，アルブミン画分の**アルブミン**は様々なものを結合させることができる，重要な輸送タンパク質の一つです．

中性脂肪，コレステロール，リン脂質などの水に溶けない脂溶性の生体物質は，**アポリポタンパク質**と結合して，**リポタンパク質**と呼ばれる複合タンパク質を形成することによって輸送されます．これらは主にα_1, α_2, βグロブリン画分に含まれています．なお，血漿中の輸送タンパク質は，有害物質と結合することで，それを無害化することもあります．

b. 細胞膜の輸送タンパク質

細胞膜は基本的にリン脂質の二分子層でできています．これは，水に溶けないために，水を主成分とした細胞質を細胞外から仕切るのに都合がよいためですが，水に溶けた成分の行き来を妨げますので，都合が悪いことがあります．そこで，細胞膜には様々な輸送タンパク質があり，細胞内外への物質の選択的な透過性を実現しています．

細胞膜の輸送タンパク質には，**キャリア**（「運搬する人」の意味）**タンパク質**と**チャネル**（「通路」の意味）**タンパク質**の2種類があります．

キャリアタンパク質は，輸送する特定の分子やイオンと結合し，その結果，キャリアタンパク質分子自体の立体的な形が変化することによって，結合した分子やイオンを細胞膜を通して運搬するものです．これにはいくつかの種類があります．輸送される分子の数や方向性によって，symport系，antiport系，uniport系の3つに分けられます（図4-24）．濃度勾配に逆らって輸送するときはATPのエネルギーを使う（antiport系）か，もしくは濃度勾配に従ったNa^+の流入を駆動力と（symport系）しています．このうちで，antiport系の**Na^+-K^+ポンプ**は，ほとんどすべての動物細胞の細胞膜に存在する重要なキャリアタンパク質で，細胞内外で見られる，Na^+とK^+の濃度差の維持に働いています．

チャネルタンパク質は，単にイオンチャネルともいわれることも多いですが，無機イオンを細胞内外に効率よく輸送するためのものです[※]．これは常に受動輸送の形をとります．チャネルの開閉は，電位，特定の物質（イオン，神経伝達物質など）の結合，機械的刺激などによって制御されています．

c. 細胞内の輸送タンパク質

細胞内で働く輸送タンパク質に**モータータン**

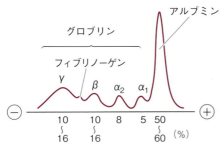

図4-23 ヒト血漿のタンパク質の電気泳動パターン

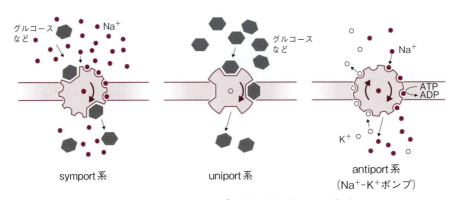

図4-24 キャリアタンパク質の機能（イメージ図）

※：水のチャネルタンパク質＝アクアポリンが発見され，注目を集めています．

パク質と呼ばれるものがあります．細胞内に張りめぐらされた細胞骨格である微小管を，あたかも電車のレールのように使って動くものです．**キネシンやダイニン**と呼ばれるものが知られています（図4-25）．

これらのモータータンパク質は，ATPを分解できるATPaseとしての活性を持っているため，ATPを分解したときに得られるエネルギーで動くことができるのです．細胞のうちでも，神経細胞の軸索や，鞭毛などのような細長いところで，物質をのせて運搬しています．

(5) 受容体タンパク質

細胞にとっての種々の情報をシグナルといいます．そのシグナルの実体は，ホルモンやサイトカインなどの液性因子であったり，あるいは他の細胞膜上の物質や細胞外のマトリックス分子であったりします[※1]．細胞がこれらのシグナルを受け止めるときに働くのが**受容体タンパク質**です[※2]．なお，受容体に対して特異的に結合する相手という意味のリガンドという言葉があり，よく使われます．

a. 細胞の膜にある受容体タンパク質

細胞膜等の細胞の膜にはイオンチャネル型，Gタンパク質連結型，および酵素連結型と呼ばれる受容体タンパク質があります（図4-26）．

イオンチャネル型受容体というのは，チャネルタンパク質のうち，特定の物質（リガンド）が結合することによってイオンチャネルを開けるものです．この場合，このタンパク質は輸送タンパク質であり，受容体タンパク質でもあるといえます．

Gタンパク質とは，細胞膜の細胞質側にありGTPと結合し，GTPaseとしての活性を持ったタンパク質のことです．**Gタンパク質連結型受容体**は，細胞膜を7回貫通するポリペプチドからなるタンパク質で，代表的なリガンドはペプチド系のホルモンです．図4-27に示したように，リガンドが結合すると，まずは，受容体の細胞質側に**Gタンパク質**が連結（結合）し，一連の反応が細胞質側で起こります．そして**サイクリックAMP**，**ジアシルグリセロール**，**イノシトール3-リン酸**，Ca^{2+}などの**セカンドメッセンジャー**（他の細胞からのシグナル，すなわちファーストメッセンジャーが，細胞の受容体に結合して作用するとき，細胞内で生成されるシグナル分子であることからこのように呼ばれます）を介して，後で述べるリン酸化カスケードに入ります．

酵素連結型受容体は，細胞膜を一回貫通しているポリペプチドからなるタンパク質で，リガンドは主にサイトカインです．リガンドの結合

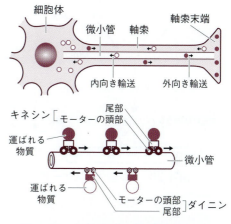

図4-25 細胞内で働く輸送タンパク質

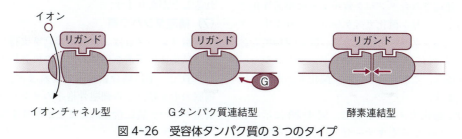

図4-26 受容体タンパク質の3つのタイプ

※1：ホルモン，サイトカインなどを総称してファーストメッセンジャーといいます．
※2：細胞間のシグナル伝達には，細胞間のギャップ結合を介して行うものもあり，その場合は，受容体を介しません．

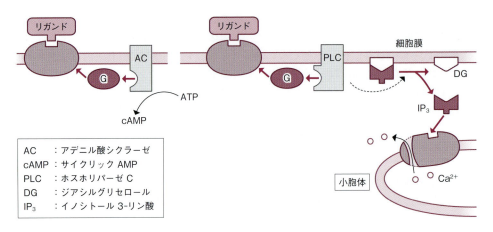

図4-27　Gタンパク質連結型受容体の2つのタイプとその機能

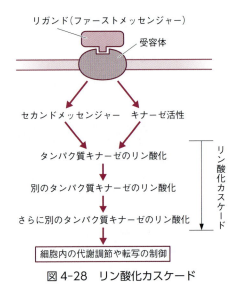

図4-28　リン酸化カスケード

によって，受容体分子が二分子会合してキナーゼ活性を持つようになったり，受容体の細胞質側に連結されたタンパク質キナーゼが活性化されることでリン酸化カスケードに入ります．グアニル酸シクラーゼ活性を持つ酵素連結型受容体の場合は，受容体はセカンドメッセンジャーを生成し，これを介してリン酸化カスケードに入ります．

リン酸化カスケードとは，図4-28に示すように，いろいろな**キナーゼ**（リン酸化を触媒する酵素）によってカスケード（cascade＝滝）のように段階的に次々と繰り返され，増幅する一連のリン酸化反応のことをいいます．いずれにしても最終的には，細胞内の種々の代謝調節や遺伝子の転写制御が行われます．

b．細胞内受容体

リガンドが細胞膜を通過できるシグナル分子の場合，その受容体は細胞質，または細胞の核内にあります．具体的には，ステロイドホルモンや脂溶性ビタミンや甲状腺ホルモンなどは核内に受容体があります．いずれの受容体も，リガンドが結合すると，核内でDNAに結合し，転写の調節を行います（図4-29）．

(6) 防御タンパク質

生体防御や免疫に関わるタンパク質を，**防御タンパク質**ということがあります．**リゾチーム**は酵素ですが，細菌の細胞膜を溶かす防御タンパク質です．また，**免疫グロブリン（抗体）**，**補体**，**パーフォリン**なども防御タンパク質といえます（これらについては，Chapter 8 参照）．この他，サイトカインなどの免疫担当細胞間の連絡に関係するものも防御タンパク質に入れられることがあります．

(7) 構造タンパク質

構造タンパク質は，組織や器官を支持し，多細胞動物体の構造を作りあげるのに必須のタンパク質で，主に結合組織に含まれます．なお，細胞の形を維持する細胞骨格系のタンパク質も構造タンパク質に含まれることがあります．

a．コラーゲン

コラーゲンは哺乳類では体のタンパク質の約30％を占め，結合組織の主要なタンパク質であり，またほとんどすべての組織に存在していま

す．このため，多細胞動物の体制づくりに必須と考えられています．

コラーゲンは，結合組織では線維を形成していますが，その基本単位は3本のポリペプチド鎖からなる三重らせん構造を持つコラーゲン分子です（図4-30）．コラーゲン分子にはアミノ酸組成に大きな特徴があることが知られています．

b．エラスチン

エラスチンは，弾性線維と呼ばれる伸縮性のある線維を形成するタンパク質です．コラーゲンと共に，結合組織を形成しています．なかでも，血管壁や靭帯などに多く含まれています．皮膚の真皮や腱にも含まれています．

c．プロテオグリカン

プロテオグリカンは，タンパク質と糖質の複合体ですが，糖タンパク質とは異なり，糖鎖部分のほうが多いのが特徴です．すなわち，**コアタンパク質**のセリン残基に**グリコサミノグリカン**と呼ばれる糖鎖が多数共有結合している構造をしています．（図4-31）．この特徴的な構造により，大量の水を保持することができます．このため，クッションや潤滑剤などとしても都合がよく，結合組織の間質，硝子体（眼球）の他，関節液に多く含まれています．この他，血

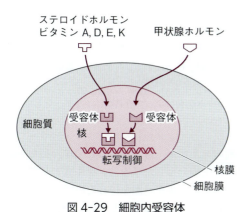

図4-29 細胞内受容体

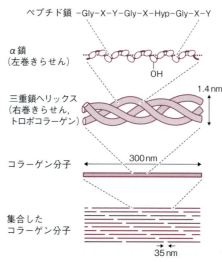

図4-30 コラーゲン線維の分子構造

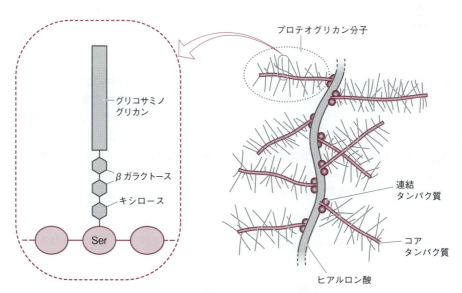

図4-31 プロテオグリカンの構造

表 4-4 糖質の分類

分類		種類	還元性	特徴
単糖類	五炭糖（ペントース）$C_5H_{10}O_5$	リボース（ribose）	有	RNAの構成成分
		デオキシリボース（deoxyribose）	有	DNAの構成成分
	六炭糖（ヘキソース）$C_6H_{12}O_6$	グルコース（glucose，ブドウ糖）	有	代表的なアルドース．エネルギー源として最も重要な糖
		フルクトース（fructose，果糖）	有	代表的なケトース．甘みが最も強い
		ガラクトース（galactose）	有	グルコースの光学異性体．ラクトースの構成成分
二糖類 $C_{12}H_{22}O_{11}$		スクロース（sucrose，ショ糖）	無	砂糖の主成分．α-グルコースとβ-フルクトースがグリコシド結合したもの
		マルトース（maltose，麦芽糖）	有	2分子のα-グルコースがグリコシド結合したもの
		ラクトース（lactose，乳糖）	有	乳汁に含まれ，β-ガラクトースとα-またはβ-グルコースがグリコシド結合したもの
多糖類 $(C_6H_{10}O_5)_n$		デンプン（starch）	無	200～3,000個のα-グルコースがグリコシド結合したもの．構造上からアミロース（amylose）とアミロペクチン（amylopectin）に分けられる
		グリコーゲン（glycogen）	無	動物の貯蔵多糖．構造はアミロペクチンに類似
		セルロース（cellulose）	無	植物の細胞壁の主成分．5,000～6,000個のβ-グルコースがグリコシド結合によって直鎖状につながったもの

液凝固を阻害する**ヘパリン**も，プロテオグリカンの一種です．

(8) 滋養タンパク質

もっぱら栄養になるような機能を持ったタンパク質を滋養タンパク質ということがあります．卵白に含まれる**オバルブミン（卵白アルブミン）**，ミルクに含まれる**カゼイン**などです．これらの特徴は，構成するアミノ酸に必須アミノ酸が欠かさず含まれていることです．

4 糖質

1 糖質とは

糖質は，グルコース（ブドウ糖）やデンプンなどの総称です※．これらは，一般式 $C_m(H_2O)_n$ でも示すことができるので，**炭水化物**とも呼ばれます．一般に，甘いものを糖質と呼ぶことが多いですが，厳密には甘くないデンプンなども糖質です．

生物における糖質の最も重要な意義は，生命活動のエネルギー源であることです．私たちが糖質を主成分とした米やパンを主食としている理由も，エネルギー源を得るためです．

糖質のその他の意義としては，複合糖質の糖鎖を形成すること，核酸（DNA，RNA）の基本単位であるヌクレオチドの構成成分となることがあります．植物では，体を支えるための細胞壁の主成分などとしても重要です．

2 糖質の分類

糖質にはいくつもの種類があります（表4-4）．糖質のうち，小さくて簡単な構造をしていて，それ以上加水分解されない糖類を**単糖類**といい，これは糖質の単位ともいえるものです．単糖類が2個縮合したものは**二糖類**，10個以下結合したものは**オリゴ糖**と呼ばれます．単糖類がそれ以上多く結合したものは**多糖類**，糖類がタンパク質や脂質などと結合しているものは**複合糖質**といいます．

※：糖質とは，ポリヒドロキシアルデヒドまたはケトン，あるいは加水分解によってこのような化合物を生成する物質をいいます．

3 単糖類

単糖類のうち，アルデヒド基（−CHO）を持つものは**アルドース**，ケトン基（＞CO）を持つものは**ケトース**と呼ばれます．また，炭素の数が5つの単糖は**五炭糖（ペントース）**，6つの糖類は**六炭糖（ヘキソース）**と呼ばれます．例えば，各種生物のエネルギー源として重要で，ヒト血液中にも血糖として約0.1％程度含まれているグルコース（ブドウ糖）は，アルドースでヘキソースです．

ほとんどの単糖は炭素原子を4つ以上持っているので，鎖状構造をとる他，環状構造をとることがあります（図4-32）．五炭糖による環状構造は**五員環構造**，六炭糖による環状構造を**六員環構造**などといいます．

単糖の持つヒドロキシ基（−OH）が，アミノ基（−NH$_2$）などで置き換わったものは，アミノ糖と呼ばれます．これらは，後で述べる複合糖質の構成成分として存在します．

4 二糖類

単糖類が2つグリコシド結合でつながったものが二糖類です．構成する単糖の種類，結合の仕方でこれらは分類されます．重要な二糖類である**マルトース（麦芽糖）**，**スクロース（ショ糖）**，**ラクトース（乳糖）**を図4-33に示します．なお，ここに示した二糖類を構成している単糖は便宜上すべて環状構造ですが，これらのうち，マルトースとラクトースの図中右側のグルコースの環は開くことがあります．

マルトースは麦が芽を出すとき，その麦芽の中に多く生成されます．スクロースはサトウキビ（甘蔗＝かんしょ）の成分（砂糖の主成分）です．ラクトースは乳に多く（人乳では6〜8％，牛乳では4〜5％）含まれています．

二糖類のこの他の性質として，水によく溶け，甘みを持つものが多いことがあげられます．

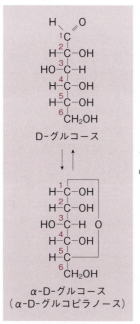

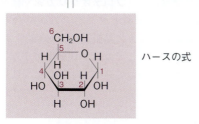

図4-32 グルコース（C$_6$H$_{12}$O$_6$）の鎖状構造と環状構造

図4-33 主な二糖類の構造
マルトースとラクトースについてはα型のみ示しています．

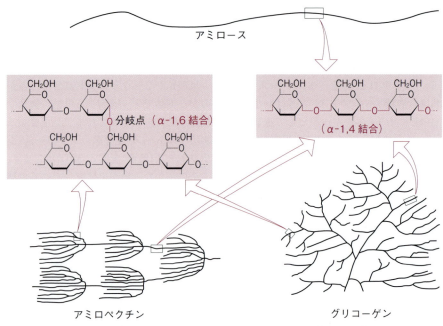

図4-34 デンプン（アミロース，アミロペクチン）とグリコーゲンの構造

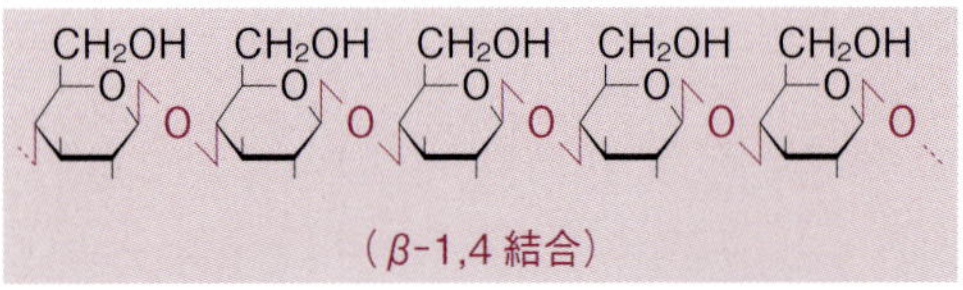

図4-35 セルロースの構造

5 多糖類

　10個よりも多い単糖がグリコシド結合で連なったものを多糖類といいます．代表的な多糖類には，デンプン（**アミロース**と**アミロペクチン**よりなる），**グリコーゲン**，**セルロース**があります．

　デンプンは，植物体内ではグルコースの貯蔵型として，動物では食餌成分として重要です．デンプンのうち，アミロースは200〜300個のグルコースが直鎖状に結合したものです（図4-34 上）．一方の，アミロペクチンは2,000〜3,000個のグルコースが直鎖状の主要構造の他にところどころで枝分かれした分岐構造を持っています（図4-34 左下）[※1]．ヨウ素デンプン反応の呈色は，青〜青紫色です．

　グリコーゲンは，動物体内におけるグルコースの貯蔵型として重要で，アミロペクチンのように分岐構造を持ってるが，アミロペクチンよりも直鎖部分が短く，分岐が多いことが特徴です（図4-34 右下）．このため，ヨウ素デンプン反応の呈色は，やや赤っぽい色になります．

　セルロースは，植物の細胞壁の主成分で，5,000〜6,000個ものグルコースが，デンプンやグリコーゲン中とは異なる結合様式[※2]で直鎖状に連なったものです（図4-35）．水に溶けないため，線維を形成します．綿，麻，パルプなどはほぼ純粋なセルロースです．純粋なセルロースであれば，ヨウ素デンプン反応の呈色は認められません．

6 複合糖質

　複合糖質には，**プロテオグリカン**や**糖タンパク質**のように糖質とタンパク質が結合したもの，糖脂質のように糖質と脂質が結合したものがあります．ここでは，プロテオグリカンと糖タンパク質について述べます．なお，プロテオ

※1：このためアミロペクチンがほぼ100％を占める餅米は，粘りが強いために炊いてつくと餅ができます．
※2：β-1,4 グリコシド結合と呼ばれます．デンプンやグリコーゲン中の結合はα-1,4 グリコシド結合とα-1,6 グリコシド結合です．

グリカンや糖タンパク質は**複合タンパク質**，糖脂質は**複合脂質**とも呼ばれます．

プロテオグリカンはタンパク質部分がわずかで，それに鎖状の多糖（糖鎖）がたくさん結合したものです．これらの多糖部分は**グリコサミノグリカン**あるいは**ムコ多糖**と呼ばれ，アミノ糖，ウロン酸，ガラクトースなどからなっています．

プロテオグリカンは保水性に優れ，皮膚，軟骨，血管壁，角膜，肝臓，肺などに多く含まれています．ヘパリンと呼ばれるプロテオグリカンは，マスト細胞（肥満細胞）の顆粒中に貯蔵されており，血液凝固因子の阻害作用などを持っています．なお，細菌の細胞壁には，タンパク質部分が小さい（短い）ものがあり，これをペプチドグリカンと呼びます※．

糖タンパク質は，タンパク質部分のほうが糖鎖よりも多くを占めていますが，糖鎖がないと正常な機能を発現できないものが少なくありません．糖タンパク質は各種の細胞表面などに多く存在し，細胞間相互作用や細胞が細胞外環境を認識するために働くものが多いようです．

5 脂　質

1 脂質とは

生命体を構成する成分が，すべて水に溶ける性質であったとしたらどうでしょうか．細胞が溶けてしまうので独立して存在すること自体が難しいでしょう．ここに生命体における脂質の存在意義の一つがあります．

脂質の定義はたいへん大雑把で，水となじまない性質（**疎水性**）の有機化合物ということです．一般的には，脂質 lipid は油脂といわれることが多く，常温で液体の油 oil や固体の脂肪 fat の総称です．これらは，アセトンやクロロホルムのような有機溶媒に溶ける性質を持っていることが特徴です．

2 脂質の分類

最も基本的な脂質は，**脂肪酸**です（図 4-36）．これは炭素と水素だけからなる長い構造部分（アルキル基）と酸性を示すカルボキシ基

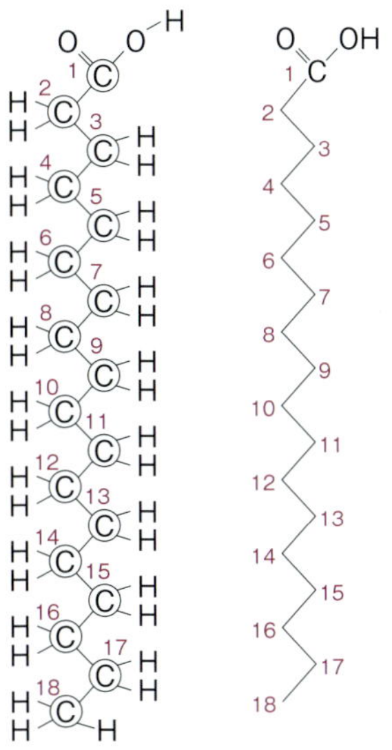

図 4-36　脂肪酸の一例としてのステアリン酸
右は，アルキル基の炭素原子とそれに結合する水素原子を省いた表記法です．

（−COOH）を持っています．脂肪酸とグリセロールが結合（エステル結合）したものが**中性脂肪**です．中性脂肪に似た構造で，リン酸を含む化合物は**リン脂質**です．分子内に糖を含む脂質もあり，これは**糖脂質**と呼ばれます．この他，**ステロイド化合物**のコレステロールも脂質です．

ところで，脂質は水に溶けないため，体内のすみずみまで運ぶことはそのままでは困難です．そこで血中を移動する脂質は，タンパク質との複合体である**リポタンパク質**として血漿に溶けています．

なお，糖脂質やリポタンパク質をまとめて複合脂質ということがあります．

3 脂肪酸

生命体の多くの脂肪酸は，長鎖脂肪酸と呼ばれ，なかでも全体の炭素数が 16 か 18 のものが多いです．そして脂肪酸は，体内ではほとんどグリセロールと結合して中性脂肪として存在しています．

脂肪酸には，炭素と水素だけからなる鎖状のアルキル基の部分に，二重結合がないものとあるものがあります（図 4-37）．前者を飽和脂肪

※：抗生物質にはペプチドグリカンの合成に関与する酵素の働きを阻害するものがあります．

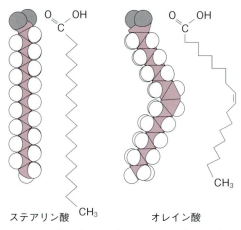

図4-37　飽和脂肪酸（ステアリン酸）と不飽和脂肪酸（オレイン酸）の構造

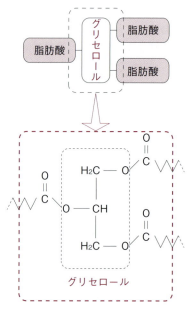

図4-38　中性脂肪（トリグリセリド）

酸，後者を**不飽和脂肪酸**と呼びます※．**飽和脂肪酸**よりも**不飽和脂肪酸**のほうが融点が低く，しかも二重結合が多いほど融点は低い性質があります．

　動物によっては，不飽和脂肪酸のうち，自らの生命活動に欠かせない数種のものを生合成することができません．ヒトでは，リノール酸（炭素数18），α-リノレン酸（同18），およびアラキドン酸（同20）の3つで，これらを食事で摂る必要があります．このような脂肪酸を**必須脂肪酸**といいます．

4 中性脂肪

　ほとんどの中性脂肪は，脂肪酸3分子とグリセロール1分子が結合（エステル結合）したものです（図4-38）．これらは，**トリグリセリド**または**トリアシルグリセロール**といいます．脂肪酸2分子とグリセロール1分子，脂肪酸1分子とグリセロール1分子の割合で結合しているものもありますが，量が少なく，中性脂肪といえばトリグリセリドを指すことが多いです．

　食事で摂取される脂質のほとんどは中性脂肪です．これらは小腸内で脂肪酸とモノグリセリド（長鎖脂肪酸を含む脂肪の場合）または脂肪酸とグリセロール（中鎖脂肪酸を含む脂肪の場合）に分解されてから吸収されます．中性脂肪を構成する脂肪酸部分の主なものは，パルミチン酸（炭素数16・飽和），ステアリン酸（同18・飽和），オレイン酸（同18・不飽和），および必須脂肪酸のリノール酸（同18・不飽和）の4種類です．

5 リン脂質

　リン酸を持つ脂質を**リン脂質**といい，その構造はマッチ棒によく例えられます．すなわち，頭の部分がリン酸を含む**親水性**の部分で，棒の部分が脂肪酸でできた**疎水性**の部分です（図4-39）．この分子構造により，水には溶けないが，その表面は表も裏も水になじむ性質を持つ二重層の膜を自然に作ることが可能になります．このような二重の層の膜でできた構造を**ミセル**といい，細胞膜や細胞小器官の膜などの生体膜は，基本的にこのミセル構造をしています．実際の生体膜は，このミセル構造にタンパク質，糖タンパク質や，コレステロールなどが組み込まれてできています（図4-40）．

　リン脂質は**グリセロリン脂質**と**スフィンゴリン脂質**に大きく分けられます．これらは構造は異なりますが性質は似ています．なお，スフィンゴリン脂質のスフィンゴミエリンは，神経系

※：二重結合があると，そこにさらに水素原子が結合できるので，このように呼ばれます．

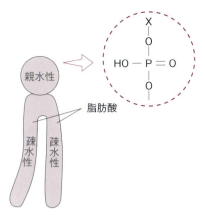

図 4-39 リン脂質分子の構造
Xの部分にはコリンやエタノールアミンなどが結合しています.

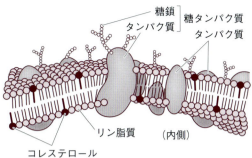

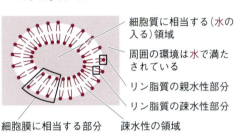

図 4-40 細胞膜の断面の模式図（上）とリン脂質二重層よりなるミセルの構造（下）

のミエリン鞘に多く存在し，神経線維のまわりを絶縁して，跳躍伝導を可能にしています.

6 糖脂質

糖質部分を持つ脂質を**糖脂質**といいます．糖質は親水性なので，糖脂質はリン脂質同様に，親水性の部分と疎水性の部分からなり，性質も似ています．いずれも生体膜の構成成分として存在しています．

糖脂質には**スフィンゴ糖脂質**と**グリセロ糖脂質**があり，前者が動物，特に神経系のミエリン鞘に多く，後者は細菌や植物に多く分布しています．

7 その他の脂質

(1) コレステロール

以上の脂質とは全く異なる構造をした脂質が，**コレステロール**です．これは**ステロイド骨格**と呼ばれる分子構造を持つステロイド化合物の一種です（図4-41）．

コレステロールは生体膜の構成成分の一つです．コレステロールは血漿中にもあり，その7割は脂肪酸と結合した形で存在しています．コレステロールは，生体膜の性質を変えたり，ステロイドホルモンや胆汁酸の原料となったりします．

コレステロールは食物から摂取される他に，体内でも合成されますが，食事制限をすると，ステロイドホルモン（男性ホルモン，女性ホルモン，副腎皮質ホルモン）の原料が足りなくな

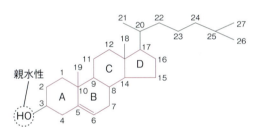

図 4-41 コレステロールの構造
ステロイド骨格は，3つの六員環（A〜C）と，1つの五員環（D）で構成されています．数字は炭素の番号を示しています．

ることがあります．女性が脂質を全く摂らない食事制限をしたときに体型が女性らしくなくなってしまう原因の一つと考えられています．

(2) リポタンパク質

脂質（中性脂肪）を含む食事をした後に採った血漿は白濁しています．中性脂肪は消化・吸収されてから再びトリグリセリドに合成され，タンパク質と複合体を形成して血中へ出てくるからで，そのうち粒子の大きいものは 1 μm にもなり，光を錯乱させます．このような脂質とタンパク質の複合体をリポタンパク質といいます．血漿中の脂質は，消化物由来のものでなくとも，基本的にタンパク質と複合体を作ってリ

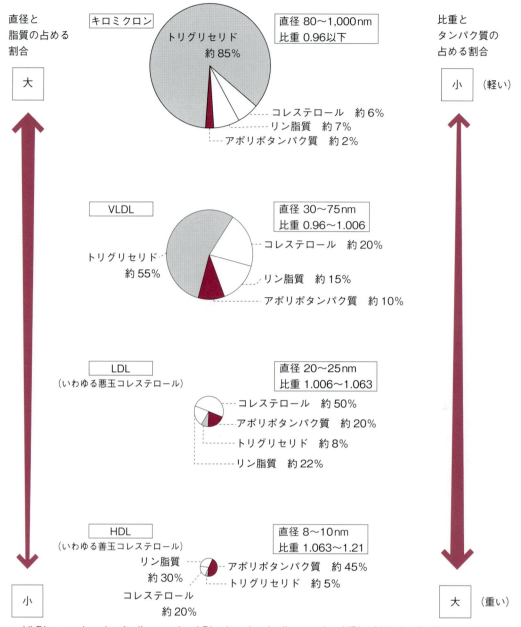

図4-42 リポタンパク質の分類
円グラフの直径の違いは，各リポタンパク質の直径の違いを示しています．

ポタンパク質として存在しています．なお，単独に存在している遊離脂肪酸は，血漿中ではアルブミン（血漿の主要な水溶性タンパク質）に弱く結合して存在しますが，これはリポタンパク質の範疇には入れません．

リポタンパク質のタンパク質部分を**アポリポタンパク質**といいます．これと脂質部分との量比や粒子の大きさなどで，リポタンパク質の比重が変わるため，比重で分類されています（図4-42）．

核　酸

1 核酸とは

核酸は，死んだ好中球が多く含まれている膿（うみ）から酸性物質が抽出されたので，「好中球の細胞核に由来する酸性物質」の意味で命名されたものです[※]．

核酸には，**デオキシリボ核酸** deoxyribonucleic acid（DNA）と，**リボ核酸** ribonucleic acid（RNA）があります．DNA は遺伝子の化学的本体をなすもので，RNA は遺伝子の情報に基づいてタンパク質を作る過程（遺伝子発現）に働く分子です．いずれも，ヌクレオチドと呼ばれる「塩基−糖（デオキシリボースまたはリボース）−リン酸」の単位（図 4-43）が，多数重合したものです．

2 ヌクレオチドとヌクレオシド

DNA を構成するヌクレオチドの糖は**デオキシリボース**であり，RNA のそれは**リボース**です．いずれも 5 つの炭素を持つペントース（五炭糖）で，ほとんど同じ構造をしています．違いは酸素原子の数で，図 4-44 に示すように，リボースから酸素原子 1 つとれた形がデオキシリボースです．デオキシ deoxy とは「酸素のとれた」の意味なのです．

ヌクレオチドはこのように「塩基−デオキシリボース（またはリボース）−リン酸」ですが，「塩基−デオキシリボース（またはリボース）」だけのものは**ヌクレオシド**といいます．言い換えれば，ヌクレオシドにリン酸が結合したものがヌクレオチドです．なお，生命体内におけるエネルギーの通貨とも呼ばれるアデノシン三リン酸（ATP），およびアデノシン二リン酸（ADP）やアデノシン一リン酸（AMP）もヌクレオチドの一種です．

3 核酸を構成する塩基

核酸を構成する塩基とは，**アデニン** adenine（A），**グアニン** guanine（G），**シトシン** cytosine（C），**ウラシル** uracil（U），**チミン** thymine（T）の窒素を含む複素環化合物を指します（図 4-45）．水に溶けにくく，溶けても塩基性ではありません．これらがどのように核酸の中に並んでいるかが，遺伝情報の暗号となっています．

これらの塩基は，構造から 2 種類に分けることができます．アデニンとグアニンはプリンと呼ばれる構造を持つので**プリン塩基**，シトシン，ウラシルとチミンはピリミジンと呼ばれる構造を持つので，**ピリミジン塩基**と呼ばれます．

DNA と RNA では構成する塩基の種類に多

図 4-43　ヌクレオチド
P はリン酸．糖はリボースまたはデオキシリボース．

図 4-44　リボース（左）とデオキシリボース（右）の構造
厳密には D-リボースと 2-デオキシ-D-リボースといいます．

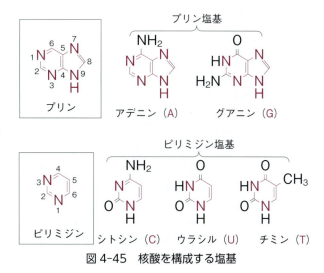

図 4-45　核酸を構成する塩基

[※]：1869 年，スイスのミーシャーによる命名で，当時，遺伝現象などに関係するとは考えられていませんでした．

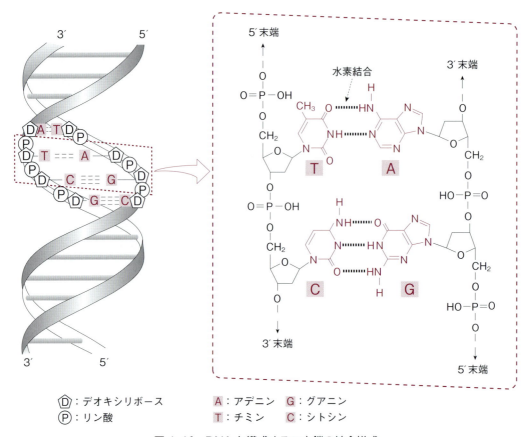

Ⓓ：デオキシリボース　　Ⓐ：アデニン　Ⓖ：グアニン
Ⓟ：リン酸　　　　　　　Ⓣ：チミン　　Ⓒ：シトシン

図 4-46　DNA を構成する二本鎖の結合様式

少の違いがあります．すなわち，DNA を構成する塩基は，アデニン，グアニン，シトシンとチミンであるのに対し，RNA の塩基は，アデニン，グアニン，シトシンとウラシルです．DNA の塩基の数の特徴として，アデニンとチミンおよびグアニンとシトシンがそれぞれ等しいことがあります．

4 DNA の構造とその存在様式

先に述べた塩基の数の特徴や X 線回折像などから，DNA は特徴的な二重らせん構造をしていることがわかっています．この構造は，リン酸-糖-リン酸-糖…でできた鎖が 2 本，互いにからみあってらせん構造をとり，その 2 本鎖の間にアデニンとチミンおよびグアニンとシトシンが向き合って水素結合（比較的弱い結合）をしていることで安定しています．なお，アデニンとチミンの間には 2 ヵ所，グアニンとシト

シンの間には 3 ヵ所の水素結合があり，この塩基どうしがペアになったものを**塩基対**といいます（図 4-46）．ちなみにヒトの体細胞一個の中にある 46 本の染色体の中の DNA には，約 60 億個もの塩基対があります．

核を持たない原核生物，真核生物のミトコンドリアや葉緑体の DNA はほとんど裸のまま存在しています．一方，真核生物の DNA は，ヒストンと呼ばれる塩基性タンパク質やその他のタンパク質と弱く結合して折りたたまれて，**染色質（クロマチン）**として細胞の核内に存在します（p.11）．これらは，細胞が分裂する際にはさらに凝縮して染色体となります．DNA がタンパク質と結合している理由は，DNA の安定のためと考えられています．

5 RNA とその構造

RNA は 3 種類あります．すなわち，mRNA（伝

令 RNA），tRNA（運搬 RNA），および rRNA（リボソーム RNA）です．これらは DNA とは異なり，1 本の鎖からなっていますが，いずれも伸びた状態ではなく，折りたたまれて存在しています．例えば，細胞質でアミノ酸を運ぶ役割をしている tRNA はクローバーが折りたたまれた形をしていると考えられています．RNA はいずれも DNA の塩基配列情報を基に作られますが，構造も多少異なる他，細胞内の分布も異なり，機能も分担されています（Chapter 6 参照）．

Step up

抗がん剤となり得るタンパク質キナーゼの阻害剤

　異常な細胞増殖が特徴の病気のがんは，細胞内におけるシグナル伝達が異常になることと深い関わりがあります．特に，がん細胞では，過剰なタンパク質キナーゼの活性化が頻繁に起こっています．

　例えば，慢性骨髄白血病患者の 9 割の人の細胞においては，9 番染色体と 22 番染色体の間で一部が相互に入れ替わる現象（相互転座）が起こっており，その結果，Bcr-Abl と呼ばれるタンパク質キナーゼ活性を持った融合タンパク質が多くできてしまっていて，これが細胞の増殖を促進させています．このことから，慢性骨髄白血病患者には，Bcr-Abl の持つタンパク質キナーゼ活性を特異的に阻害する薬物（STI-571）が，副作用の少ない抗がん剤として米国や日本で承認され，使用され始めています．

Chapter 5 体内における物質代謝

Summary

　生物は，外界から様々な物質を取り入れ，それを材料にして，自分の体を構成する生体分子を合成しています．これを同化または同化作用といいます．同時に，生物は，体を構成する有機物の一部を分解して，生命現象を営むために必要なエネルギーを取り出しています．これを異化または異化作用といいます．個体内で，あるいは細胞内で起こる同化と異化をまとめて代謝といいます．代謝は，生体触媒である酵素の働きに依存しています．本章では，酵素反応の調節や阻害のメカニズム，酵素が活性を発現するために必要な補酵素としても重要なビタミン，また，生体になくてはならない有機化合物である，糖質，タンパク質，脂質，および核酸の同化と異化について，それぞれ概説します．特にヒトにおける代謝を中心に，他種の動物その他の生物の代謝についても必要に応じて触れていきます．

Keywords

同化　anabolism	代謝　metabolism	糖質　carbohydrate
異化　catabolism	酵素　enzyme	タンパク質　protein
	ビタミン　vitamin	脂質　lipid
	補酵素　coenzyme	核酸　nucleic acid

1 酵素反応とその阻害

1 酵素と補酵素

(1) 酵素には補酵素を必要とするものがある

　体の中で起こる化学反応には，2つあります．外から取り込んだ物質から体を構成する物質を合成する**同化**（または**同化作用**）と，体の中にある物質を分解してエネルギーを得る**異化**（または**異化作用**）の2つです．これらをまとめて**代謝**といいます．

　代謝は，タンパク質でできた生体触媒である**酵素**の働きに大きく依存しています．酵素には，反応を触媒するのに直接関わる特定の部位があり，それを活性中心といい，ここに基質が結合することで，酵素の触媒作用が発揮されることはすでに述べました．

　ところで，酵素の中には，活性を発現するために**補酵素**というものを必要とするものがあります．補酵素は酵素に結合し，酵素の触媒作用に直接関与しています（図5-1）．しかし，補酵素だけでは，酵素活性はありません．

　補酵素を必要とする酵素の場合，補酵素が酵素タンパク質本体と結合した形を**ホロ酵素**といい，補酵素が結合していない状態の酵素タンパク質本体を**アポ酵素**といいます．補酵素は酵素と結合したり離れたりすることができます．一方，例えばコハク酸脱水素酵素のFAD（フラビンアデニンジヌクレオチド）のように酵素の活性の発現に寄与する非タンパク質性の分子が酵素の本体のタンパク質に共有結合している場合，それは**補欠分子族**と呼ばれます．

　ほとんどの補酵素は，後でも述べるように，ビタミンを構造の一部に含んでいます．

(2) 金属酵素

　特定の金属イオンがないと活性を示さない酵素もあります．それらは金属酵素と呼ばれます．例をあげると，アルコール脱水素酵素などの亜

アポ酵素
（活性なし）

補酵素
（活性なし）

活性中心
ホロ酵素
（活性あり）

基質　　酵素-基質複合体　　生成物

図 5-1　補酵素を必要とする酵素

補酵素は活性中心付近に結合するので，基質と複合体を形成するために必要と考えられています．

鉛酵素は亜鉛イオン，アルギナーゼなどのマンガン酵素はマンガンイオンを必要とします．また，カルシウムイオンを必要とする酵素は比較的多く，二価金属イオンと強く結合する性質のあるエチレンジアミン四酢酸（EDTA）は，そのような酵素の阻害剤として働くので，生化学実験などではよく使われます．

2 酵素反応

(1) 酵素量の示し方

酵素量を記すときはいくつかの原則があります．まず，1分間に1マイクロモルの基質を変化させる酵素の量を，1単位（ユニット）（記号ではUと表す）ということにされています※．そして，一定のタンパク質重量当たりの単位数は比活性といいます．組織から酵素を抽出するときなどには，その乾燥重量や湿重量当たりの単位数も比活性の単位として使われます．この場合，乾燥重量は通常 mg または湿重量であれば g で表します．

(2) 酵素活性の調節

代謝は常に調節されています．これはとても重要なことで，代謝が調節されないと，生命活動を維持していくことが難しくなります．そこで，生体の状況に応じて，代謝の主役である酵素の活性は巧妙に調節されています．

酵素活性の調節は，①酵素そのものの量が変化すること，②酵素の活性そのものが変化すること，によって行われます．②としては，Ca^{2+}が活性発現に必要な酵素の場合，Ca^{2+}濃度を変えることで，酵素活性の調節が行われている例が多く見られます．

また，不活性型として作られた後，その一部が加水分解されることで活性型になる酵素もあります．

(3) 酵素反応の速度

酵素量，基質濃度，温度，pH などの条件が適切であれば，酵素による反応の速度は，少なくとも短い時間内では一定になります．このとき，酵素の量に対して基質の量が十分に多い範囲内であれば，酵素量に正比例して反応速度は増加していきます．

また，酵素量を一定にして，基質濃度と反応

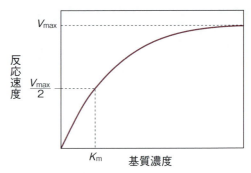

図5-2 基質濃度と反応速度との関係

速度の関係を調べてグラフにすると，図5-2のような曲線が得られます．このグラフからもわかるように，基質濃度を大きくしていくと，やがてある一定の反応速度に達します．これを**最大反応速度**（V_{max} で表します）といいます．また，最大反応速度の半分の速度を示すときの基質濃度を**ミカエリス定数**（K_m で表します）といいます．この定数は，各酵素に固有の値で，酵素と基質の親和性（くっつきやすさ）を示すものです．すなわち，K_m 値が小さいほど酵素と基質の親和性が高く反応が起こりやすく，K_m 値が大きいほど酵素と基質の親和性が低く反応は起こりにくいといえます．

(4) 酵素反応の阻害のいろいろ

酵素の阻害は，大きく分けて**不可逆阻害**と**可逆阻害**に分けられます．不可逆阻害は，阻害剤が酵素の活性中心に共有結合し，一度結合すると離れないことで起こります．可逆阻害は，阻害剤が静電結合，水素結合，疎水結合などの非共有結合によって，酵素と可逆的に結合して，酵素活性を低下させるものです．可逆阻害には次の3つの阻害様式があります．①**拮抗阻害（競合阻害）**，②**非拮抗阻害（非競合阻害）**，③**不拮抗阻害（不競合阻害）**．

拮抗阻害は，酵素の活性中心に，基質と形のよく似た阻害剤が基質と競合して結合することによって起こります（図5-3）．この場合，酵素の最大反応速度（V_{max}）は変わりませんが，酵素と基質の親和性は低下します．

非拮抗阻害は，酵素の活性中心とは異なる部位に，阻害剤が結合し，活性中心の構造に影響

※：通常は酵素にとって最も働きやすい条件で測定した値で示します．

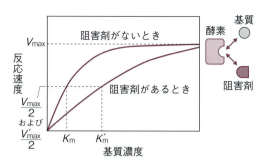

図5-3 拮抗阻害剤があるときの基質濃度と酵素反応速度

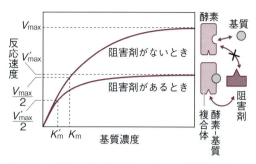

図5-5 不拮抗阻害剤があるときの基質濃度と酵素反応速度

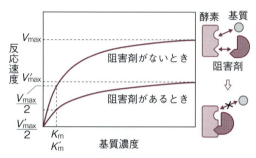

図5-4 非拮抗阻害剤があるときの基質濃度と酵素反応速度

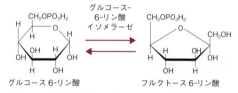

図5-6 異性化酵素（イソメラーゼ）による両方向への化学反応の例

を与えて，酵素反応を起こりにくくするものです（図5-4）．この場合は，基質が結合した状態の酵素にも，結合していない状態の酵素にも，阻害剤は結合します．この場合は，最大反応速度（V_{max}）は低下しますが，酵素と基質の親和性は変わりません．

不拮抗阻害もまた，酵素の活性中心とは異なる部位に阻害剤が結合して，活性中心の構造に影響を与えます．しかし，非拮抗阻害とは異なり，基質と結合していない遊離の酵素とは結合せず，酵素と基質の複合体にのみ結合します（図5-5）．この場合は，最大反応速度（V_{max}）は小さくなり，酵素と基質の親和性は高くなります．

(5) 両方向の化学反応を触媒する酵素

酵素の中には，化学反応を両方向に触媒するものがあります．特に，異性化酵素に分類される酵素は，すべてが両方向への反応を触媒します．その反応の例を，図5-6に示します．このような酵素の存在下で，化学反応がどちらへ進むかは，反応式の右辺と左辺の量比で決まり，多いほうから少ないほうへ進みます．

2 酵素の分類

1 6つに分類される酵素

様々な生物から，これまでに数千種類もの酵素が精製され，その性質が調べられてきています．これらの酵素は6つに分けられています（表5-1）．

2 酵素番号

この表に示した分類の方法は，国際的に使われているものです．酵素の後に付いている数字は，**酵素番号 enzyme code（EC）** と呼ばれ，各酵素に固有の番号です．このECの頭の番号は，その酵素が，この6つのうちのどの種類の酵素であるかを示しています．これらはすべて，酵素の国際委員会が発行した「酵素目録」に記載されているので，ECさえわかれば，それがどんな酵素かを知ることができます．現在では，インターネットが使えますので，このECだけでも検索しやすくなりました．

表 5-1 酵素の分類

分類名	触媒反応	例（酵素番号：EC）
1. 酸化還元酵素（オキシドレダクターゼ）約 840 種	酸化還元反応	アルコール脱水素酵素（1.1.1.1） 乳酸脱水素酵素（1.1.1.27） キサンチン酸化酵素（1.1.3.22）
2. 転移酵素（トランスフェラーゼ）約 950 種	ある基を他の化合物に転移させる反応	ホスホリラーゼ（2.4.1.1） アラニンアミノ基転移酵素（2.6.1.2） ヘキソキナーゼ（2.7.1.1）
3. 加水分解酵素（ヒドロラーゼ）約 840 種	加水分解反応	リパーゼ（3.1.1.3） α-アミラーゼ（3.2.1.1） トリプシン（3.4.21.4）
4. 脱離酵素（リアーゼ）約 310 種	ある基を脱離させる反応，あるいはその逆反応	アルドラーゼ（4.1.2.13） 炭酸脱水酵素（4.2.1.1） アデニル酸シクラーゼ（4.6.1.1）
5. 異性化酵素（イソメラーゼ）約 140 種	異性化反応	アラニンラセマーゼ（5.1.1.1） グルコース-6-リン酸イソメラーゼ（5.3.1.9） ホスホグルコムターゼ（5.4.2.2）
6. 結合酵素（リガーゼ）約 120 種	ATPなどの加水分解に共役して 2 つの分子を結合させる反応	カルバモイルリン酸合成酵素（6.3.4.16） ピルビン酸カルボキシラーゼ（6.4.1.1） アセチル CoA カルボキシラーゼ（6.4.1.2）

3 酵素の系統名と推奨名

たいていの酵素には，複数の名前があります．それは系統名と推奨名があるからです．系統名のほうは，その酵素がどのような反応を触媒するかがわかるように，規則に従って付けられています．例えば，EC1.1.1.1 の酵素の系統名は alcohol：NAD$^+$ oxidoreductase ですが，推奨名は，alcohol dehydrogenase（アルコール脱水素酵素）です．通常は推奨名のほうがよく使われます．

3 ビタミンと補酵素

1 ビタミンとは

ビタミンは，**糖質**，**脂質**，**タンパク質**および**無機質（ミネラル）**と共に**5 大栄養素**とされています．微量で，物質代謝の維持などの生理作用を発揮する有機化合物です．ほとんどのビタミンは，体内では合成されませんが，これは動物種によって多少違います[※1]．

ビタミンには，**脂溶性ビタミン**（ビタミン A，D，E，K）[※2]と，**水溶性ビタミン**（ビタミン B 群，C）があります（表 5-2）．

ビタミンは不足すると欠乏症が現れます．必要な量は，ビタミンによって違います．また，水溶性ビタミンの場合は過剰に摂取しても尿中に排泄されるために過剰症は起こりませんが，脂溶性のビタミンは脂肪組織に蓄積されて特有の過剰症が現れます．

2 補酵素はビタミン B 群から作られる

酵素が酵素活性を発揮するために必要な補酵素は，**ビタミン B 群**から作られます．

ビタミン B$_2$（リボフラビン）はフラビンアデニンジヌクレオチド（FAD）およびフラビンモノヌクレオチド（FMN）に変化して，主に各種酸化酵素の補酵素として働きます．**ナイアシン**（ニコチン酸）はニコチンアミドアデニンジヌクレオチド（NAD）およびニコチンアミドアデニンジヌクレオチドリン酸（NADP）となって補酵素として働きます．**パントテン酸**は，補酵素（CoA：coenzyme A）の構成成分となり，脂質代謝，糖質代謝，アミノ酸代謝に重要な働きをします．

3 ビタミン A の働き

ビタミン A にはいくつかの種類があり，それらを総称してレチノイドといいます．また，

[※1]：マウスなどのげっ歯類はビタミン C を合成できます．
[※2]：脂溶性ビタミンを DEKA（デカ）とすると覚えやすくなります．

表 5-2 主なビタミン類とその機能と欠乏症

	ビタミン名（化学物質名）	機能	欠乏症
水溶性ビタミン／ビタミンB群	ビタミン B_1（チアミン）	補酵素または補欠分子族として機能	脚気，食欲不振，易疲労性，手足のしびれ
	ビタミン B_2（リボフラビン）		口角炎，口唇炎，舌炎，皮膚炎，成長障害
	ナイアシン（ニコチン酸）		下痢，神経症
	パントテン酸		皮膚・神経・消化管障害
	ビタミン B_{12}（コバラミン）		悪性貧血
水溶性ビタミン	ビタミン C（アスコルビン酸）	コラーゲン合成における水酸化反応に関わる．生体物質の酸化を防止	壊血病，歯肉炎，皮下出血
脂溶性ビタミン	ビタミン A（レチノール，デヒドロレチノール）	ロドプシンの生成に関与．皮膚や粘膜を正常に保つ．成長・発育の促進	夜盲症
	ビタミン D（エルゴカルシフェロール〔D_2〕）（コレカルシフェロール〔D_3〕）	小腸や腎臓での Ca 吸収の促進．骨吸収の促進．血清 Ca 濃度調節に関与（いずれも活性型ビタミン D_2 またはビタミン D_3 の形で）	くる病（乳幼児），骨軟化症
	ビタミン E（トコフェロール）	不飽和脂肪酸，ビタミン A，カロチンなどの過酸化物の生成を防止	貧血，小児皮膚硬化
	ビタミン K（メナキノン〔K_2〕）（フェロキノン〔K_1〕）	血液凝固因子の生成，基質タンパク質の生成に関与	血液凝固遅延

ビタミン A 前駆体として，βカロチンがよく知られており，これは体内で 2 つに分けられ，ビタミン A となります．

ビタミン A の重要な生理作用の一つに視覚への関与があります．目の網膜にある光を感じる桿体細胞には，ビタミン A からできたロドプシンという物質があり，これに光が当たると細胞が興奮し，それが大脳へ伝えられて，光を感知する仕組みになっています．

4 ビタミン E の働き

ビタミン E の主な生理作用は，抗酸化作用です．酸素を呼吸に必要とする生物は，体内で生じる活性酸素を除去するための酵素を一応持っています．しかし，それらの働きだけでは，活性酸素の悪影響を防ぎきることはできません．そこで，ビタミン E など抗酸化作用を持つ物質を摂取する必要があります※．

5 ビタミン C の働き

ビタミン C の化学名はアスコルビン酸です．ビタミン E と共に，強い抗酸化作用を持つビタミンで，食品にも酸化防止剤として入れられ

ていることがあります．ビタミン C はまた，結合組織のコラーゲンが作られる過程におけるプロリン残基の水酸化反応に必要です．それゆえ，不足すると血管がもろくなり，皮下に出血などが起きる壊血病になってしまうのです．

4 栄養素の消化と吸収

動物の糞の中に種子が残っていることがあります．果実と共に食べた種子が消化されずに排泄されたもので，この種子には発芽する能力も残っています．この植物は，動物によって元の場所から離れた所まで種子が運ばれ発芽することができるのです．動物にとっては，果実に含まれていた栄養分がご褒美になったのです．

1 消化・吸収の意味

私たち動物は，植物のように光合成を行い，自ら栄養素を合成することができる生物（**独立栄養生物**）とは異なり，生活や体物質合成に必要な栄養素を食物より取り入れなければならない生物（**従属栄養生物**）です．栄養素とは，エネルギー源として，あるいは体物質合成に必要

※：脂溶性のビタミン E は細胞膜など，水溶性のビタミン C はその他にそれぞれ分布して抗酸化作用を発揮します．

な炭水化物，タンパク質，脂肪の他，微量でもよく生命維持に欠くことができない潤滑油ともいえるビタミン，無機質（ミネラル）などのことです．

炭水化物・タンパク質・脂肪を特に**三大栄養素**と呼びます．これらの分子は巨大でこのままでは細胞内に取り込めません．また，体物質を構築する材料とするためには，小さな単位成分にまで分解する必要があります．炭水化物をグルコースなどの単糖類に，タンパク質をアミノ酸に分解する過程が**消化**です．脂肪の場合は消化液となじみにくいので消化の前に**乳化**といって消化しやすい状態にする過程があります．脂肪の消化は小腸で行われ，取り込む際にいったん脂肪酸とグリセリン（グリセロール）に分解されますが，乳び管（小腸のリンパ管）内で再び脂肪に戻ります．このように栄養素にまで分解された物質が消化管の細胞膜を通過し，循環系である血液やリンパ液内に入る過程を**吸収**といいます．吸収は十二指腸より始まります（図5-7）．

消化吸収された栄養素は，様々な反応を経てエネルギー源として生命活動に利用される一方で，体物質の構成成分にもなります．このように低分子の物質を組み合わせて，筋肉や骨などの体物質を合成することを**同化**といいます．無機物から有機物を合成する植物の同化とは異なり，動物は有機物からしか有機物を合成することができません．

2 機械的消化と化学的消化

消化には，大きく分けて2つの過程があります．最初は物理的な消化で，口の中で食物を噛んで小さくする咀嚼（そしゃく），消化管がくびれて食物を移動させたり消化液と混ぜ合わせたりする蠕動（ぜんどう）・分節運動で，これらを**機械的消化**と呼びます．しかし，これらの機械的消化では栄養素として吸収できるまで小さくはならないので，引き続き酵素による加水分解反応である**化学的消化**が行われます．化学的消化によって食物は吸収できるほどの低分子にまで分解されます（図5-8）．

3 消化器官と消化腺

(1) 歯・舌・だ液腺

哺乳類の歯の特徴は，門歯・犬歯・臼歯といった形の異なる歯があることで，それぞれ切る・刺す・すり潰すといった目的別の機械的消化を担っています．筋肉でできている舌には，味覚を感じる他に食物を歯に移動させたり嚥下（えんげ：飲み込むこと）を助ける働きがあります．もちろん発声のためにも舌は重要な働きをしています．

さて，食物が口に入ると反射的にだ液腺よりだ液が分泌されます．実際には食物を食べなくてもだ液が出ることがあります．これは無条件反射といいます．ところで，うなぎの蒲焼の匂いで出るよだれ（だ液が口から流れ出たもの）は，どこから出ているのでしょうか．だ液は**耳下腺・顎下腺・舌下腺**の3ヵ所のだ液腺より導管を通って口腔内に分泌されます（図5-9）．

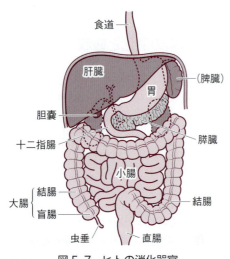

図5-7 ヒトの消化器官

図5-8 機械的消化と化学的消化

だ液の成分の大部分は水分で、わずかに酵素（アミラーゼやリゾチームなど）や抗体が含まれています。

(2) 食 道

縦走筋と輪走筋の収縮と弛緩により生じた蠕動運動により、食物を口から胃に送る長さ約25cmの管です。

(3) 胃

容積約1.5Lの袋状の消化器官です。胃の筋肉には、縦走筋・輪走筋・斜走筋の3種類あり蠕動運動をして内容物を胃液と混ぜ合わせたり、十二指腸に送る働きをしています。食物と一緒に入ってきた空気や炭酸飲料を飲んだときに発生するガスが胃上部の胃底に溜まると、その部分が収縮して噴門が開きゲップとして排出されます（図5-10）。

胃液は1日約2L、胃の粘膜上皮基底部の細胞より分泌されます。**ペプシノーゲン**は胃の粘膜にある**主細胞**より分泌され、**壁細胞**より分泌される塩酸と一緒になると活性化されて**ペプシン**になります。pH1～2の強酸性を示す塩酸により食物中のタンパク質は変性し、外部より食物と共に侵入してきた微生物もこの強酸により死滅してしまいます。また、胃粘膜表層部の粘液細胞や頸部に多い**表層粘液細胞**からは粘液が分泌され、胃自体を強酸から守っています（図5-11）。

(4) 小 腸

胃と大腸を結ぶ消化管で、胃の出口から**十二指腸・空腸・回腸**と続きます。空腸と回腸の境目は明瞭ではありません。十二指腸の名は指12本を並べた分の長さに由来していますが、実際にはもう少し長く25～30cmあります。十二指腸には、膵臓からの**膵管**、肝臓からの**胆管**と一緒になった**総胆管**が開口しています。十二指腸では胃からきた強酸性の食物と膵液・胆汁が混ざり合います。膵液には消化酵素以外にアルカリ性の炭酸水素ナトリウム（$NaHCO_3$）が含まれるので、これによって食物が中和されます。

十二指腸に続く空腸や回腸を含め小腸全体の長さは6～7mで、その内側には多数の輪状のひだがあります（図5-12）。ひだの粘膜表面には1mmほどの**絨毛**が無数にあり、さらに絨毛の表面には**微絨毛**があります。微絨毛には消化酵素が局在し、消化後すぐに吸収できるようになっています。

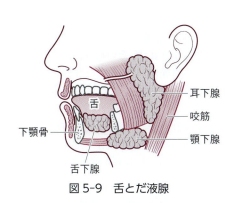

図5-9　舌とだ液腺

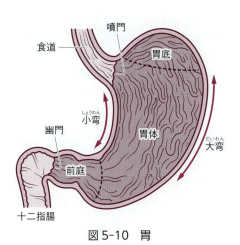

図5-10　胃

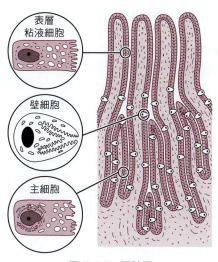

図5-11　胃粘膜

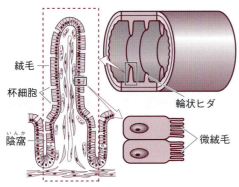

図5-12　小腸内壁の絨毛と微絨毛

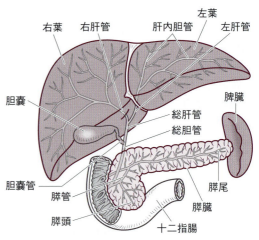

図5-14　肝臓・膵臓の構造

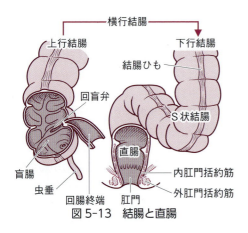

図5-13　結腸と直腸

(5) 大腸と直腸

　大腸は小腸の回腸の後から肛門までの腸です．長さ約1.5m，盲腸・結腸（上行結腸，横行結腸，下行結腸，S状結腸）からなります．これらの働きは水分と電解質の吸収です．大腸では食物中の水分や消化液などの水分のうち小腸で吸収されなかった1〜2L/日の水分が吸収され，残りの水分は糞便中に移行します．大腸は縦に走る3本の筋肉層である「結腸ひも」によって連珠状のふくらみを作り小腸と容易に区別することができます．なお，大腸のはじまりである**盲腸**は回腸から送られてくる内容物が溜まる部分で，その大部分はヒトでは退化して**虫垂**になっています．細菌などが増殖して炎症を起こしたものが虫垂炎です．直腸は大腸の最終部分で肛門に続きます．主に糞便を溜めておくところです．肛門には，随意・非随意の2種類の括約筋があり排便を調節しています（図5-13）．

(6) 肝　臓

　ヒトの体の中で最大の臓器である肝臓は横隔膜の下側にあり，大きな右葉と少し小さめな左葉，そして中央にさらに小さな方形葉と尾状葉からなります．色は濃い赤茶色，重量は成人で1,200〜1,400gもあります（図5-14）．肝臓は，約50万個の**肝細胞**からできた**肝小葉**という構成単位からなります．その形はほぼ六角柱状で，中央に中心静脈が，柱の角には肝門脈の分枝（小腸で吸収した栄養分を含む血管）・動脈（肝動脈の分枝）・肝内胆管（胆汁を集める管）が走っています．肝門脈から来た血液と動脈血は，肝小葉の周囲から中央に向かって肝細胞間を流れ，中心静脈から肝静脈を経て心臓に向かいます（p.32）．一方，肝細胞で合成された胆汁は逆に肝小葉の周囲に向かって流れ，肝内胆管，胆嚢，総胆管などを経て十二指腸に分泌されます．

　肝臓の働きは，グリコーゲンの貯蔵・解毒作用・胆汁の合成・尿素の合成（オルニチン回路）・発熱・血液の貯蔵などです．この中で消化と関係するのは**グリコーゲンの貯蔵**です．門脈を流れてきたグルコースは肝細胞中でグリコーゲンとして貯蔵されます．そして必要時にグリコーゲンがグルコースに分解されて血液中に放出されます．グリコーゲンが少なくなると，**糖新生**（アミノ酸などをグルコースに変える代謝）も行います．また，脂質は中性脂肪として蓄えられ，必要に応じて脂肪酸となって血液中に放出されます．

(7) 胆　囊

胆嚢とは胆汁を蓄えて濃縮する袋（嚢）です（図5-14）．胆汁は肝臓で1日に約0.5L作られ，その成分はビリルビン（赤血球の色素ヘモグロビンの分解産物），**胆汁酸**，コレステロール，肝臓での分解産物などです．この中で胆汁酸は**乳化**といい食物の中の脂肪を小腸で吸収しやすいように小さな粒子にする働きがあります．

(8) 膵　臓

膵臓は，胃の背面に沿いながら脾臓に向って配置し，膵頭と呼ばれる部分が十二指腸によって囲まれています．色はごく薄い紅白色，重さは70〜100g，長さは約15cm，厚さは厚いところで3cmほどです（図5-14）．膵臓には**外分泌腺**と**内分泌腺**があります．その割合はおよそ8：2で，消化酵素を分泌する外分泌腺としての働きが大部分を占めています．

内分泌腺としてはランゲルハンス島が存在し，血糖に関するインスリンやグルカゴンというホルモンを血液中に分泌しています．

外分泌腺としての膵臓から分泌される**膵液**（1.5L/日）には多くの消化酵素が含まれています．まず，タンパク質分解酵素である**トリプシン**と**キモトリプシン**があります．これらの酵素は，膵臓自身をも分解してしまうほど活性が強いので膵臓内では非活性型のトリプシノーゲンやキモトリプシノーゲンとなっており，腸内に分泌されてトリプシンとキモトリプシンになります．これらの酵素は胃液中のペプシンによって分解されたタンパク質（ポリペプチド）をさらに小さな**ペプチド**にまで分解します．この他に膵液に含まれる酵素には**アミラーゼ**（デンプンをマルトース〔麦芽糖〕に分解）や**リパーゼ**（脂肪を脂肪酸とグリセリン〔グリセロール〕に分解）があります．

5 糖質代謝

世界の人々の主食には，イネ（ご飯）・トウモロコシ（トルティア）・コムギ（パン，ナン）・タロイモなどを利用したものが多いようです．なぜならば，これらすべては糖質からできており，生活する上での重要なエネルギー源となるためです．

1 糖質の利用

糖質とは炭水化物のことで（Chapter 4-4参照），分子の小さい順に単糖類・二糖類・多糖類に分類できます．単糖類にはグルコース(G)，フルクトース〔果糖〕(F)，ガラクトース（Ga）が，二糖類にはスクロース〔ショ糖〕(G＋F)，マルトース〔麦芽糖〕(G＋G)，ラクトース〔乳糖〕(G＋Ga)が，グルコースのみからなる多糖類にはデンプン・セルロース・グリコーゲンなどがあります．私たち日本人の主食である米は，イネの胚乳部分で，デンプンが主成分となっています．このデンプンが，消化作用によってマルトースを経て小腸微絨毛でグルコースにまで分解されて絨毛の毛細血管に吸収されます．グルコースは血液などによって細胞に運ばれ，異化作用である呼吸によって分解されエネルギーが取り出され，同時に水と二酸化炭素が生じます．

2 エネルギー貯蔵物質―ATP

生命活動のエネルギー源として主に使われるのは糖質です．しかし，生物はそのエネルギーを直接利用できず，一時的にアデノシン三リン酸（ATP）と呼ばれる物質に変えてから利用しています．

ATPもDNAやRNAと同じように塩基・糖・リン酸からなるヌクレオチドの一種です．塩基がアデニン，糖がリボースで，リン酸は3つ結合しています．これとほとんど同じ物質でリン酸の数だけが異なるものもあり，リン酸が2つのものは**アデノシン二リン酸**（ADP），1つのものは**アデノシン一リン酸**（AMP）と呼ばれます（図5-15）．

ATPやADPの分子の中のリン酸とリン酸との結合は，**高エネルギーリン酸結合**と呼ばれ，結合の際にはATP1モル当たり約30.5kJ/mol（7.3kcal）のエネルギーが必要になります．逆にこの結合が切れるときは，同じ量のエネルギーが放出されます（図5-16）．これらの反応には，それぞれ異った酵素が必要です．

多くの場合，生物は糖質などのエネルギーを使ってADPとリン酸からATPを合成しています．このATPの高エネルギーリン酸結合が切れるときに放出されるエネルギーを様々な生命活動に利用しています．つまり，エネルギー

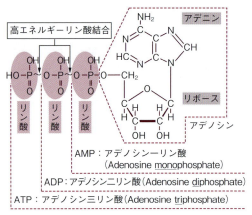

図 5-15　ATP の構造

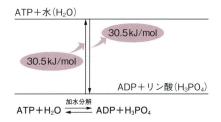

図 5-16　ATP の合成・分解とエネルギーの出入り

30.5 kJ/mol ≒ 7.3 kcal/mol

の貯蔵には脂質や糖質の形を使い，それらのエネルギーを使う直前に，ATPに変えてから利用しているのです．この理由は，ATPが重いわりに少ないエネルギーしか蓄えられないからです※．

ATPは，生物が使いやすいエネルギーの形ですが，生体内には100g程しかなく，何度も使い回して利用しています．

3 呼吸基質としての糖質 ― 好気呼吸によるグルコースの異化

ここではグルコースからのエネルギーの取り出し反応である**呼吸**について説明します．呼吸には酸素を利用する**好気呼吸**と酸素を使わない**嫌気呼吸**があります．好気呼吸ではグルコースは完全に二酸化炭素と水にまで分解されます．その反応式は以下の通りです．

$C_6H_{12}O_6 + 6O_2 + 6H_2O → 6CO_2 + 12H_2O$ ＋エネルギー［最大 38 ATP］

細胞小器官にミトコンドリアを有する細胞からなる生物は好気呼吸を行うことができます．この好気呼吸で取り出すことのできるエネルギー量は，嫌気呼吸（後述）に比べると20倍近くにも及びます．今から約18億年前，好気性細菌の共生によって細胞内にミトコンドリアが誕生した結果，それまでよりも多くのエネルギーを使うことができるようになった生物が，様々な進化を成し得たと考えられています．

さて，この好気呼吸の過程は3つに区分することができます．すなわち細胞質基質で行われる**解糖系**と，ミトコンドリアで行われる**クエン酸回路**（TCA回路，クレブス回路ともいう）・**電子伝達系**（水素伝達系は誤用）です．

（1）解糖系

グルコースが**ピルビン酸**になるまでの反応系で，細胞質基質で行われます．グルコースは，いくつかの酵素のリン酸化反応によってフルクトース 1,6-ビスリン酸となります．この間ではグルコース1モル当たり2モルのATPが消費されます．次いでフルクトース 1,6-ビスリン酸の一部はジヒドロキシアセトンリン酸を経ますが，最終的に2モルのグリセルアルデヒド 3-リン酸となります．ここから先の中間産物はすべて2モルずつとなります．さらに酸化とリン酸化の反応が続き，1,3-ビスホスホグリセリン酸と3-ホスホグリセリン酸の間で1モル，ホスホエノールピルビン酸とピルビン酸との間でさらに1モルのATPが合成されます．なお，これらの物質はそれぞれ2モルずつあるので，合成されるATPは 2×2ATP = 4ATP となり，解糖系でのATPの収支は −2ATP + 4ATP = ＋2ATP ということになります．また，2モルのグリセルアルデヒド 3-リン酸から 1,3-ビスホスホグリセリン酸になる過程で補酵素 **NAD⁺**（ニコチンアミドアデニンジヌクレオチド）による脱水素反応により 2×NADH が生じます．この水素はミトコンドリアの内膜（クリステ）に運ばれて電子伝達系に渡されます（図 5-17）．

（2）クエン酸回路

解糖系で生じたピルビン酸（$C_3H_4O_3$）は，脱

※：1 kg で比較するとエネルギーの貯蔵量は，糖質約 16,800 kJ，脂質約 37,800 kJ，ATP 約 63 kJ です．

5. 糖質代謝

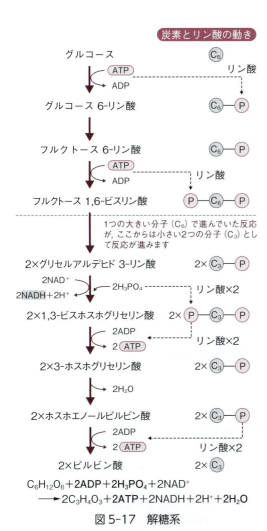

図5-17 解糖系

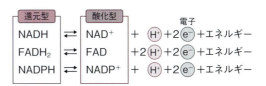

図5-18 補酵素の酸化還元

これらの補酵素は酸化型になりやすく，左辺から右辺への反応が起こりやすい．

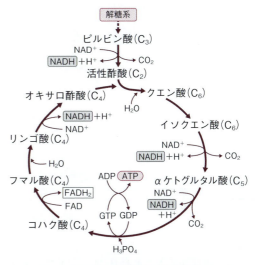

$2C_3H_4O_3 + 4H_2O + 2ADP + 2H_3PO_4 + 8NAD^+ + 2FAD$
$\longrightarrow 6CO_2 + 2ATP + 8NADH + 8H^+ + 2FADH_2$

図5-19 クエン酸回路

回路で生成したATPからH_3PO_4が作られるため，ATP = ADP + H_3PO_4 − H_2O（図5-16より）となり，回路中では合計3分子のH_2Oが使われることになります．また，解糖系で生成したピルビン酸は2分子なので，図下の式は2分子分の反応を表しています．

水素反応と酸化的脱炭酸反応によって**アセチルCoA**［炭素数2：以下C_2と表記］となり，次いでオキサロ酢酸［C_4］と結合し**クエン酸**［C_6］を合成します．このクエン酸が諸反応を経てオキサロ酢酸に戻る反応系を**クエン酸回路**と呼び，ミトコンドリアの**マトリックス**で行われます．クエン酸回路は，1930年代にイギリスの生化学者クレブスにより発見されました．

クエン酸は**イソクエン酸**［C_6］を経て**オキサロコハク酸**［C_6］に変わります．この間，脱水素酵素の補酵素NAD^+は還元されてNADHが生じます．次いでオキサロコハク酸は酸化的に脱炭酸され**αケトグルタル酸**（2-オキソグルタル酸）［C_5］となります．αケトグルタル酸は**スクシニルCoA**［C_4］に変化する際にNADHとCO_2を放出します．スクシニルCoAは**コハク酸**［C_4］になる過程で加水分解の自由エネルギーを利用してGTP（ATPに相当）を合成します．次に，コハク酸は，コハク酸脱水素酵素の補欠分子族であるFADによって$FADH_2$を生成し**フマル酸**［C_4］に変わります．フマル酸は**リンゴ酸**［C_4］を経てオキサロ酢酸［C_4］に変わりますが，このときもリンゴ酸脱水素酵素の補酵素NAD^+の作用でNADHが生じます（図5-18, 19）．

(3) 電子伝達系

電子伝達系は**ミトコンドリアの内膜（クリステ）**で行われる反応です．ここでは水の生成とATPの合成が行われます．NAD^+やFADに

Chapter 5 体内における物質代謝

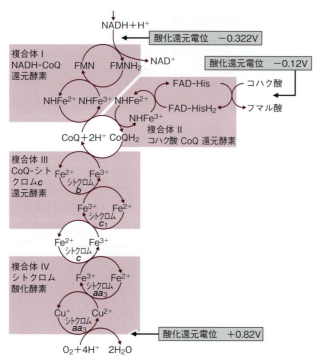

図 5-20　電子伝達系の仕組み

よって運ばれてきた水素 H_2 は，ミトコンドリアの内膜で $H_2 \rightarrow 2H^+ + 2e^-$ に分かれ，$2H^+$ は内膜と外膜の膜間部分に移動し，$2e^-$ は内膜にある電子伝達系，すなわち**シトクロム**（ヘム〔Fe〕を含むタンパク質）系を酸化還元電位の高いほうに向かって次々と流れていきます．このとき補酵素 NADH から H が受け渡される際の酸化還元電位は最も低く $-0.322V$ で，電子（e^-）は酸化還元性の異なる物質（シトクロムやフラビンタンパク質）間を，酸化還元反応を繰り返しながら H_2O（酸化還元電位は $+0.82V$）を生成するまで移動します．この間に得られた電子（e^-）の自由エネルギーが ATP の合成に使われます．1 モルの NADH から ATP が 3 モル合成されますが，$FADH_2$ からは 2 モルの ATP しか合成されません．それは補酵素 $FADH_2$ から H が受け渡される際の酸化還元電位の位置が少し高く，得られる自由エネルギーが少ないからです（図 5-20，21）．

さて NADH が生じるのは解糖系で 1 ヵ所，ピルビン酸からアセチル CoA の間に 1 ヵ所，クエン酸回路の中で 3 ヵ所の計 5 ヵ所です．それぞれの物質は 2 モルずつあるので $5 \times 2 \times$ 2NADH が電子伝達系に運ばれてきます．同様に $FADH_2$ はクエン酸回路のコハク酸-フマル酸間で生じるので $1 \times 2FADH_2$ が電子伝達系に入ります．

ATP が合成されるのは内膜の内側に結合している **ATP 合成酵素**によります（図 5-22）．それには膜間内にあった H^+ が反応します．また，膜間内の H^+ と電子伝達系を流れてきた電子（e^-），および酸素（O_2）と結びついて水（H_2O）が生じます（$2H^+ + 2e^- + \frac{1}{2}O_2 \rightarrow H_2O$，実際には脱水素酵素の補酵素によって運ばれてくる水素分子は $12 \times H_2$ なので $12 \left[2H^+ + 2e^- + \frac{1}{2}O_2 \rightarrow H_2O \right]$ となります）．

(4) 好気呼吸における物質および ATP の収支

好気呼吸の反応式は $C_6H_{12}O_6 + 6O_2 + 6H_2O \rightarrow 6CO_2 + 12H_2O +$ エネルギー［最大 38ATP］で表されます．この反応式のそれぞれの物質やガスを確認してみましょう．グルコース（$C_6H_{12}O_6$）は呼吸基質です．$6O_2$ は，電子伝達系で水が生じる反応式 $12 \left(2H^+ + 2e^- + \frac{1}{2}O_2 \rightarrow H_2O \right)$ で見られます．次に $6H_2O$ はクエン酸回路中に 3 ヵ所（$3 \times 2H_2O = 6H_2O$）確認できます．$6CO_2$ も

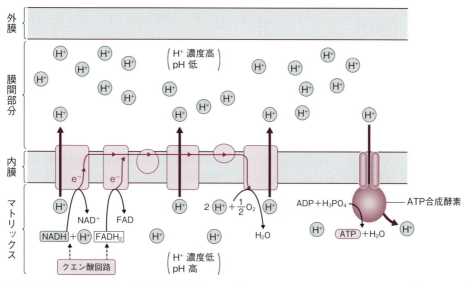

$10NADH + 10H^+ + 2FADH_2 + 6O_2 + 34(ADP + H_3PO_4) \longrightarrow 10NAD^+ + 2FAD + 12H_2O + 34(ATP + H_2O)$

図 5-21 電子伝達系と ATP 合成酵素

クエン酸回路中に 3 ヵ所（$3 \times 2CO_2 = 6CO_2$）確認できます．$12H_2O$ は酸素同様，電子伝達系で水が生じる反応式 12（$2H^+ + 2e^- + \frac{1}{2}O_2 \rightarrow H_2O$）中に確認できます．最後に 38ATP ですが，解糖系で $2 \times ATP$，クエン酸回路で $2 \times ATP$（GTP），電子伝達系で 5×2（NADH）$\times 3ATP \rightarrow 30ATP$ と 1×2（FADH$_2$）$\times 2ATP \rightarrow 4ATP$ で 34ATP，合計 38ATP が合成されます．

4 嫌気呼吸による糖質代謝

水中や土壌中には，酸素を用いず糖質（グルコース）を分解して嫌気呼吸を行う微生物がいます．また，私たちヒトも急激な運動をしたときは酸素の供給が間に合わず，乳酸発酵と同じ**解糖**という嫌気呼吸を行ってエネルギーを取り出すことが知られています．

(1) アルコール発酵

グルコースを酸素のない条件下で，エタノールと二酸化炭素に分解する反応で，**酵母菌**や，**カビの仲間**で行われている糖代謝系です．アルコール発酵を利用して，日本酒，ビール，ワインなどが作られています．アルコール発酵においても，**解糖系**によって 1 モルのグルコースが 2 モルのピルビン酸に分解され，その過程で水素（$2NADH^+$）が外され，同時に 2 モルの ATP が作られます．ここまでの過程は好気呼

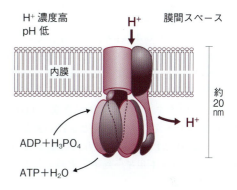

図 5-22 ATP 合成酵素の構造

吸と同じですが，アルコール発酵では引き続き，ピルビン酸から二酸化炭素（$2CO_2$）が外されて，**アセトアルデヒド**になり，先ほど解糖系で外された水素（H_2）が戻されて**エタノール**になります（図 5-23）．

(2) 乳酸発酵

アルコール発酵と同様に，グルコースを酸素のない条件下で，乳酸に分解する反応で，乳酸菌などの**細菌類**や**カビ・ケカビの仲間**で行われる糖代謝系です．解糖系の部分は同じで，1 モルのグルコースは 2 モルのピルビン酸に分解されます．その後，解糖系で外された水素（H_2）がもどされて**乳酸**になります．乳酸発酵では 1 モルのグルコースから 2ATP が生じます（図 5-23）．

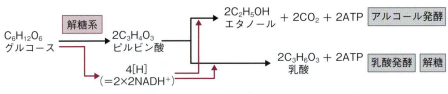

図 5-23　嫌気呼吸（アルコール発酵・乳酸発酵・解糖）

(3) 解 糖

激しい運動をして酸素の供給が間に合わないときに筋肉に**乳酸**（疲労物質）が蓄積される反応です．乳酸発酵と全く同じ過程でグルコースから乳酸が作られる反応で**解糖**と呼ばれます．酸素が供給されると蓄積された乳酸の一部（20％）がクエン酸回路や電子伝達系に移りATPを合成します．このときに生じたATPを用いて残りの乳酸（80％）がグリコーゲンに再合成されます（図 5-23）．

5 糖質の代謝におけるエネルギー効率

グルコース 1 モル（180 g）が持っているエネルギーを 2889.6 kJ とします．この値は 180 g のグルコースを燃焼して得られる熱量（の理論値）で，呼吸においても同じ酸化反応なのでこの値を使います．また ATP が合成（ADP + + 30.5 kJ → ATP）されるときに必要なエネルギーは 30.5 kJ でした．これらの値を使って呼吸におけるエネルギー効率を求めると以下のようになります．

- 好気呼吸：38ATP × 30.5 kJ × 100/2889.6 kJ ＝ 40.1％
- 嫌気呼吸：2ATP × 30.5 kJ × 100/2889.6 kJ ＝ 2.1％

このようにアルコール発酵や乳酸発酵などの嫌気呼吸では，グルコースに含まれていたエネルギーの 2.1％しか使えず，大部分がエタノールや乳酸に残されたままになっていることがわかります．一方の好気呼吸ではグルコースは水と二酸化炭素にまで分解されてしまいますが，その際 ATP として獲得できたエネルギーは半分もありません．残りは熱エネルギーなどとして，逃げてしまったものと考えられます．ちなみに乗用車のエネルギー効率が約 20％，蒸気機関車のエネルギー効率が約 5％ほどですので，好気呼吸のエネルギー効率がいかに高いかがわかります．

6 糖新生

肝臓や腎臓で行われる代謝で，アミノ酸などの炭水化物以外の物質からグルコースを合成する反応です．低血糖時には，副腎皮質刺激ホルモンにより副腎皮質より糖質コルチコイドが分泌され，これが肝臓や組織に働いてピルビン酸からオキサロ酢酸を経てグルコースを合成し，血糖を増やします．

6 タンパク質の代謝

1 タンパク質の分解と合成

体重が 60 kg のヒトについて考えてみると，体重の約 14％の，8.4 kg がタンパク質です．1日では，このうちのおよそ 2％の 170 g が分解されてアミノ酸になります．このうちのだいたい 80％近く（約 130 g）は，再びタンパク質の合成に使われます．残りのアミノ酸（約 40 g）は，エネルギー源として使われるか，尿素の形にされて，排出されます．食事で 1 日につき約 60 g のアミノ酸が供給されるとバランスが取れます．

2 アミノ酸の利用のされ方

体のタンパク質は，細胞の中の様々なタンパク質分解酵素によって，アミノ酸に分解されます．一方，食事から摂ったタンパク質も消化管内で分解され，多くはアミノ酸の形になって，吸収されます※．

体内で遊離した状態にあるアミノ酸の主な利

※：消化が不十分なペプチドの形で吸収されたり，タンパク質そのままの形で吸収されることも稀にあります．乳児では，母親の免疫グロブリンを消化せずに吸収します．

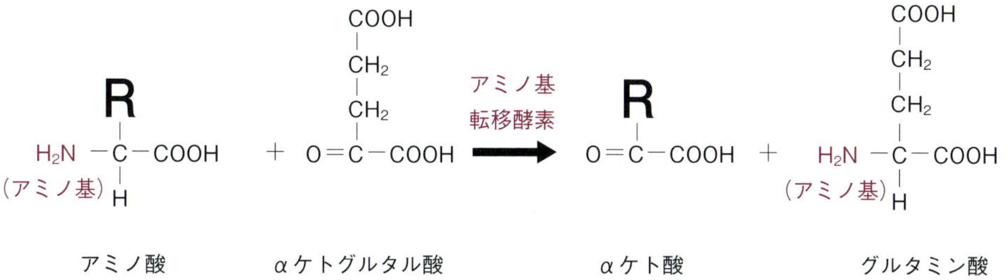

図5-24 アミノ基転移反応（一般式）

用のされ方には4つあります．それは，①アミノ基がとれて**αケト酸**（2-オキソ酸）になってから利用される，②他のアミノ酸の原料，③その他の化合物（プリン塩基，ピリミジン塩基，クレアチンリン酸，ヘム，セロトニン，γ-アミノ酪酸，ドーパミン，タウリン，グルタチオン，グリココール酸，一酸化窒素[※1]）の合成原料，④タンパク質の合成の原料，などです．ここでは，αケト酸を経由した利用のされ方について述べます．

αケト酸とはカルボニル基とカルボキシ基とを持つ化合物のことです．これは，図5-24に示すように，アミノ酸のアミノ基（-NH$_2$）が例えばαケトグルタル酸に移される，**アミノ基転移反応**によって生じます[※2]．各アミノ酸から生じるαケト酸は，それぞれに様々な反応を受けて，クエン酸回路に関連のある化合物へと変化して利用されていきます．糖新生，ケトン体の生成，脂肪酸やコレステロールの原料，エネルギー源などがこれになります．

3 アミノ基からの尿素の生成

アミノ酸から脱離したアミノ基は，最終的には，肝臓でアンモニアを経て尿素へ変えられます．この途中のプロセスは，組織によって多少違いますが，ここでは，アミノ基が肝臓で脱離した場合について説明します．

肝臓では，各種アミノ酸からのアミノ基と，αケトグルタル酸が一緒になって生じたグルタミン酸が，グルタミン酸脱水素酵素の作用を受けて，受け取ったアミノ基をアンモニアの形にして遊離します．できたアンモニアは毒性が強いので，そのまま肝臓の**尿素回路**（オルニチン回路）（図5-25）によって尿素へと変えられます．アンモニアから**尿素**を作るのにはエネルギーが必要で，1モルの尿素を作るために3モルのATPのエネルギーを使います．尿素は血流に乗って腎臓を経て，尿の主要成分として排出されます．

以上のように，ヒトを含む哺乳類は，有毒なアンモニアを尿素に変えて排出していますが，魚類の多くはアンモニアそのままの形で水中に排出しています．また水分の摂取に制約のある鳥類やは虫類，昆虫類などは，アンモニアを水に溶けない**尿酸**に変えて排出しています．

4 アミノ酸の生合成

細菌や植物は，タンパク質合成に必要な20種類のアミノ酸をすべて合成することができます．しかし，ヒトはそのうち**必須アミノ酸**と呼ばれる8種類を合成することができません．残りのアミノ酸は**非必須アミノ酸**と呼ばれ，それらは，必須アミノ酸や糖質代謝の中間体を原料に作られます．これらの合成経路は6つに分類されます（図5-26）．

5 タンパク質の生合成

消化吸収，もしくはタンパク質の分解などで体内に生じたアミノ酸の多くは，エネルギー源というよりは，生きていくために必要なタンパク質の生合成のための材料として使われます．

タンパク質の生合成は，DNAの遺伝情報の

[※1]：一酸化窒素（NO）は，アルギニンから作られ，血管拡張作用の他，神経伝達物質などとしても働くことが明らかになり注目されています．

[※2]：アミノ酸によっては，化学変化を受けてから，アミノ基がとれる場合もあります．

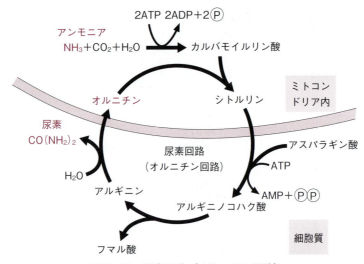

図5-25 尿素回路（オルニチン回路）
Ⓟはリン酸，ⓅⓅはリン酸が2つ結合したピロリン酸をそれぞれ示しています．

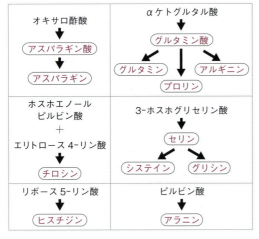

図5-26 非必須アミノ酸の生合成経路

核内におけるmRNAへの転写，細胞質の中のリボソーム上におけるmRNAの情報に従った翻訳，そしてその後に小胞体における化学修飾（翻訳後修飾）によって行われます．材料のアミノ酸は，細胞質中で翻訳時に供給されます．

7 脂質代謝

1 中性脂肪の代謝

脂質の中で量的に最も多い**中性脂肪**は，まず，脂肪酸とグリセリン（グリセロール）に加水分解されます．これはホルモン感受性リパーゼの働きによりますが，その活性は各種ホルモンによって制御されています．グリセロールは，グリセロール3-リン酸となり，再び脂質の合成に使われるか，または解糖系に入り分解されます．一方の脂肪酸は再び脂質の合成に使われる他，ミトコンドリアで分解されます（図5-27）．

2 脂肪酸の分解（β酸化）

脂肪酸をエネルギー源として用いるために分解する反応は，ミトコンドリアのマトリックス内で行われます．脂肪酸はミトコンドリアに容易に入ることができないので，次のようなメカニズムで入ります．

脂肪酸は，ミトコンドリアの外膜にあるアシルCoA合成酵素の働きで，ATPのエネルギーを使い，**アシルCoA**という活性化された状態となります[※]．この状態で外膜と内膜の間まで入ることができます．続いて，アシルCoAは内膜にある酵素の作用でアシルカルニチンとなって内膜を通過し，マトリックス内に入ってから，再びアシルCoAの形となります．

ミトコンドリアのマトリックス内では，アシルCoAの，CoA側のβ位で炭素2個ずつを切り離して，炭素数が2つ少ないアシルCoAが生じる，**β酸化** β-oxidation と呼ばれる反応

※：アシルには脂肪酸の意味があります．

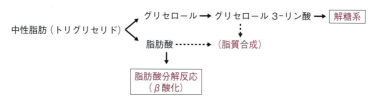

図 5-27 中性脂肪からの脂肪酸の遊離

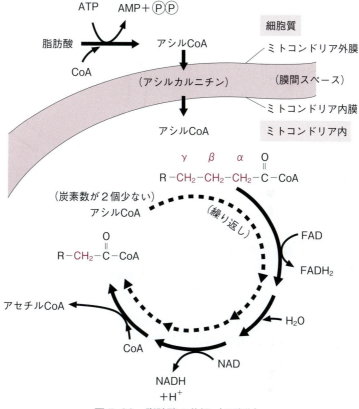

図 5-28 脂肪酸の分解（β酸化）

が起こります（図5-28）※．1回のβ酸化で脱水素反応が2回，水の付加反応が1回起こります．脱水素反応で生じた $FADH_2$ と NADH は電子伝達系に入ります．一方の切り離された炭素2個分はアセチル CoA となり，その大部分はクエン酸回路に入り，一部は次に述べるケトン体の生成に使われます．炭素数が2つ少ないアシル CoA は，同様にして，さらにβ酸化されます．

パルミチン酸1モルのβ酸化の例では，生成する ATP の数は 131 モルですが，活性化にATP のエネルギーを2モル当量使うので，正味の ATP 産生量は 129 モルとなります．

3 ケトン体の生成と利用

飢餓状態や糖尿病などでは，クエン酸回路の反応が円滑に進まない上，脂肪酸のβ酸化が亢進しているのでアセチル CoA が余ります．この余ったアセチル CoA は，**ケトン体**の生成に回されます．

※：この反応は，もとのアシル CoA のβ位の炭素が酸化されてケトン基（>CO）となるためにβ酸化と呼ばれます．

Chapter 5 体内における物質代謝

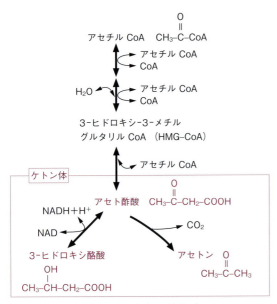

図5-29 ケトン体生成
両方向矢印で示した経路は，逆の反応が起こり得ることを示します．

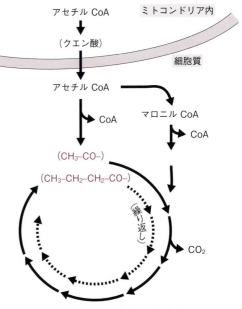

図5-30 脂肪酸の生合成
図には示していないが，アセチルCoAからマロニルCoAへの反応にはATPのエネルギーを必要とします．
なお図中のCH₃-CO-やCH₃-CH₂-CH₂-CO-はこの反応を触媒する脂肪酸合成酵素と結合して存在しています．

ケトン体とは，**アセト酢酸**，**3-ヒドロキシ酪酸**，および**アセトン**のことをいいます（図5-29）※．アセチルCoAからケトン体の生成は，主に肝臓や腎臓の細胞で行われます．その中間体の3-ヒドロキシ-3-メチルグルタリルCoA（HMG-CoA）は，コレステロールの生合成の中間体でもあります．

アセトンは，尿中，あるいは揮発性も高いので呼気からも排泄され，ほとんど利用されません．アセト酢酸も尿中に排泄されます．しかし，3-ヒドロキシ酪酸とアセト酢酸の一部は，心筋，骨格筋，脳，腎臓などに取り込まれ，再びアセチルCoAに変えられ，ミトコンドリアでエネルギー源として利用されます．

4 脂肪酸の生合成

多量のグルコースが供給されたときなどでも，細胞のミトコンドリア内でアセチルCoAが余ります．このとき，これを原料として脂肪酸が合成され，さらにトリグリセリド（主要な中性脂肪）として貯蔵されます．これは肝臓，脂肪組織，乳腺などで活発で，細胞質で行われます．

アセチルCoAは，ミトコンドリアの膜を通過できないので，クエン酸回路におけるオキサロ酢酸との反応でクエン酸となって，ミトコンドリアの外に出た後，再びオキサロ酢酸とアセチルCoAとなります（図5-30）．

細胞質では，アセチルCoAからCoAが外されたものが核として脂肪酸が作られます．その際，まずマロニルCoA（これもアセチルCoA由来）からCoAが外されたものが結合するなどして，炭素数が2個増えます．そしてこれにさらに同じ反応が繰り返し起きることで脂肪酸が合成されるのです．なお，この繰り返しの回数の違いの他，炭素鎖伸長の反応系と二重結合を導入する反応系が組み合わされることで，多様な脂肪酸ができます．しかし，ヒトを含むい

※：3-ヒドロキシ酪酸にはケトン基がありませんが，この3つを通常，ケトン体と呼んでいます．なお，アセトン体とも呼びます．

7. 脂質代謝

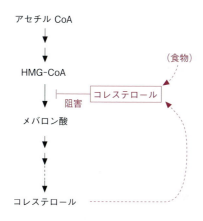

図 5-31 コレステロールの生合成とその調節

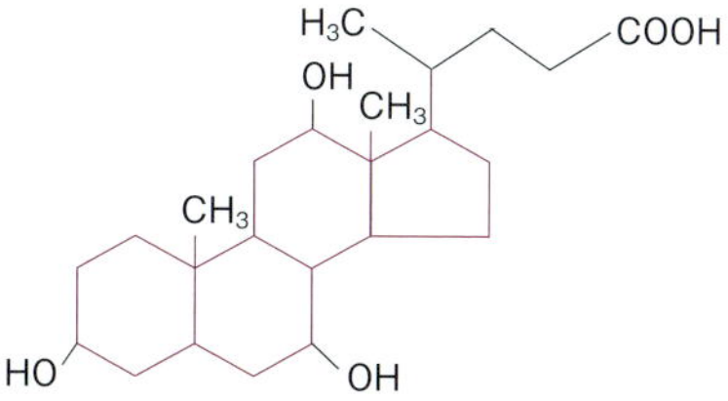

図 5-32 代表的な胆汁酸（コール酸）の化学構造

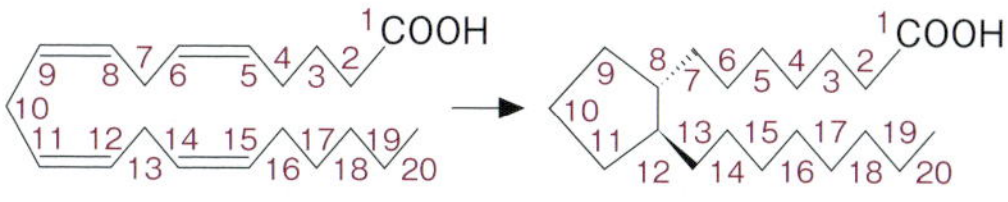

図 5-33 アラキドン酸からのプロスタグランジン類の生合成

他にエイコサトリエン酸やエイコサペンタエン酸などもプロスタグランジン類の原料になります．

わゆる高等動物では，**必須脂肪酸**と呼ばれるリノール酸，リノレン酸，アラキドン酸の3種類を合成することはできません．

5 中性脂肪の生合成

グリセロールはグリセロール3-リン酸の形となってから，脂肪酸と共に中性脂肪の原料として使われます．このグリセロール3-リン酸は解糖系の中間産物（ジヒドロキシアセトンリン酸）からも供給されます．

6 コレステロールの生合成とその利用

コレステロールはアセチルCoAを原料として肝臓で作られます（図5-31）．まず，アセチルCoAより3-ヒドロキシ-3-メチルグルタリルCoA（HMG-CoA）が作られます．ここまでの反応はケトン体生成のときと共通です．これからHMG-CoA還元酵素によりメバロン酸となり，さらに20種類以上の酵素が関与する複雑な反応により，コレステロールができます．なお，食物から多量にコレステロールを摂取すると，HMG-CoA還元酵素をアロステリック阻害[※]し，その酵素の生合成をも抑制することで，コレステロール合成量が低下する仕組みになっています．

コレステロールからは**胆汁酸**が作られます（図5-32）．これは肝臓で作られ，胆囊を経て，小腸内に分泌されます．なお，胆汁酸は分子内に親水性部分と疎水性部分があるために，**界面活性剤**として食物中の脂質を乳化して消化されやすくし，しかも消化物と共にミセルを形成することで，小腸における吸収も助けます．

他に，コレステロールからは，各種ステロイドホルモン（性ホルモン，副腎皮質ホルモン）や，ビタミンD_3の前駆物質も作られます．

なお，コレステロールは，細胞膜の構成成分の一つです（p.73）．

7 プロスタグランジン類の生合成

生理活性物質のプロスタグランジン類は，炭素数20のアラキドン酸などの不飽和脂肪酸を原料に作られます（図5-33）．これらの原料は，細胞にホルモンやサイトカインなどの刺激が伝えられると，ホスホリパーゼA_2が活性化され，細胞膜中のグリセロリン脂質が加水分解されて供給されます．そして，これらの不飽和脂肪酸は，シクロオキシゲナーゼ（COX）などの酵素の作用を受けて，各種プロスタグランジンとなります．

[※]：低分子の物質（例えば代謝産物）が，酵素の活性中心とは立体構造上異なる部位（アロステリック部位）に結合することで，酵素の立体構造を変えて活性を阻害します．

8 核酸（ヌクレオチド）代謝

1 ヌクレオチド＝ヌクレオシド＋リン酸

核酸の構成単位は，ヌクレオチドのうちでもヌクレオシド一リン酸ですが，核酸合成の直接の原料になるものは，ヌクレオシド三リン酸です．これは，ヌクレオシド一リン酸がリン酸化されて作られます．

2 ヌクレオチドの合成

ヌクレオチドの合成には，**新生経路**（*de-novo* 経路）と**再利用経路**（salvage 経路）の2つがあります．ここでは，RNA を作るためのヌクレオチドの新生経路を中心に説明します．

(1) 新生経路

新生経路による核酸合成に必要なヌクレオチドの塩基部分は，アミノ酸，二酸化炭素，およびテトラヒドロ葉酸（補酵素の一種）の誘導体から作られます（図5-34）．一方，糖（リボース）の部分は，解糖系の中間体であるグルコース6-リン酸に由来するリボース5-リン酸から供給されます※．

プリン塩基（アデニンとグアニン）の骨格の形成は，リボース5-リン酸から変化したものに他の化合物に由来する原子が結合して行われます（図5-35）．最初に作られるヌクレオチドは，塩基部分がヒポキサンチンである**イノシン酸**で，このヒポキサンチンの部分がグアニンまたはアデニンに変化してグアニル酸とアデニル酸となります（RNA の中に見られるヌクレオチドの形）．これらは2段階のリン酸化を受け，それぞれグアノシン三リン酸（GTP）とアデノシン三リン酸（ATP）とになり，RNA 合成の直接の原料となります．なお，このようなプリンヌクレオチドの合成にはエネルギーが要ります．具体的には，1分子のグアニル酸とアデニル酸を作るためには，それぞれ9分子と8分子の ATP のエネルギーが必要です．

ピリミジン塩基（シトシンとウラシル）の合成は，まず，二酸化炭素にグルタミンと水が ATP のエネルギーを使って反応し，カルバモイルリン酸ができ，これからオロト酸ができます（図5-36）．これはピリミジン骨格を含む化合物で，このオロト酸がウラシルに変わってウリジル酸になります（RNA の中に見られるヌクレオチドの形）．これは2段階のリン酸化を受け，ウリジン三リン酸（UTP）となり，このウラシル部分に ATP のエネルギーを使ってグルタミンが反応することで，シトシンを持つシチジン三リン酸（CTP）ができます．UTP と CTP は共に RNA 合成の直接の原料となる形です．

DNA の原料となるデオキシリボースを含むヌクレオチド（**デオキシリボヌクレオチド**）は，上記のようにしてできた，ヌクレオシド二リン酸のリボース部分が還元されて（酸素原子がとれて），デオキシリボヌクレオシド二リン酸の形を経て作られます．この方法で，グアニンを持つデオキシ GTP（dGTP），アデニンを持つデオキシ ATP（dATP），ウラシルを持つデオキシ UTP（dUTP），シトシンを持つデオキシ CTP（dCTP）が出来上がります．

ところで，DNA の塩基にはウラシルではなくチミンが含まれています．これは，ウラシルを含む dUTP が脱リン酸化されて dUMP とな

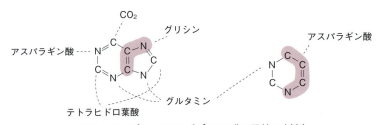

図5-34　プリンおよびピリミジン骨格の材料

※：本文中で「三リン酸」の漢字の数字は連結しているリン酸の数を示していますが，「5-リン酸」などの算用数字は，1つのリン酸が結合している位置を示すものです．

8. 核酸（ヌクレオチド）代謝

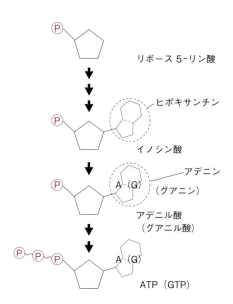

図5-35 RNA合成の直接の原料となるATP（GTP）の合成

アデニン部分がグアニンならグアニル酸であり、また、GTPとなります。

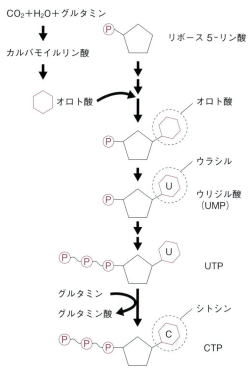

図5-36 RNA合成の直接の原料となるUTPおよびCTPの合成

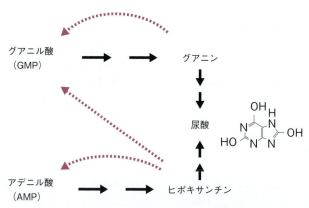

図5-37 プリンヌクレオチドの分解と再利用
破線（色矢印）は再利用経路を示します。

り、dUMPのウラシル部分がチミンへと変化してデオキシチミジル酸（dTMP）になり、これがリン酸化されてdTTPとなって、DNA合成の原料となるからです。

(2) 再利用経路

ヌクレオチドを新たに合成するよりは、ヌクレオチドの分解過程のものを再利用してヌクレオチドを再生するほうが、物質やエネルギーの節約になります。再利用については、後のヌクレオチドの分解過程を説明していく中で触れていきます。

3 RNAの分解

DNAは細胞が生きていれば分解されませんが、RNA、特にmRNAは活発に代謝回転が行われ、不要になると速やかに分解されます。

RNAは，まず加水分解されることで，各種ヌクレオチドが生じます．これがRNA分解の第一段階です（図5-37）．

4 ヌクレオチドの分解と再利用

RNAの加水分解で生じたプリンヌクレオチドであるグアニル酸とアデニル酸は，リン酸とリボースがとれて，それぞれグアニンとヒポキサンチンの塩基となり，これらは尿酸に変化し，排出されます．グアニンの再利用ではグアニル酸に戻されてから，ヒポキサンチンの再利用ではイノシン酸を経てグアニル酸やアデニル酸に変化してから，ヌクレオチド合成に使われます．

一方，ピリミジンヌクレオチドであるウリジル酸とシチジル酸は，リン酸とリボースがとれていずれもウリジンを経てウラシルとなります．ウラシルはさらに分解され，アンモニア，二酸化炭素，およびβ-アラニンとなります（図5-38）．ウラシルの再利用では，ウリジンを経てウリジル酸もしくはシチジル酸に戻されてから，ヌクレオチド合成の原料に使われます．

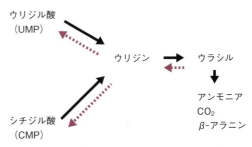

図5-38 ピリミジンヌクレオチドの分解と再利用
破線（色矢印）は再利用経路を示します．

Step up

ラインウィーバー–バークの二重逆数プロット

図5-2（p.80）にあるように，酵素の量を一定にして，基質濃度と反応速度の関係を調べると，曲線のグラフとなります．ミカエリス定数（K_m）の値は，最大反応速度（V_{max}）の半分の速度を示すときの基質濃度ですが，この曲線は漸近線なのでV_{max}の値が正しく得られません．したがってK_mの値も求められません．ではどうやって求めるのでしょうか．

図5-2にあるような漸近線の式（ミカエリス–メンテンの式）は，次のように示されます（反応速度をv，基質濃度を[S]としたとき）．

$$v = \frac{V_{max}[S]}{K_m + [S]}$$

V_{max}とK_mを求めるには，ラインウィーバー–バークの二重逆数プロットがよく使われます．まず，上の式の両辺の逆数をとり，

$$\frac{1}{v} = \frac{K_m + [S]}{V_{max}[S]}$$

続いて，この式を次のように変形します．

$$\frac{1}{v} = \frac{K_m}{V_{max}} \times \frac{1}{[S]} + \frac{1}{V_{max}}$$

この式は，ラインウィーバー–バークの式と呼ばれます．実際には，基質の5種類以上の濃度における反応速度を求め，$\frac{1}{[S]}$を横軸に，$\frac{1}{v}$を縦軸に，プロットすると図5-39のような直線が得られます．得られた直線と縦軸との交点は$\frac{1}{V_{max}}$，横軸との交点は$-\frac{1}{K_m}$を示しますから，これらからV_{max}とK_mが求められるのです．

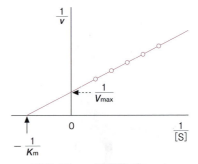

図5-39 二重逆数プロット

Chapter 6 生命の設計図・遺伝子の複製と発現

Summary

　生物の形づくりからその営みまで，生命活動は生命の設計図である遺伝子によって決められており，この遺伝子は細胞の核内にDNAとして保存されています．DNAとは4種類の塩基が鎖状につながり，2本の鎖が向かい合って二重らせん構造をとったものです．この二重らせんの片方の鎖を鋳型としてDNAの複製が行われるため，遺伝情報は半保存的に正確な複製が行われます．DNAの鎖を構成する4種類の塩基の配列順序に遺伝情報は暗号として保存されています．この遺伝情報はいったんmRNAに転写された後，核から細胞質へ移動し，リボソーム上でタンパク質に翻訳されます．タンパク質の合成では，3個の塩基が1組（トリプレットコドン）となってアミノ酸の種類を決めるので，突然変異により塩基が置換したり，塩基に欠損や挿入が起こると合成されるタンパク質の種類は大きく変化してしまいます．しかし，このような変異と修復が繰り返されて，生物は進化してきたと考えられています．

Keywords

遺伝子　gene
デオキシリボ核酸（DNA）
塩基　base
転写　transcription
翻訳　translation
タンパク質合成　protein synthesis
突然変異　mutation
進化　evolution

1 メンデルによる遺伝の考え方

　遺伝学の父と呼ばれるメンデル（1822～1884）は，オーストリア（現在のチェコ共和国），ブルノの修道院で司祭を務めていました（図6-1）．ちょうど日本では大塩平八郎の乱（1837）が起こりやがて明治維新というころでした．彼が司祭になる前に，教員採用試験に2度も落ちたことや，苦手科目が生物学であったことはほとんど知られていません．また，どちらかというと，彼は天文学や統計学のほうに興味があったようです．このように数字に強い彼だからこそ，エンドウの種子を丁寧に数え上げ，それぞれの形質を比に分けるという発想が生まれたのでしょう．

1 エンドウという植物

(1) 植物としての特徴

　エンドウは種子植物，双子葉類マメ科の一～二年草です．花の色は白色または赤紫色．5つの花弁，10本のおしべ，1本のめしべからなります（図6-2）．本州以南では秋に種子をまき，花期は翌年の4～5月ごろ，採種は花期以降～夏いっぱい行われます（図6-3）．白花のものは，サヤが若いうちに収穫してサヤエンドウとして

図6-1　メンデル（G. J. Mendel）

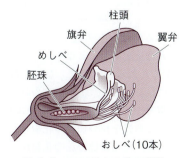

図6-2　エンドウの花の構造

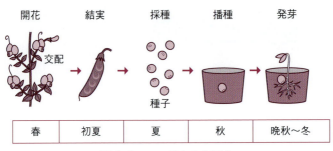

図 6-3　エンドウの生活史

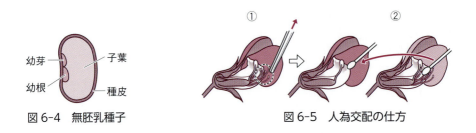

図 6-4　無胚乳種子　　　　図 6-5　人為交配の仕方

食用に使われ，発達した種子はグリーンピースとしてシュウマイの上などに乗っています．また，エンドウの種子は無胚乳種子といい，発芽に必要な養分は種子中の子葉という部分に蓄えられています（図6-4）．

(2) 実験材料としての長所

①生育期間が短い，②栽培しやすい，③対立形質が多く明瞭，④人為交雑も可能，といった長所がある中で，実験材料としては「自然の状態でも自家受精する」ということが特徴といえます．自家受精とは同一個体の配偶子どうしが受精することで，エンドウの場合には，花弁が開く前にやくの中の花粉がめしべと受粉し，その後，精核と卵核とが胚嚢中で受精します．したがってエンドウを用いた遺伝の実験では，まず優性劣性の純系どうしの親との間で人為交配し，子（F_1）である種子を作ります．次にF_2の種子を得るには，F_1の種子をまいたあとF_1どうしを人為交配することなく，ただ放っておけばF_2が作られるわけです．なお人為交配は次のように行われます．①つぼみの時期におしべを切り取り，自家受粉をさせないようにし，②目的とする形質を持つ個体の花粉を①のめしべの先につけ，最後に他の花の花粉がつかないように袋をかけておきます（図6-5）．

2 メンデルの実験

(1) エンドウとの出会い

当時，ブルノの修道院の司祭をしていたメンデルは，園芸の分野で流行っていた花色の変種を作る試みを，エンドウを用いて行ってみることにしました．彼は修道院の中庭に 7×35 m の実験園を作り，1856 年から約 7 年間にわたり 22 品種，355 回の人為交配を行い 12,980 株のエンドウの様々な形質を調べました．この研究の成果は 1865 年「植物雑種の研究」として学会で発表し，翌年には機関紙に論文として公表しましたが，当時の学者たちには見向きもされませんでした．これが後に**メンデルの法則**と呼ばれる研究報告なのです．彼は，このときすでに 45 歳となり，修道院の院長にもなり，多忙のためか研究は以降，途絶えてしまうのです．彼の死後，16 年経った 1900 年にドフリース，コレンス，チェルマクの3人の遺伝学者によってメンデルの法則が再発見された話は有名です．メンデルの研究資料はすでに灰になって残されてはいませんでしたが，論文を発表していたことで，彼の功績が認められたわけです．

(2) メンデルの実験 – I
　　　　～ 一遺伝子雑種 ～

メンデルは，幾種類ものエンドウの種子を買

1. メンデルによる遺伝の考え方

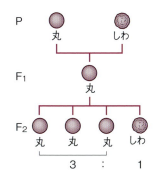

図6-6 エンドウの種子の形の遺伝

い集め，約2年を費やして22系統の**純系**[※1]種を選び出し，さらに，その中からはっきりした対立形質を持つ7対の系統を選んで**交雑**[※2]実験を行いました．まず，純系どうしの親（例えば，種子が丸形としわ形）を人為交配し子（F_1）の代に当たる種子を作り，この種子を育てて子の代の形質を調べました．なお，7つの対立形質のうち，①種子の形，②子葉の色，については形質が種子の段階で判別できますが，③種皮の色，④さやの形，⑤さやの色，⑥花の位置，⑦茎の高さ，については種子をまいてみないと判別できない形質です．孫の代（F_2）の形質を調べる際には，F_1をそのまま放置し自家受精を行わせました（図6-6, 7）．

(3) 優性の法則

図6-6 からもわかるように，優性で純系の親と劣性で純系の親をかけ合わせると，子（F_1）には，中間の形質は現れずに優性の形質だけが

💬 Column

丸い種子としわの種子

丸い種子としわのある種子はどうして生じるのでしょうか．優性の丸い種子はデンプンの含有量が多く，劣性のしわの種子はその含有量が少ないことがわかっています．しわの種子にはデンプンの代わりに糖が多く蓄積されており，乾燥すると水分が失われてしわになります．一方，丸い種子は水分が少なく乾燥してもしわにならないのです．遺伝子レベルで調べてみると，しわ形の個体には糖をデンプンに合成する酵素が欠損していることがわかりました．さらにしわ形の個体には，この酵素の発現を妨げるような遺伝子配列があることもわかってきました．

形質		種子でわかる形質		種子をまいて育ててわかる形質				
		種子の形	子葉の色	種皮の色	さやの形	さやの色	花のつき方	茎の長さ
P	優性	丸	黄	有色	ふくれ	緑	腋生	長い
P	劣性	しわ	緑	無色	くびれ	黄	頂生	短い
F_1		すべて丸	すべて黄	すべて有色	すべてふくれ	すべて緑	すべて腋生	すべて長い
F_2で現れた個体数	優性	5474	6022	705	882	428	651	787
F_2で現れた個体数	劣性	1850	2001	224	209	152	207	277
F_2の分離比（優性：劣性）		丸：しわ 2.95：1	黄：緑 3.01：1	有色：無色 3.15：1	ふくれ：くびれ 2.95：1	緑：黄 2.82：1	腋生：頂生 3.14：1	長：短 2.84：1

図6-7 メンデルが調べたエンドウの7つの対立形質と実験結果

※1：ある形質について遺伝的に均一な系統．いわゆる「血統証」付きの個体．自家受精を行うエンドウでは，畑の中より目的とする形質以外の個体を排除していけば純系が得られます．
※2：2個体間の配偶子どうしで受精が行われることを交配といい，特に遺伝子組成の異なる2個体間の交配を交雑といいます．

現れます．このような親どうしのかけ合わせで子（F_1）に現れる形質を**優性**，現れないほうの形質を**劣性**と呼び，F_1で優性の形質だけが現れることを**優性の法則**といいます．種子の形の場合は，デンプンを合成する酵素を作る遺伝子が発現して酵素が働くか否かで優性（丸）か，劣性（しわ）かが決まります（p.103コラム参照）．なお，「優性」「劣性」という用語は，その形質が「好ましい」「好ましくない」こと示すものではありません．例えば日本人の耳垢の形質は，大部分が「ドライ」タイプで「ウエット」に対しては劣性形質ですが，この形質は決して好ましくない形質ではありません．

(4) 分離の法則

図6-6のように，メンデルの実験で雑種第二代（F_2）は，優性の形質と劣性の形質はほぼ3：1の割合になります．メンデルは，この実験結果を説明するのに「個体は，一つの形質について，雌性の配偶子と雄性の配偶子に由来する1対の要素を持つ．この対になった要素は，個体で配偶子が作られるときに，分かれて別々の配偶子に入る」と考えました．これが**分離の法則**と呼ばれるものです．メンデルの考えた要素とは，現在の**遺伝子**であること，1対の要素とは1対の**対立遺伝子**[※1]であることがわかっています．したがって分離の法則とは，相同染色体[※2]にある対立遺伝子が，減数分裂によって生殖細胞（卵細胞や精細胞など）ができるときに，互いに分離して別々の配偶子に入ることを示します．これにいち早く気がついたのは，バッタの精巣を用いて染色体の観察をしていたアメリカのサットンです．図6-8でRは丸形の，rはしわ形の種子の遺伝子を示しており，RR，Rr，rrのような形質を支配する遺伝子の組み合わせを**遺伝子型**といい，遺伝子型によって表面に現れる形質を**表現型**といいます．

(5) メンデルの実験－II
～ 二遺伝子雑種 ～

メンデルは二遺伝子雑種についての実験も行いました．二遺伝子雑種とは，例えば図6-9のように，種子の形と色といった2つの形質について同時に調べていくものです．いずれにしても遺伝の交雑では，両親として優性のホモ[※3]個体と劣性のホモ個体を用いてF_1を作り，F_2はF_1どうしのかけ合わせ（自家受精）を行うことで得られます．純系の親を用いたり，F_2世代はF_1世代どうしをかけ合わせるので，産卵数の少ない動物では実験が難しいわけです．では，二遺伝子雑種の実験について細かく分析してみましょう．表現型が［丸・黄］と［しわ・

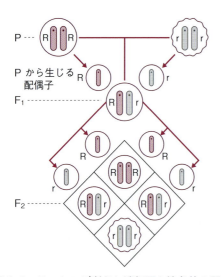

図6-8 サットンが考えた遺伝子と染色体の関係

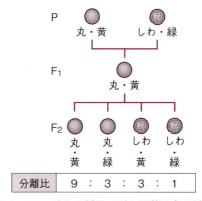

図6-9 エンドウの種子の形と子葉の色の遺伝（二遺伝子雑種）

※1：種子が丸型，しわ型のように対立する形質の遺伝子．
※2：染色体のうち同型同大の1組の染色体．一方は母方に，他方は父方に由来します．
※3：例えば遺伝子型がRR，rr（RRYY，rryy）のように，同じ遺伝子の組み合わせの個体をホモ接合体といい，Rr（RrYy）のように異なる遺伝子の組み合わせの個体をヘテロ接合体といいます．

1. メンデルによる遺伝の考え方

緑]のそれぞれ純系の親どうしの交雑で生じたF_1は，すべて表現型が［丸・黄］になります．したがって，子葉の色については黄色が優性形質であることがわかります（先に種子の形については丸型が優性形質とわかっています）．次に，F_1どうしをかけ合わせF_2を作ったところ，［丸・黄］，［丸・緑］，［しわ・黄］，［しわ・緑］の各表現型の分離比が，およそ9：3：3：1になったというものです．さて，ここで重要なことは，これらの実験値を［丸］：［しわ］，［黄］：［緑］で整理すると，いずれも3：1の分離比になっていることです．したがって二遺伝子雑種は，一見複雑になったかのように見えますが，単に2種類の一遺伝子雑種を組み合わせて考えただけなのです．

(6) 独立の法則

先のメンデルの二遺伝子雑種の実験結果を，染色体に含まれる遺伝子で考えると図6-10のようになります．種子の形を決める遺伝子をR（丸），r（しわ）とし，子葉の色を決める遺伝子をY（黄），y（緑）とすると，親（P）であるRRYYとrryyの作る配偶子は，それぞれRYとryになり，遺伝子型がRrYyで表現型が［丸・黄］のF_1が作られます．次にこのF_1の配偶子は，互いに影響することなく独立してRY，Ry，rY，ryが1：1：1：1の比で作られ，それぞれが組み合わされ，F_2は図6-10のように理論的に［丸・黄］：［丸・緑］：［しわ・黄］：［しわ・緑］＝9：3：3：1に生じます．メンデルは，この理論値と実際の実験値が一致することを説明し，優性・分離に継ぐ第3番目の法則である**独立の法則**を提唱したのです．独立の法則とは「2組以上の対立形質があり，それぞれの遺伝子が別々の染色体にある場合，各対立遺伝子は干渉することなく互いに独立して配偶子に入る」ことをいいます．図6-10を例に簡単に説明すると，減数分裂において事故が生じない限り，配偶子の中でRrなど，子葉に関する遺伝子が含まれないものや，RrYやRだけのような配偶子は存在し得ないというものです．

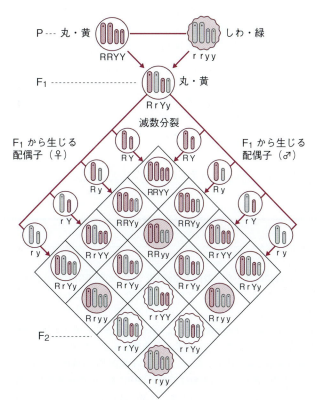

表現型の分離比　丸・黄：丸・緑：しわ・黄：しわ・緑＝9：3：3：1

図6-10　独立の法則

ヒトに関する遺伝現象

ヒトの場合，実験が困難であるために遺伝の経過を確かめるのは非常に難しくなります．外国の書籍の中で紹介されている様々なヒトの遺伝形質を実際に調査した結果によると，その記載と一致しない例がいくつもあります．したがって，ここでは教科書などでも紹介されている確かな遺伝形質を紹介します．なお，しばしば勘違いが生じるのですが，ヒトゲノム計画で明らかになったヒトの遺伝子は「遺伝子の総数と場所」であって，これらの遺伝子の発現の仕組みを突き止めたわけではありません．まず，このヒトゲノム計画について説明します．

1 ヒトの遺伝子解明

(1) ヒトゲノム計画

ヒトゲノム計画は日本の他，アメリカ，イギリス，フランス，ドイツの各国の協力により1991年に始まりました（表6-1）．日本が本格的に参加したのは1995年からで，理化学研究所ゲノム科学総合研究センター・慶應義塾大学医学部・東海大学医学部・国立遺伝学研究所の4機関が参加しました．日本は特に11番，21番，22番染色体のゲノム解読と高性能ヒトゲノム解析装置の技術分野で大きく貢献しました．そして2003年には，ヒトの30億塩基対のうち遺伝子領域部分の99％が解読され，2004年にイギリスの科学誌ネイチャーにヒトの遺伝子数は約22,000個（詳細は22,287個）と発表されました．

1999年ころには，ヒトの遺伝子数は3～4万個と予測していましたが，結果として大幅に減少したことになります．

このように遺伝子の数と位置が明らかになったのですが，これらの遺伝子の発現の仕組みについてはわからない部分が多くあります．その理由は，ヒトの遺伝形質には一遺伝子のみで発現するものが少なく，多くの形質はいくつかの遺伝子（多遺伝子）の相互作用によって発現すると考えられているからです．現在，一遺伝子で説明できるのは耳垢に関する形質とフェニルチオカルバミド（PTC）に対する反応です．ABO式血液型の遺伝は有名ですが，これも複対立遺伝子（A，B，Oの複数の遺伝子）といって多遺伝子による遺伝例です．

2 ヒトの遺伝形質

(1) 耳垢の遺伝

耳垢には湿性と乾性の2つのタイプがあることが知られており，湿性が優性形質で乾性が劣性形質です．日本人の大部分（70～80％）が乾性で，日本以外では中国や韓国など東北アジ

表6-1 ヒトゲノム計画の歴史

1991年	ヒトゲノム計画開始
1999年	22番染色体の解読終了（英・日）
2000年	21番染色体の解読終了（日本）
2003年	ヒトゲノム解読完了宣言
2004年	遺伝子数は約22,000個と発表

Column

検定交雑

エンドウの種子で表現型は丸いが，遺伝子型がRRかRrかが不明のものがあった場合，どうしたら遺伝子型を決めることができるでしょうか．このような場合，表現型はわかっていて遺伝子型が不明の個体と劣性ホモの個体とをかけ合わせ，生じた子（F₁）の表現型の分離比を調べることから不明な遺伝子型を推定することができます．この方法を**検定交雑**といいます．もし，遺伝子型がRRの個体ならば，この個体としわの種子を作る個体（遺伝子型rr）とを人為交雑してできた子（F₁）は，遺伝子型がRrとなってすべて丸い種子を作る個体となるはずです．一方，遺伝子型がRrの個体であれば，Rr×rrの結果，子（F₁）は丸形：しわ形が1：1の分離比に生じるわけです．同様にあなたの血液型がA型とわかっていても遺伝子型がAAなのかAOなのかがわからないとき，O型（遺伝子型OO）の人との間に一人でもO型の子が産まれれば，あなたの血液型の遺伝子型はAOと判明するのです．

2. ヒトに関する遺伝現象

ア諸国の人に多く（80％以上），一部の北アメリカと南アメリカの先住民族にも認められています．また，ヨーロッパ人やアメリカ人など多くの民族が湿性であることから，耳垢についてヒトはもともと湿性であったと考えられ，一部の乾性の耳垢を持った民族がアジアなどに広がっていったと考えられています．

この耳垢の遺伝子は一遺伝子による遺伝で，図6-11のようなパターンで遺伝します．なお，この図では湿性の耳垢の遺伝子をW，乾性の耳垢の遺伝子をwとしています．

乾性の耳垢については，2006年に16番染色体に存在する1つの遺伝子の変異によって生じることが判明しました．つまり図6-11のw遺伝子は，W遺伝子の一部が変化した遺伝子で，この遺伝子を2つ（ホモに）持ったヒトが劣性の乾性の耳垢になることがわかりました．しかし，この遺伝子が作るタンパク質の働きや，どうして耳垢が湿性になるのかといったメカニズムはまだわかっていません．

(2) PTCの感受性

PTCという薬品に対して苦味を感じない人がいます．日本人では約10％いるといわれています．これも1つの遺伝子による遺伝として説明されています．PTC受容体遺伝子（TAS2R）の位置も突き止められており，この遺伝子が変異したものをホモに持った場合に苦味を感じないと考えられています．今日，PTCには発がん性の可能性があるため教育機関では使えなくなりました．また，PTC試験紙の販売も行われておりません．

(3) ABO式血液型

ヒトのABO式血液型は，3つの遺伝子による遺伝（複対立遺伝子）として広く知られています．その遺伝パターンは表6-2のようになり，この表からもわかるようにABOの各遺伝子の優劣関係はA＝B＞Oになります．ただし，O遺伝子があるのではなく，これはA，B両方の遺伝子を持たない場合に相当します．つまり，A型はA抗原を発現する遺伝子を，B型はB抗原を，AB型は両方の抗原を発現する遺伝子を持っていることになります（図6-12）．O型の赤血球にはA・B両方の抗原がなく，それぞれの抗体のみが血漿中にあります．このようなABO式血液型の遺伝子は，9番染色体に存在することが知られています．なお抗原と抗体の存在様式より，例えばO型の人は少量であれば誰にでも輸血ができるとされていましたが，現在ではO型はO型どうしで輸血を行っています（他の血液型の場合も同じ）．

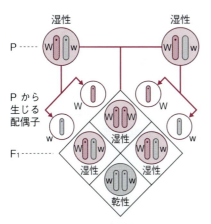

図6-11 耳垢の遺伝子

表6-2 ABO式血液型の表現型と遺伝子型

母＼父	血液型	A型		B型		AB型	O型
血液型	遺伝子型	AA	AO	BB	BO	AB	OO
A型	AA	A	A	AB	A,AB	A,AB	A
	AO	A	A,O	AB,B	A,B,AB,O	A,B,AB	A,O
B型	BB	AB	B,AB	B	B	B,AB	B
	BO	A,AB	A,B,AB,O	B	B,O	A,B,AB	B,O
AB型	AB	A,AB	A,B,AB	B,AB	A,B,AB	A,B,AB	A,B
O型	OO	A	A,O	B	B,O	A,B	O

3 遺伝形質の現れ方の違い

(1) 伴性遺伝

伴性遺伝とは，性染色体のX染色体上の遺伝子による遺伝をいいます．ヒトの場合は，性染色体は男性がヘテロのXY型なので，X染色体に劣性の遺伝子があれば，即，発現するので男性に多く出現します．女性の場合には，2つあるX染色体のそれぞれに劣性の遺伝子が含まれる場合（ホモ）に形質が現れますが，ヘテロの場合には潜在（保因）性となって形質は現れません．

(2) ヒトの伴性遺伝の例

a. 赤緑色覚異常

視細胞のうち赤と緑を感じる錐体細胞に何らかの異変が生じて，赤と緑の色の見分けがつきにくくなる症状です．この症状は，X染色体上の劣性の遺伝子によって発現することが知られています．日本人では，男性の出現頻度が6～7％，女性の頻度は1％以内と見積もられています．

b. 血友病

血液凝固に関係する因子が生まれつきないため，フィブリンを合成するための酵素（トロンビン）ができないか，その生成に非常に時間がかかる病気です．男性の場合，多くは歩行を開始する年代までに体内で出血して亡くなってしまうことがほとんどです．また，女性の場合も，この遺伝子をホモに持った場合は，ほとんどが出生せずに亡くなってしまいます．仮に潜在性の母親の場合には，その子供の男子に2分の1の確率で，この病気が現れることになります．イギリスのビクトリア女王は，この潜在性の保因者であったことから，3世代にわたって多くの男子が発病し亡くなっています（図6-13）．

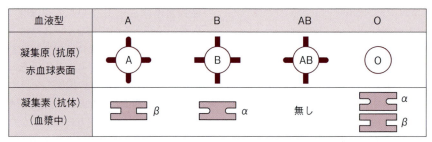

図6-12 赤血球表面の凝集原と血漿中の凝集素の有無
A + α・B + βで凝集が起こります．

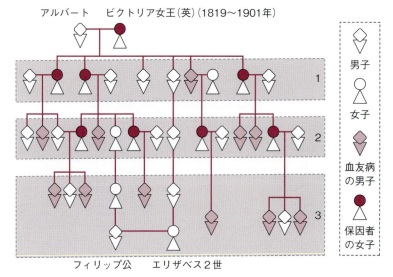

図6-13 ヨーロッパ王室に見られる血友病

3 遺伝子の本体・DNAの構造

1900年、メンデルの法則が再発見されてから、遺伝学の研究は急速に進展しました。メンデルが要素と呼んだものは**遺伝子**と呼ばれるようになり、1930年ごろになると、その遺伝子の本体は核酸かタンパク質かという論争が繰り広げられました。当時は、たった4つの塩基と糖とリン酸からなる単純な構造の核酸よりも、アミノ酸の種類も多く多様な構造を持つタンパク質のほうが遺伝子としてふさわしいと考えられていました。まず、遺伝子の正体が核酸（DNA）であることが確かめられた経緯について述べていくことにしましょう。

1 核酸（DNA）が遺伝子である証拠

(1) グリフィスの実験と形質転換

1928年、イギリスのグリフィスは、肺炎レンサ球菌が形質転換することを見出し、さらにこの実験を通して熱に弱いタンパク質は遺伝子の可能性が低いことを示しました。

グリフィスは、2種類の肺炎レンサ球菌を用いて表6-3のような実験を行いました。この実験で注目すべきは、加熱して死んだはずのS型菌と生きたR型菌を混ぜて注射したときに、ネズミは死に、体内よりわずかにS型菌が検出されていることです。いったいこのS型菌はどこから来たのでしょう。グリフィスは、このS型菌が外部より侵入したとは考えにくいので、R型菌の一部がS型菌になったと考えました。

つまり、R型菌にはなかった「鞘を作る」という遺伝子が新たにR型菌内に生じたと考えました。この現象は**形質転換**※と呼ばれ、この現象を引き起こした物質こそが遺伝子で、死んだS型菌の中にあったと考えるのが妥当です。多糖類でできた鞘やタンパク質は加熱により分解されているはずなので、熱に弱いタンパク質は遺伝子としての可能性を失ったといえます。しかし、この実験では熱に強い物質（DNA）が遺伝子であるとは、確認していないのです（図6-14）。

(2) アベリー（エイブリー）らの実験

1944年、アメリカのアベリーらは、肺炎レンサ球菌を用いて形質転換を引き起こす物質がDNAであることを特定しました。その実験方法は、まずS型菌を熱処理し、その抽出液を様々な分解酵素で処理したものをR型菌と混ぜ、このR型菌を培養した結果、S型菌が生じるか否かを調べたものです（表6-4）。その結果、S型菌抽出液にDNA分解酵素以外の酵素を加えた場合には、R型菌のコロニーの一部にS型菌

表6-3 グリフィスの実験結果

ネズミに注射した肺炎連鎖球菌	ネズミの生死	検出された生菌
生きたR型菌	生きていた	R型菌
生きたS型菌	死んだ	S型菌
加熱したS型菌	生きていた	なし
加熱したS型菌＋生きたR型菌	死んだ	R型菌の中にわずかにS型菌を確認

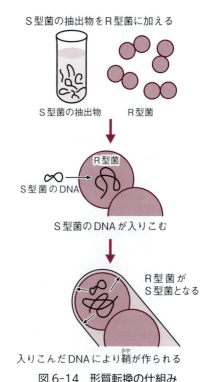

図6-14 形質転換の仕組み

※：形質転換とは、ある細菌に他の系統の細菌のDNAを加えることにより、新たな形質が導入され発現することをいいます。その過程には①DNAが細胞内に取り込まれること、②取り込まれたDNAから遺伝情報が発現されることが必要です。

が生じましたが，DNA分解酵素を加えたときのみ，形質転換は起こらなかったのです．つまり，S型菌抽出液中のDNAを分解しておけばR型菌と混ぜても形質転換が起こらないことがわかり，DNAが遺伝子の本体であることが初めて示唆されたのです．それでも，DNA中に微量に含まれるタンパク質が遺伝子ではないかとする疑いは完全には晴れなかったのです（表6-4）．

(3) ハーシーとチェイスの実験

1952年，アメリカのハーシーとチェイスらは，DNAが遺伝子であることを示す決定的な実験を行いました．1913年，細菌（バクテリア）に感染して殺してしまうバクテリオファージ（バクテリアを食べてしまうという意味）というウイルスが発見されました．このウイルスはT2ファージとも呼ばれ，その体はタンパク質の外殻と，DNAだけからできています（図6-15）．

さて，DNAとタンパク質両分子を構成している元素を比較してみると，DNAが主にC, H, O, N, Pからなり，タンパク質はC, H, O, N, Sからなることがわかります．ハーシーとチェイスはこの構成元素の違いに着目し，DNAにしか含まれないP（リン）とタンパク質にしか含まれないS（硫黄）を利用してDNAやタンパク質をラベル（標識）する技術を用いて，大腸菌に感染した親ファージのDNAやタンパク質をラベルしておいて，子供のファージが産まれる際に，どちらが子に受け継がれているかを調べたのです．この実験の意味は，親から子に

表6-4 形質転換の有無

R型菌に加えたもの	形質転換の有無
S型菌抽出液	有
S型菌抽出液 + タンパク質分解酵素	有
S型菌抽出液 + 多糖類分解酵素	有
S型菌抽出液 + RNA分解酵素	有
S型菌抽出液 + DNA分解酵素	無

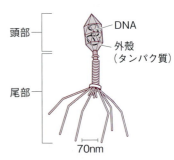

図6-15 バクテリオ(T2)ファージの構造

> **Column**
>
> **肺炎レンサ球菌（旧 肺炎双球菌）**
>
> グラム陽性，1個体の大きさは0.5～1.0μm．肺炎を引き起こします．健常者においても鼻の粘膜などに見られることもあります．図6-16のように，通常，2個体が1組になった双球菌の形態をとります．肺炎になるのは周囲に多糖類の鞘（莢膜）を持つS型菌（smooth：「滑らか」の意味で，培養したときのコロニー全体の形が滑らかであることに由来します）で，鞘を持たないR型菌（rough：「粗い」の意味で，培養したときのコロニー全体の形がざらざらしていることに由来します）は非病原性です．このように培養したときのコロニーの形から増殖した菌種がわかるので，顕微鏡を使わずに結果が判断できます．鞘のないR型菌が非病原性なのは，動物体内の白血球に食べられてしまうからです．S型菌は鞘のおかげで白血球に食べられず増殖を続け毒素を分泌して肺炎を引き起こすのです．
>
>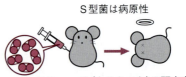
>
> Sはsmooth（なめらかな）の頭文字
>
>
>
> Rはrough（粗い）の頭文字
>
> 図6-16 肺炎レンサ球菌（S型菌とR型菌）

受け継がれる物質が何であるかを分子レベルで結論付けることができるので，DNAかタンパク質のどちらか一方の物質のみが子に受け継がれた場合には，遺伝子の本体を疑ったこれまでの論争に終止符を打つことができるのです．では，どのように分子をラベル（標識）するのかを説明しましょう．

a. 実験の方法と結果

はじめにファージを大腸菌に感染させます．この大腸菌を ^{32}P か ^{35}S のどちらか一方の放射性同位体※を含む培地で培養してDNAおよびタンパク質のみをラベルした親ファージを作ります．次に，この親ファージを図6-17のように大腸菌に感染させて放射性同位体を追跡します．

ハーシーとチェイスは，大腸菌の表面に付着した親ファージをどう取り除いたらよいか迷いましたが，台所にあった料理用ミキサー（ブレンダー）で撹拌したところ，うまく分離したという話が残っています．

では，結果を詳しく説明しましょう．親ファージのタンパク質を ^{35}S でラベルした場合，大腸菌を含む沈殿中には，全く ^{35}S を検出することができず，ほとんどの ^{35}S は上澄み中から検出されました．一方，親ファージDNAを ^{32}P でラベルした場合，大部分の ^{32}P は大腸菌を含む沈殿中に見出され，ほんのわずかの ^{32}P が上澄み中から検出されました．これは，一部の親ファージが上澄み中に残り，ラベルされたDNAが大腸菌の中に入ったと考えられます．

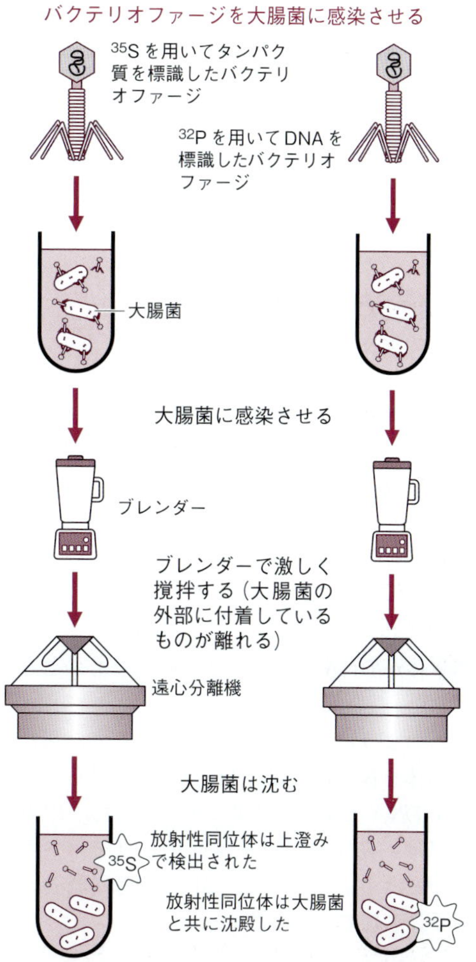

b. 実験の考察

実験結果より，親ファージのDNAのみが大腸菌中の子ファージに受け継がれることがわかります．つまり，図6-18のように大腸菌に付着した親ファージは， ^{32}P によってラベルされたDNAのみを大腸菌内に挿入させ，外部のタンパク質の殻は大腸菌の周囲に取り残されているものと考えられます．DNAを挿入したファージの外殻は，ミキサーの撹拌により剥がれ落ちます．そして軽いファージの残骸は上澄み中に， ^{32}P でラベルされたDNAを含む重い大腸菌が

バクテリオファージを大腸菌に感染させる

図6-17 ハーシーとチェイスの実験

遠沈管の底に沈んだのです．

挿入されたファージのDNAは大腸菌内で発現し，大腸菌内外の材料を使って数百の子ファージを作り出します．その際，ファージのDNAは複製されて子ファージ内に収まり，タンパク質でできた外殻もファージDNAによって合成されます．

1940年代の後半になると，微小重量（pg：ピコグラム $= 10^{-12}$ g）を測定できる技術が開発され，生殖細胞中のDNA量がおおむね体細胞中の半量であるという結果が示され，遺伝子

※：化学的性質が同じで，質量だけが違う原子を**同位体**といいます．例えば，天然水中にわずかに含まれる陽子1個と中性子1個の結合した重水素（^2H）が，通常に見られる水素（^1H）の同位体です．また，ウランのように原子核より放射線を出している元素は**放射性元素**と呼ばれます．この実験で扱われるP（安定型：^{31}P）やS（安定型：^{32}S）の他にもC（炭素：安定型 ^{12}C）などには同位体（それぞれ ^{32}P, ^{35}S, ^{14}C）があり，さらにこれらの同位体は放射線を出す性質もあるので**放射性同位体**といいます．放射性同位体は，生物体内での物質の追跡を行う実験や治療などに用いられています．

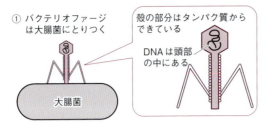
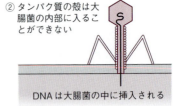
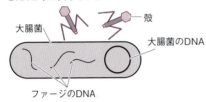

図 6-18　実験の考察

の本体が DNA であることが確実なものとなりました．

このように 1930 年初頭より始まった遺伝子の本体を探る研究は，わずか 20 年足らずで答えを DNA と見出す結果に至りました．1950 年以降は，高分解能の X 線回折写真を用いることができるようになり，DNA の分子構造が明らかにされていくのです．

2 DNA の構造

(1) DNA の構成成分

デオキシリボ核酸 deoxyribonucleic acid (DNA) が遺伝子の本体であることが証明されると，研究対象は DNA の分子レベルの構造解明へと移っていきました．すでに DNA の構成単位はヌクレオチドと呼ばれ，リン酸・糖（デオキシリボース）・塩基からなることがわかっていました．また，塩基には 4 種類あり，プリン塩基としてアデニン（A）とグアニン（G）が，ピリミジン塩基としてチミン（T）とシトシン（C）があり，例えば，塩基にアデニンを持つヌクレオチドをアデニンヌクレオチドといいます．

(2) DNA の構造解明

1949 年，コロンビア大学で核酸の研究をしていたシャルガフは，いろいろな生物の細胞に含まれる 4 種類のヌクレオチドの含有量を調べたところ，アデニンとチミン，グアニンとシト

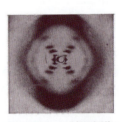

図 6-19　X 線回折像

図 6-20　クリック（左）とワトソン（右）

シンの量が等しいことを発見しました．これはシャルガフの経験則と呼ばれています．また，1952 年頃にはウィルキンズ（男性）とフランクリン（女性）による DNA 結晶の X 線回折により，DNA 分子が等間隔のらせん形であることがわかりました（図 6-19）．

(3) 二重らせん double helix の発見

クリック（英）とワトソン（米）は，DNA の二重らせんモデルを 1953 年 4 月 25 日付，イギリスの科学誌『ネイチャー』に発表しました．2 人は，ウィルキンズと共に，1962 年にノーベル生理学・医学賞を受賞しました（図 6-20）．

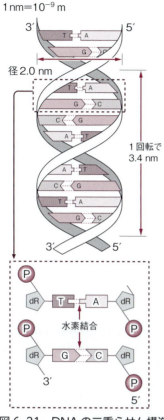

図 6-21　DNA の二重らせん構造

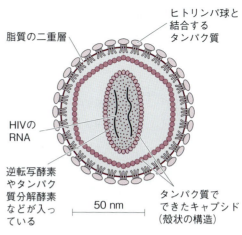

図 6-22　HIV の構造

二重らせん構造の特徴として，①２本のDNA 鎖が互いに逆向きに並ぶ．②10 塩基で1回転（3.4 nm）の右巻き二重らせん（左巻きも発見されている）．らせんの幅は 2.0 nm．③リン酸と糖（デオキシリボース）の基本鎖の内側に塩基どうしが水素結合により連結している．④塩基対は，必ずアデニンとチミン，グアニンとシトシンが，それぞれ２ヵ所と３ヵ所の水素結合で結合する．

このように結合の相手が決まっていることを**相補性**といいます（図 6-21）．

4 遺伝子の存在様式

1 原核生物の遺伝子

(1) ウイルスの遺伝子

ウイルスの構造は比較的単純で，核酸とタンパク質からなるものが多いです．核酸としてはDNA の他にリボ核酸 ribonucleic acid（RNA）が遺伝情報を担うウイルスもいます．このように太古の地球より生存しているウイルスが遺伝子として RNA を持ち，RNA から DNA を複製してアミノ酸を合成していること．また，RNA 自体にも触媒作用（リボザイム）があることがわかり，遺伝物質として地球上に最初に現れたのは RNA ではないかとする「RNA ワールド」の存在が認められつつあります．

さて具体的に，ウイルスの大きさは，10 〜数 nm と小さいがゆえに，DNA であれ RNA であれ，含まれる遺伝情報の量は少なくなります．ちなみに，１本鎖の RNA ウイルス（大腸菌ファージ R17）の塩基数は 3,000 程度で，２本鎖の DNA ウイルス（大腸菌ファージ T4）でも塩基対の数は 16 万程度です．これらのDNA や RNA は直鎖状や環状であったりします．DNA ウイルスにはヘルペスウイルス，レオウイルスなど，RNA ウイルスにはレトロウイルス（HIV など．図 6-22）やコロナウイルス（SARS ウイルスなど）の仲間がいます．

(2) 細菌の遺伝子

細菌の種類には，その形から球菌・桿菌・ラセン菌・多形態性菌があり，大きさは 1 〜 10 μm ほどです．DNA は環状２本鎖 DNA ですが，この他にもプラスミドと呼ばれる小さな環状のDNA がいくつか含まれています．大腸菌が分裂する際には，それぞれの環状 DNA は複製され新個体に入ります（図 6-23）．大腸菌や枯草菌など実験で広く用いられてきた細菌の DNA の塩基配列はすべて解明されており，インターネットでも公開されています（図 6-24）．

(3) プラスミド plasmid

プラスミドとは，細菌内にあって，その細菌の生命活動とは無関係な遺伝子を含み，細胞自体の DNA とは独立に増殖することができる環状の DNA のことです．このプラスミドには遺伝子を運ぶ働き（これを**ベクター**という）があるので，プラスミドに有益な遺伝子を組み換えて（挿入して），これを大腸菌に取り込ませ増殖させることによって，例えばインスリンのような物質を大量に作ることができます．大腸菌は 1 日で数億個体以上にも殖えるので目的とする DNA もプラスミドと共に膨大に増えているはずです．

このようにベクターを使って特定の DNA を増やすことを**クローニング**といいます．

2 真核生物の DNA

真核生物は，核膜に包まれた核を持ち DNA は細い染色体となって核内に散在しています．かつて DNA の凝集の程度によって染色質・染色糸・染色体という用語を使い分けていましたが，現在，高等学校生物の教科書では染色糸という用語は使われず，分裂期に入って次第に凝集した状態を「細い染色体」～「染色体」と呼んでいます．

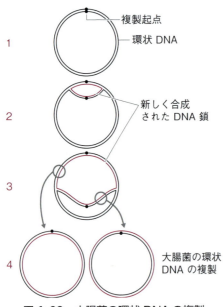

図 6-23　大腸菌の環状 DNA の複製

```
E.coli ATP synthase delta chain [EC:3.6.3.14]
AASEQ 177
MSEFITVARPYAKAAFDFAVEHQSVERWQDMLAFAAEVTKNEQMAELLSG    1-50
ALAPETLAESFIAVCGEQLDENGQNLIRVMAENGRLNALPDVLEQFIHLR   51-100
AVSEATAEVDVISAAALSEQQLAKISAAMEKRLSRKVKLNCKIDKSVMAG  101-150
VIIRAGDMVIDGSVRGRLERLADVLQS                         151-177
NTSEQ 534
atgtctgaatttattacggtagctcgcccctacgccaaagcagcttttga    1-50
ctttgccgtcgaacaccaaagtgtagaacgctggcaggacatgctggcgt   51-100
ttgccgccgaggtaaccaaaaacgaacaaatggcagagcttctctctggc  101-150
gcgcttgcgccagaaacgctcgccgagtcgtttatcgcagtttgtggtga  151-200
gcaactggacgaaaacggtcagaacctgattcgggttatggctgaaaatg  201-250
gtcgtcttaacgcgctcccggatgttctggagcagtttattcacctgcgt  251-300
gccgtgagtgaggctaccgctgagtagacgtcatttccgctgccgcact   301-350
gagtgaacaacagctcgcgaaaatttctgctgcgatggaaaaacgtctgt  351-400
cacgcaaagttaagctgaattgcaaaatcgataagtctgtaatggcaggc  401-450
gttatcatccgagcgggtgatatggtcattgatggcagcgtacgcggtcg  451-500
tcttgagcgccttgcagacgtcttgcagtcttaa                  501-534
```

図 6-24　インターネットで公開されているデータベースより得られる大腸菌（*E.coli*）の遺伝子に関するデータの一例

ATP 合成酵素デルタ鎖のアミノ酸配列（AASEQ）と遺伝子塩基配列（NTSEQ）．177 と 534 の数値はそれぞれアミノ酸残基数とヌクレオチド数（塩基数）を示しています．アミノ酸残基記号および EC については それぞれ p. 56, p. 81 を参照のこと．

4. 遺伝子の存在様式

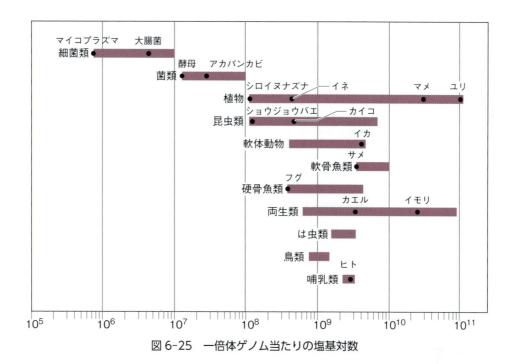

図6-25　一倍体ゲノム当たりの塩基対数

真核生物のヒトのDNA量は細菌（原核生物）のそれと比べると10,000倍もあります．しかし，DNA量を比較するだけで，生物の複雑さ，進化の程度を推測することはできません．ヒトのDNA量より数百倍も多く持っている生物もあるからです（図6-25）．特に真核生物のDNAには，遺伝子とは無関係な部分（イントロンや繰り返し部分など）が多く含まれる場合があります．それにしてもヒトの体細胞1個に含まれるDNAを全部つなげると約2mにもなるといわれています．鎖の直径が2nmで細いとはいえ，これほど長いDNAを核内に納めるには何らかの仕組みがあるはずです．

間期の核内のDNAはヒストンと呼ばれる塩基性タンパク質粒子のまわりを1.75回左まわりに巻きついた構造になっています．この構造を**ヌクレオソーム**といいます．分裂期が近づくとヌクレオソームは試験管を洗うブラシの毛のようによじれ，回転しながら密になってきます．さらに，このヌクレオソームは折りたたまれて凝集して染色体を形成します．ヒトの場合，このようにして約2mもあるDNAは46本の染色体中に凝縮されるのです．

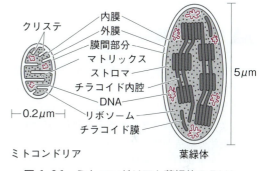

図6-26　ミトコンドリアと葉緑体のDNA

3 ミトコンドリアと葉緑体のDNA

遺伝子の存在様式を考える場合，細胞小器官内のDNAを忘れることはできません．今から約20億年前に好気性の細菌が，その数億年後，光合成細菌が細胞内に共生してミトコンドリアと葉緑体になったと考えられています（**マーグリスの共生説**）．その証拠にこれらの細胞小器官内には，独自のDNAが含まれており，細胞内で分裂して増殖することが可能です（図6-26）．なお，これらの細胞小器官は生殖細胞形成時には卵細胞内の細胞質基質中に含まれ，精子や精細胞に含まれていたものは受精の際の両核癒合前に破壊されるので，受け継がれ方は**母系遺伝**

をします．つまり，私たちヒトのミトコンドリアも母方由来なのです．このようにしてミトコンドリアDNAの塩基配列を調べて，ヒトの起源をたどった場合，行き着く祖先がいまから約20万年前にアフリカにいた**ミトコンドリア・イヴ**と呼ばれる女性で，ヒトの生誕地がアフリカであるとする**アフリカ起源説**を支持する根拠ともなっています．

葉緑体とミトコンドリアのDNAは細菌のDNAのように環状です．また，高等植物の葉緑体DNAの塩基対は $120 \sim 200 \times 10^3$ で全DNA量の0.01%，哺乳類のミトコンドリアDNAの塩基対は $16 \sim 19 \times 10^3$ で全DNA量の0.001%ほどです．このように一見，葉緑体DNAのほうが多くの遺伝子を含んでいるように見えますが，遺伝子以外の領域部分も多く含まれている可能性があります．それでも最も研究が進んでいる緑藻類や高等植物の葉緑体DNAでは，100以上もの遺伝子があることが確認されています．

5 DNAの複製

DNAは4種類のヌクレオチドがつながったポリマーですが，つながり方に重要な生体情報が盛り込まれています．したがって，DNAは何もない状態からヌクレオチドを無作為につなげて鎖状の構造が作られるのではなく，あらかじめ存在するDNAを鋳型として，ある決まった配列にヌクレオチドを並べて作られます．DNAの複製には，鋳型となるDNAや材料となる4種類のデオキシヌクレオチド（デオキシヌクレオシド三リン酸）の他に，DNAポリメラーゼをはじめとする，様々な酵素を必要とします．

1 DNAの半保存的複製

DNAの複製では，2本鎖DNAがほどけてできた1本鎖が，それぞれ鋳型となってDNA合成が行われます．鋳型DNA鎖の上に相補的なデオキシヌクレオチド（デオキシヌクレオシド三リン酸）が配列し，隣接するデオキシリボースが連結されます．この反応は**DNAポリメラーゼ**によって触媒され，デオキシリボースの3′OH基と5′リン酸基との間で連結されます

（図6-27）．こうして1組の2本鎖DNAから，全く同じ塩基配列を持った2本鎖DNAが2組できることになります．出来上がった2本鎖DNAでは，もともとあった鋳型DNAと新たに合成されたDNA鎖が相補的に向かい合って2本鎖を作ることから，DNAの複製は**半保存的複製**と呼ばれます（図6-28）．

2 DNA合成の方向

1本のDNA鎖の端はデオキシリボースの5′位と3′位で終わるため，それぞれ5′末端，3′末端と呼ばれます（図6-28）．相補的に向かい合って二重らせん構造をとる2本鎖DNAでは，向かい合った1本鎖DNAの向きが互いに逆向きになります．DNAポリメラーゼがDNA合成を行う方向には規則があり，デオキシリボースの3′位にあるOH基へデオキシリボースの5′位にあるリン酸基をつなげます．その結果，1本鎖DNAの合成方向を見ると，DNA合成は必ず鎖の5′末端から3′末端方向へ進むことになります（図6-29）．

DNAの複製が始まる位置は決まっていて**複製開始点**と呼ばれ，300塩基程度の特殊な塩基配列が存在します．**DNAヘリカーゼ**と呼ばれるタンパク質が働き複製開始点から二重らせん構造がほどかれて1本鎖になると，複製の進行と共にこの1本鎖状のDNA部分は左右に広がっていきます．高等動物のゲノムサイズは大きく，1本の染色体に含まれるDNAの平均サイズは5cmにもなります．この巨大なDNAを複製するために，高等動物では多数の複製開始点から同時にDNA複製を行います．ショウジョウバエでは1本の染色体に5,000以上もの複製開始点が存在することが知られています．

DNA合成の開始には，必ずDNAプライマーゼによって合成された鋳型に相補的なRNA断片が使われています．このRNA断片は**RNAプライマー**と呼ばれ，DNAポリメラーゼはこのRNAプライマーにデオキシヌクレオシド三リン酸をつなげていきます．DNAヘリカーゼで開いた1本鎖の部分では，向かい合う鎖は互いに5′-3′の向きは逆になっているため，向かい合う鎖の上ではDNAの合成方向も逆向きになります．DNAヘリカーゼにより1本鎖に開いていく向きとDNA合成の向きが一致する鎖

5. DNA の複製

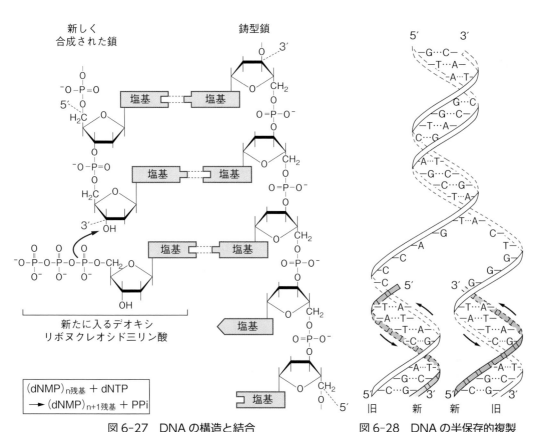

図 6-27　DNA の構造と結合
DNA の鎖には 5′末端と 3′末端という方向性があり，二重らせんを作る 1 本鎖は互いに逆向きに結合しています．デオキシリボースの 3′OH 基に，デオキシリボースの 5′位にあるリン酸基が結合するので，DNA 合成は 5′側から 3′方向へ進行します．

図 6-28　DNA の半保存的複製
DNA の複製では，二重らせんがほどけてできた 1 本の鎖（白い鎖）のそれぞれが鋳型となって，相補的な 1 本の鎖（色つきの鎖）ができます．新しくできた二重らせんの一方の鎖は鋳型となった古い鎖です．

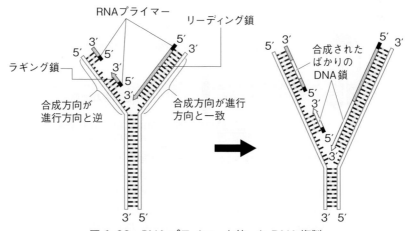

図 6-29　RNA プライマーを使った DNA 複製
DNA の複製では，二重らせんがほどける方向と DNA の合成の方向が一致しているリーディング鎖では，DNA 合成が連続して進み，一致していないラギング鎖では不連続に DNA 合成が行われます．
注：この図では RNA プライマーを実際よりは短かく描いています．

では（リーディング鎖と呼ばれる），DNA合成の伸長反応は途切れることなく進行しますが，反対側の鎖（ラギング鎖と呼ばれる）では，DNA合成の伸長方向とは逆向きに鋳型が広がっていくことになります．このためラギング鎖では，断続的に短いDNA断片が合成されます．この断片は発見者の岡崎令治博士にちなんで**岡崎フラグメント**と呼ばれます．岡崎フラグメントはDNAリガーゼの働きにより最終的には連続した1本鎖DNAに連結されます（図6-29）．

3 複製できないDNA領域

大腸菌ゲノムでは1,300 μmの長さのDNAが環状に配列しているため，複製開始点から複製が始まり，両方向に進んだ複製は開始点の反対側でつながり終了します．しかし真核生物の直鎖状のDNA複製では複製できないDNA領域があります．鋳型DNAの3′末端におけるラギング鎖では，鋳型の最も端に位置するRNAプライマーからDNA合成が行われるため，RNAプライマーを除去してできたギャップの5′側にはDNA鎖が存在しません．その結果，末端のRNAプライマーが除去されたあとは補充されずに短くなってしまいます．こうして直鎖状のDNAでは，DNAの複製が行われるたびに，両末端がRNAプライマーの長さの分だけ，短くなっていくことになります．真核生物の染色体の末端は**テロメア**と呼ばれ，同じ塩基配列が何百回も繰り返される特殊な領域があります（図6-30）．テロメアの領域では細胞分裂のたびにDNAが短くなるため，細胞分裂の回数を記録し細胞の寿命を決める時計[※]の役割を果たしていると考えられています．世代を超えて継続的な細胞分裂を行う生殖細胞では，テロメラーゼを使ってテロメアが短くなるのを防いでいます．テロメラーゼはタンパク質とRNAの複合体で，テロメアの反復配列に相補的な鋳型RNAを含んでいます．テロメラーゼが活性化している細胞では，RNAの鋳型を使ってテロメアDNAの3′末端に反復配列が付加されるため，テロメアを短くすることなくDNAの複製が行われます（図6-30）．

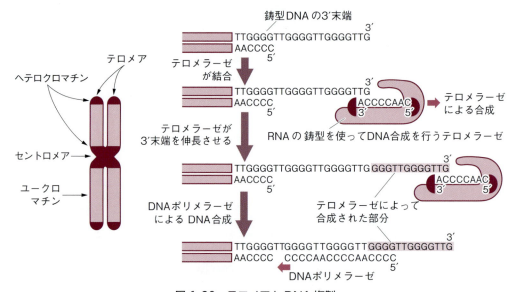

図6-30 テロメアとDNA複製
染色体の両端にはテロメアと呼ばれる染色性の異なる部分があります．この部分には同じ配列が何百回も繰り返されるDNAの末端があり，DNA複製が起こるたびにこの末端部分は完全には合成できずに短くなっていきます．しかしテロメラーゼが働くとRNA鋳型依存のDNA合成により元の長さまでDNA複製が行われます．

※：テロメアの部分は時間を計っているのではなく，あくまでも分裂回数を記録しているので，回数券やカウンターの役割をしているともいわれています．

転　写

DNAに記録されている遺伝情報をRNAへ写し取る過程は転写と呼ばれます．転写は**RNAポリメラーゼ**により鋳型DNAに相補的なRNA鎖が合成される反応ですが，RNA合成の開始位置を決めたり，合成されたRNAに修飾を施して成熟させる反応に様々な因子が関わっています．また，転写されるRNAには，タンパク質の情報を伝える**mRNA**（伝令RNA messenger RNA）の他に，タンパク質合成において重要な役割を果たす**rRNA**（リボソームRNA ribosome RNA）やアミノ酸を運ぶ**tRNA**（運搬RNA　transfer RNA）があります．

1 RNAポリメラーゼ

真核生物の細胞では，遺伝情報に基づいてタンパク質が作られるまでに，3種類のRNAが働いています．この3種類のRNAの合成に，それぞれ特異的に働くRNAポリメラーゼがあり，rRNAの合成には**RNAポリメラーゼI**が，mRNAの合成には**RNAポリメラーゼII**が，tRNAの合成には**RNAポリメラーゼIII**が働いています．

2 mRNAの合成

RNA合成を開始するためにRNAポリメラーゼが認識して結合するDNA部分は，**プロモーター**と呼ばれます．RNAポリメラーゼは様々な転写制御因子と共同して特定のプロモーター領域へ結合し，DNAの2本鎖を開いて1本鎖にします．RNAポリメラーゼはプロモーターにある**TATA配列**を認識してRNA合成を開始します．RNA合成においてもDNAの複製と同様に，1本鎖DNAを鋳型として相補的な塩基配列を持つRNA鎖が合成されますが，RNAの合成開始にはプライマーを必要としません．DNAの合成にはデオキシリボヌクレオシド三リン酸が使われるのに対して，RNAの合成にはリボヌクレオシド三リン酸が使われます．塩基の相補的な結合として，シトシン（C）に対してはDNAの場合と同様にグアニン（G）ですが，アデニン（A）に対してはチミン（T）ではなくてウラシル（U）が使われます．DNAの2本鎖のうち，RNA合成の鋳型となる鎖は必ずどちらか一方の鎖に限られています．mRNA合成の鋳型となる鎖を**アンチセンス鎖**（鋳型鎖）といい，もう一方を**センス鎖**（コード鎖）といいます（図6-31）．センス鎖上の塩基配列はmRNAと同じになります．2本鎖のうちのどちらの鎖をRNA合成の鋳型とするのかは遺伝子ごとに異なるので，鋳型となる鎖と合成されるRNAの向きは遺伝子ごとにランダムに並んでいます．RNAポリメラーゼは鋳型となるアンチセンス鎖上を移動しながらRNAを合成し，終止コドン（p.123）の先で鋳型DNAから離れ，合成したRNA鎖を分離します．

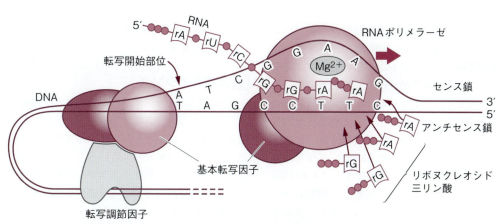

図6-31　転写と転写調節因子
基本転写因子と転写調節因子が転写を引き起こす遺伝子の上流に結合するとRNAポリメラーゼの働きにより，DNAのアンチセンス鎖に相補的なmRNAが合成されます．

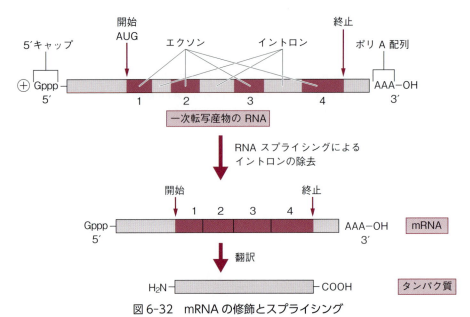

図 6-32　mRNA の修飾とスプライシング

転写された RNA の 5′ 末端では 5′ キャップの結合反応が起こり，3′ 末端ではポリ A 配列の付加反応が起こります．転写された RNA の塩基配列のうち，RNA スプライシングによってイントロン部分が取り除かれると，タンパク質をコードする mRNA が完成します．

3 mRNA の成熟

　DNA のアンチセンス鎖を鋳型として mRNA 合成が行われるため，できた mRNA は鋳型 DNA に相補的な塩基配列を持っているはずです．しかし細胞質中でタンパク質の合成に使われる mRNA は鋳型 DNA と必ずしも相補的にはなっていません．これは転写された RNA がそのままタンパク質の合成に使われるのではなく，様々な加工が施されるからです．すべての mRNA に共通して行われる加工として，RNA 鎖の両末端に特別な塩基を付加する修飾反応があります．5′ 末端のリン酸基には 5′ キャップとして 7-メチルグアノシンが結合します（図 6-32）．このキャップ部分はタンパク質合成において mRNA がリボソームに結合する際に使われると共に，RNA をエキソヌクレアーゼの分解から保護する役割を果たしています．3′ 末端にはアデノシン三リン酸（ATP）が繰り返し付加され**ポリ A 配列**ができます．この配列は完成した mRNA を核外へ運搬し，細胞質中で mRNA を安定に保つのに使われます．またポリ A 配列は tRNA や rRNA にはなく mRNA に特有の修飾で，リボソームが mRNA を識別するのに必要であると考えられています．

　DNA から写し取られたばかりの一次転写産物 RNA は mRNA より長い場合があります．これは一次転写産物の塩基配列中にタンパク質の翻訳に不必要な配列が含まれているからです．**イントロン**と呼ばれるこの不要な配列を除去する反応は**スプライシング**と呼ばれ，タンパク質をコードする**エクソン**部分だけがつながって，初めて mRNA が完成します（図 6-32）．RNA が mRNA に完成するまでの成熟過程を**プロセッシング**と呼び，核内でプロセッシングが完了した mRNA は核膜孔を経て選択的に細胞質中へ運ばれます．

4 スプライシング

　真核生物の場合，タンパク質のアミノ酸配列をコードする遺伝情報は DNA 上に連続して存在する訳ではありません．タンパク質の一次構造を決める塩基配列が，多いときでは数十個のエクソン部分に分かれ，エクソンの配列間をイントロンが分断しています．RNA ポリメラーゼが転写した RNA にはエクソンとイントロンが写し取られているため，一次転写産物はイントロンを含む長い鎖となっています．スプライシングによってイントロンが除去されるために

は，イントロンとエクソンの境目で RNA の切断と再結合が行われる必要があります．イントロンの両側には**スプライスシグナル**と呼ばれる特別な塩基配列があります．2つのスプライスシグナルが重なると，この部分で切断と再結合が起こり，イントロンが除去されます．この反応は RNA 自身の作用により進行し，特別なタンパク質は関与しません．一つのイントロンの両側にあるスプライスシグナルの間でスプライシングが起こるとは限らず，離れたイントロンのスプライスシグナル間でスプライシングが起こる場合もあります．一次転写産物の中で選択的に複数の組み合わせのスプライシングが起こる場合は**選択的 RNA スプライシング**と呼ばれます．このスプライシングでは一つの遺伝子からアミノ酸配列の異なる複数のタンパク質が合成されることになります．

5 その他の RNA 合成

タンパク質合成の場所となるリボソームは大小2つのサブユニットから構成され，小さなサブユニットは tRNA と mRNA を正確に対応させる場であり，大きなサブユニットはアミノ酸間にペプチド結合を形成する場として働きます．それぞれのサブユニットはタンパク質と rRNA の複合体であり，真核生物の大きなサブユニットには **28SrRNA** が，小さなサブユニットには **18SrRNA** が含まれています※．RNA ポリメラーゼによって転写された直後の rRNA は 45S の前駆体 RNA ですが，プロセッシングにより 28S，18S，5.8S の3種類の RNA に切断されます．5.8SRNA は大きなサブユニットに組み込まれます．遺伝子は1ゲノム当たり1つずつ存在するのが普通ですが，rRNA では多数の遺伝子が存在し，複数の染色体上に集団をなして分布しています．通常の遺伝子では，1つの mRNA が何回も翻訳されて多数のタンパク質を作ることができます．これに対して rRNA はリボソームの構成成分で，1つのリボソームを作るのに1つずつ RNA が使われるため，多数の rRNA が必要となります．多数の rRNA 遺伝子が存在するのはこのためであり，ヒトでは

ゲノム当たり 200 個の rRNA 遺伝子が存在します．rRNA 遺伝子は複数の染色体に分かれて存在しますが，核内では1ヵ所に集まって絶えず転写を繰り返しており，RNA ポリメラーゼと rRNA 遺伝子および転写された rRNA が大きな塊となって，核小体を形づくっています．

タンパク質合成において特定のアミノ酸を運搬する tRNA は，RNA ポリメラーゼⅢによって転写されます．rRNA と異なり，転写されてできた tRNA はタンパク質とは複合体を作らず，単独でアミノ酸の運搬を行います．tRNA には 40 種類以上の分子が知られており，20 種類あるアミノ酸のそれぞれに対応する tRNA が少なくとも1種類ずつ存在します．転写された tRNA は塩基配列の特性によって独自で折れ曲がり，クローバー型の構造に変形します（図 6-33）．クローバーの中央の葉に相当するループには，運搬するアミノ酸の種類に対応する3種類の塩基が配列しています．この部分は mRNA 上のコドンと相補的な結合を行うことから，**アンチコドン**と呼ばれます．クローバーの枝に相当する部分には tRNA の 3′ 末端が突出しており，この部分に tRNA に特異的なアミノ酸がカルボキシ基の部分で結合します．この結合反応には特別な酵素タンパク質が必要であり，**アミノアシル tRNA 合成酵素**と呼ばれる酵素が，20 種類のアミノ酸に対応して 20 種類存在します．この酵素はアミノ酸と tRNA の種類を識別し，特異的なアミノ酸を tRNA の 3′ 末端に結合する反応を触媒します．アミノ酸と特異的に結合した tRNA が，アンチコドンと相補的な配列を持つ mRNA 上に連続して並ぶ結果，mRNA 上の遺伝情報はアミノ酸配列へと翻訳されるわけです．

7 翻 訳

ゲノムに書き込まれている遺伝情報は，DNA 上からいったん，mRNA へ写し取られます．mRNA 上にはタンパク質を構成するためのアミノ酸の配列情報が写し取られているため，この情報に従ってアミノ酸を並べて結合す

※：S はズベドベリ（Svedberg＝スウェーデンの化学者の名前から）単位を示します．沈降計数の単位で，数字が大きいものほど分子が大きいことを示します．

Chapter 6 生命の設計図・遺伝子の複製と発現

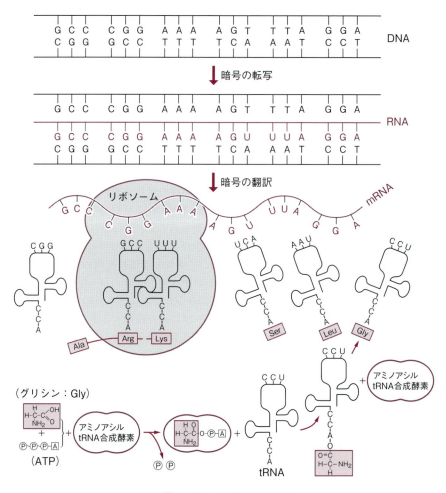

図6-33 rRNAとtRNA

tRNAはクローバー型の形をとり，中央にトリプレットコドンに相補的なアンチコドンの配列を持っています．このアンチコドンに対応するアミノ酸を3′末端に結合し，リボソーム上でコドンに対応してアミノ酸を運搬する役割を果たしています．

ることにより，遺伝情報は最終的にタンパク質へと変換されます．この過程は**翻訳**と呼ばれ，細胞質へ運搬されたmRNAがリボソーム上で示す反応過程です．

1 遺伝暗号

mRNAは4種類からなる塩基の配列の中にタンパク質のアミノ酸配列の遺伝情報を暗号化して持っています．生物は3個1組の塩基によりアミノ酸の種類を決めており，これを**コドン**（あるいは**トリプレットコドン**）といいます．アミノ酸20種類に対して64通りの組み合わせがあるため，多い場合には6種類のコドンが同じ1つのアミノ酸を指定するのに使われています．コドンの中には後で述べるように，タンパク質合成の終わりを決める終止コドンが3種類あります．メチオニンを決めるコドンは1種類であり，このコドンはタンパク質合成の開始を示す翻訳開始コドンとしての役割も果たしています（表6-5）．

2 タンパク質合成

核膜孔を通って細胞質へ運ばれたmRNAにはリボソームの小サブユニットと翻訳開始に必要なタンパク複合体が結合します．これらのリボソームの小サブユニットとタンパク複合体

表 6-5 アミノ酸の種類を決める遺伝暗号（コドン表）

		コドンの2番目の塩基				
		U	C	A	G	
コドンの1番目の塩基	U	UUU UUC フェニルアラニン (Phe) UUA UUG ロイシン (Leu)	UCU UCC UCA UCG セリン (Ser)	UAU UAC チロシン (Tyr) UAA UAG 終止	UGU UGC システイン (Cys) UGA 終止 UGG トリプトファン (Trp)	U C A G
	C	CUU CUC CUA CUG ロイシン (Leu)	CCU CCC CCA CCG プロリン (Pro)	CAU CAC ヒスチジン (His) CAA CAG グルタミン (Gln)	CGU CGC CGA CGG アルギニン (Arg)	U C A G
	A	AUU AUC AUA イソロイシン (Ile) AUG* メチオニン (Met)	ACU ACC ACA ACG トレオニン (Thr)	AAU AAC アスパラギン (Asn) AAA AAG リシン (Lys)	AGU AGC セリン (Ser) AGA AGG アルギニン (Arg)	U C A G
	G	GUU GUC GUA GUG バリン (Val)	GCU GCC GCA GCG アラニン (Ala)	GAU GAC アスパラギン酸 (Asp) GAA GAG グルタミン酸 (Glu)	GGU GGC GGA GGG グリシン (Gly)	U C A G

＊AUG は合成の開始コドン．UAA，UAG，UGA は合成の終止コドン．

は，mRNA 上を 5′末端から 3′方向へ移動し，タンパク質の最初のメチオニンをコードするコドン（AUG）までくるとメチオニン tRNA が mRNA に相補的に結合します．最初の AUG は翻訳開始コドンとしての役割を兼ね備えており，メチオニン tRNA が開始コドンに結合すると同時に，翻訳開始因子が複合体から離れ，リボソームの大サブユニットと入れ替わります．リボソームの大小 2 つのサブユニットが結合すると，メチオニン tRNA は mRNA に結合したまま，リボソームの中央にある P 部位までスライドし，空になった A 部位に次のコドンに対応する tRNA がアミノ酸を結合した状態で並びます．リボソームの大サブユニットの働きによって最初のアミノ酸であるメチオニンのカルボキシ基は 2 番目のアミノ酸のアミノ基へペプチド結合により結合されます．アミノ酸を転移し終わった tRNA はリボソームの E 部位から解離し，リボソームが 3 塩基分移動すると同時に，次の tRNA が A 部位に結合します（図 6-34）．こうして，mRNA 上のコドン配列に沿ってアミノ酸の付加反応が連続的に起こり，ペプチドの伸長反応が進行することになります．

遺伝暗号の中には 3 種類の**終止コドン**があり，この配列には tRNA ではなく**遊離因子**と呼ばれるタンパク質が結合します．遊離因子の結合した終止コドンがリボソームにくると，その直前のアミノ酸に水分子が結合してカルボキシルが tRNA から遊離します．その結果，合成されたタンパク質が最後の tRNA から離れると共に，リボソームも大小のサブユニットに解離してしまいます．通常，1 本の mRNA 鎖に複数のリボソームが結合して**ポリソーム**と呼ばれる状態を作り，1 本の mRNA 上で同時に複数のタンパク合成が効率よく行われます．

Chapter 6 生命の設計図・遺伝子の複製と発現

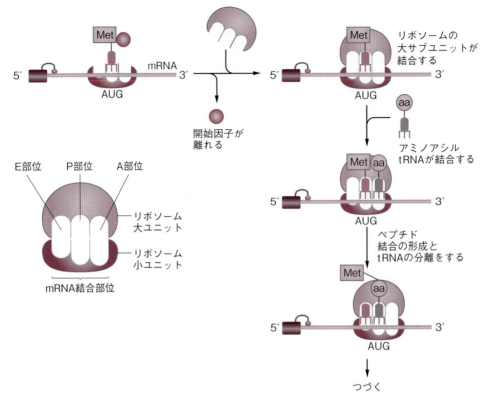

図6-34 リボソームとタンパク質合成

3 タンパク質の細胞内輸送

合成されたタンパク質はそれぞれのタンパク質の性質に従って細胞内の特定の場所へ運搬されます．細胞膜に組み込まれるタンパク質や細胞外へ分泌されるタンパク質，糖の修飾を受けるタンパク質などは，翻訳の途中からリボソームやmRNAと結合した状態で小胞体上へ運搬されます．この運搬には**シグナル認識タンパク質**が働き，タンパク質のアミノ末端側に存在する**シグナル配列**と呼ばれる特定のアミノ酸配列が使われます．合成が始まったタンパク質のアミノ末端にシグナル配列があると，シグナル認識タンパクはこのシグナル配列に結合します．小胞体の膜上にはシグナル認識タンパクと特異的に結合する受容体が分布しており，両者が結合することによって，それ以後のタンパク合成は小胞体の膜上で行われるようになります．小胞体の膜上には，タンパク質を小胞体内へ輸送するための運搬タンパク質が**チャネル**を作っており，合成されたタンパク質はこの中を通り抜けて小胞体内に運ばれます．分泌性のタンパク質は小胞体からゴルジ体へ輸送され，分泌顆粒となって細胞膜へ移動し，膜融合により細胞外へ分泌されます（図6-35）．タンパク質の特定アミノ酸に糖鎖をつける修飾反応はこのゴルジ体で行われます．タンパク質を構成するアミノ酸配列の特定の場所に疎水性アミノ酸が集まり，膜内に安定して留まる特徴を備えた領域がある場合には，小胞体の膜を通過する途中でタンパク質が膜上に安定に留まり，膜貫通型のタンパク質となります．**膜貫通ドメイン**と呼ばれる疎水性アミノ酸領域が1つのタンパク質に複数存在する場合には，そのタンパク質は何回も折れ曲がり細胞膜を複数回貫通した構造をとることができます．細胞の表面には細胞同士が情報交換を行うための様々な膜貫通型タンパク質が存在し，細胞膜の外側と内側に頭を出して情報の受け渡しを行っています．

4 タンパク質の成熟と分解

タンパク質の中には翻訳直後の構造のままでは機能を発揮できないものがあります．このよ

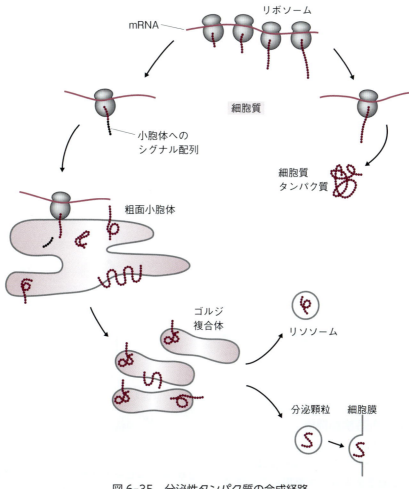

図 6-35 分泌性タンパク質の合成経路
分泌性タンパク質は，リボソーム上で合成されると同時に小胞体内へ放出され，ゴルジ体を経て，分泌顆粒として細胞膜まで運ばれ，膜の融合によって細胞外へ分泌されます．

うなタンパク質では一部のペプチドを除去したり，つなぎ合わせて初めて機能タンパク質として成熟するので，翻訳直後の機能を持たないタンパク質は前駆体，成熟する過程はプロセッシングと呼ばれます．このプロセッシングにはそれぞれのタンパク質切断に固有の分解酵素が使われます．基質特異的なタンパク分解酵素の働きによって，タンパク質は機能を獲得するため，この翻訳後のプロセッシングの制御はそのまま遺伝子の機能発現の制御機構になります．

成熟して機能を発揮しているタンパク質には，細胞構造の構成分子として長期にわたって機能を維持し続けるものがあります．一方，シグナル伝達に関わる分子などは情報の伝達時のみに一時的に必要な分子で，情報伝達後はむしろ情報を遮断するためにタンパク質の存在が不要となります．不要になったタンパク質を速やかに排除するために，細胞は**ユビキチンリガーゼ**という酵素を用いて不要となったタンパク質に**ユビキチン**を結合させて印をつけます．ユビキチン化されたタンパク質は不要タンパク質を排除するプロテアソームによって認識されて，ATPを使ってアミノ酸7〜8個からなるペプチドまで分解されます（図6-36）．タンパク質の分解によって生じたアミノ酸はタンパク質合成に再利用されるか，過剰の場合にはクエン酸（TCA）回路を経て二酸化炭素と水に分解されます．

Chapter 6 生命の設計図・遺伝子の複製と発現

8 遺伝子発現の調節

　DNAに書き込まれた遺伝情報は成熟したタンパク質に翻訳されて初めてその機能を発揮することができます．DNA上の遺伝子がタンパク質に翻訳されるまでにはいくつかのステップがあるため，遺伝子の発現は様々な段階で制御を受けます．最初に起こる転写レベルでの調節では，遺伝子が転写される時期と場所を制御するために**転写因子**と呼ばれるタンパク質が使われます．転写された一次転写産物は核内で，スプライシングやポリA配列の付加反応を受けることになります（図6-32）．成熟して完成したmRNAは核から細胞質へ運搬されますが，特定の場所へ運ばれたり，細胞質中に存在する翻訳抑制因子により翻訳調節を受ける場合があります．mRNAの情報に従って合成されたタンパク質がそのままの形では機能できない場合もあり，タンパク質の特定部分を切り離したりつなげるなど，タンパク質の成熟過程における制御もあります．

1 原核生物の転写調節機構

　遺伝子の転写調節のよい例は，大腸菌の代謝遺伝子に見ることができます．大腸菌はエネルギー源として通常グルコースを用いていますが，まわりの環境にラクトースしかない場合には，これをエネルギー源として使うための遺伝子を発現します．ラクトースの利用には3個の遺伝子を使うため，3個の遺伝子を1組として同時に転写を開始したり停止したりする機構が大腸菌にはあり，この転写単位は**ラクトースオペロン**と呼ばれます．ラクトースオペロンはラクトース代謝に必要な遺伝子が3個連なった遺伝子そのものの領域と，遺伝子の発現を調節する**プロモーター**と呼ばれる調節領域を持っています（図6-37）．大腸菌にはグルコースが欠乏すると，活性化してラクトースオペロンのプロモーター領域へ結合するタンパク質が存在します．このタンパク質はプロモーター領域へ結合することにより，RNAポリメラーゼがプロモーター領域へ結合するのを促進する働きがあります．しかしラクトースオペロンのプロモーター領域には**オペレーター**と呼ばれる部分があり，

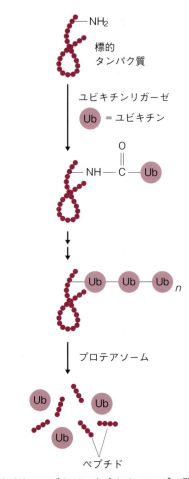

図6-36　ユビキチンを介したタンパク質の分解
ユビキチンリガーゼは不要になったタンパク質を識別し，そのリシン残基の側鎖にユビキチン分子を結合します．結合は連続して繰り返し起こるため，不要タンパク質はポリユビキチン化されます．これを指標としてプロテアソームが不要タンパク質を内側に取り込み，ATPのエネルギーを使ってペプチドまで分解します．

ラクトースがまわりにない場合には，**リプレッサー**と呼ばれるタンパク質がこのオペレーターに結合し，RNAポリメラーゼの結合を阻止します．したがって，グルコースが欠乏しただけではラクトースオペロンは発現しません．周りにラクトースがある場合には，ラクトースがリプレッサータンパク質へ結合し，リプレッサーがオペレーターへ結合するのを阻害します．その結果，RNAポリメラーゼはプロモーター領域へ結合できるようになり，ラクトースオペロ

8. 遺伝子発現の調節

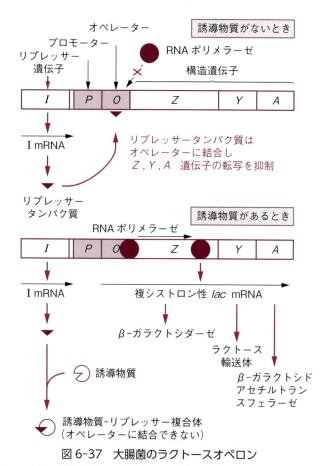

図6-37　大腸菌のラクトースオペロン

ラクトースオペロンでは，通常リプレッサータンパク質がオペレーターに結合することにより遺伝子発現が抑えられています．誘導物質であるラクトースが存在すると，ラクトースはリプレッサーに結合してオペレーターへの結合を阻止するので，RNAポリメラーゼの働きにより新たな遺伝子発現が誘導されます．

ンの転写が開始されます．遺伝子発現が誘導されると，遺伝子産物の働きによりラクトースは積極的に大腸菌内へ取り込まれるようになります．遺伝子産物の一つであるβ-ガラクトシダーゼは二糖類のラクトースを単糖類のガラクトースとグルコースに分解するため，大腸菌はラクトースをエネルギー源として利用できるようになります．

2 真核生物の転写調節機構

大腸菌のラクトースオペロンと同じく，真核生物の遺伝子においても，遺伝子の構造はタンパク質のアミノ酸配列（一次構造）を決める領域と遺伝子発現の転写調節領域とに分けることができます．ただし，原核生物と比較すると，真核生物の転写調節の機構はかなり複雑です．RNA合成を行うRNAポリメラーゼIIは単独で転写を開始できず，**基本転写因子**や**転写調節因子**と呼ばれるタンパク質との組み合わせによって遺伝子発現の細かな調節を行っています．転写調節因子の結合する領域はプロモーター領域を越えて広範囲の複数箇所に分散して存在します．また，真核生物ではDNAがタンパク質と結合したクロマチン構造をとっているため，クロマチンの化学修飾による構造変化を通して転写を制御する機構も備えています．

(1) 基本転写因子

真核生物では，RNAポリメラーゼIIがプロモーター領域に結合するためにいくつかのタンパク質の補助が必要です．これらのタンパク質

は**基本転写因子**と呼ばれ，遺伝子の種類とは無関係に共通に働く因子です．ほとんどの遺伝子では，転写開始点のすぐ上流（5′側）に位置するプロモーター領域にTATAという塩基配列（TATA配列）が共通に見出されます．**TATAボックス**と呼ばれるこの領域には基本転写因子の1つである**TFIID**が結合し，他の転写因子と協力してRNAポリメラーゼⅡをプロモーターへ結合させる役割を果たします（図6-38）．基本転写因子群のうち，**TFIIH**はRNAポリメラーゼⅡをリン酸化することにより活性化する働きがあります．

(2) 転写調節因子と認識配列

基本転写因子群はTATAボックスを中心に転写開始点のすぐ近くのプロモーター領域に結合します．これに対して，転写調節因子には様々な種類があり，結合するDNAの領域も転写開始点より上流の遠く離れた位置から下流にかけて広く分布しています．転写調節因子は転写開始点から離れていても，DNAがループ状に曲がることによって基本転写因子とRNAポリメラーゼⅡの複合体に近づき，その転写活性を調節することができます（図6-31）．転写調節因子には，転写を促進する**アクチベーター**と，転写を抑制する**リプレッサー**があります．いずれの場合にも，転写調節因子が直接DNAに結合して作用する場合と，直接DNAに結合する領域はないが，他の転写調節因子と結合することにより，転写調節を行う場合があります．したがって，アクチベーターとしての働きを持つ転写調節因子でも，他の転写調節因子との組み合わせによっては，リプレッサーとして働く場合もあります．こうして転写調節因子は複合体の組み合わせにより標的遺伝子の転写を活性化したり抑制したりしています．

DNA結合能を持つ転写調節因子は，DNA結合領域を中心としたタンパク質の立体構造の違いによって，いくつかのグループに分けられます．**ヘリックス・ターン・ヘリックス構造**や**ジンクフィンガー構造**などがその例です．これらの転写調節因子はDNA結合領域の構造の違いに応じて，特有の塩基配列を識別します．アミノ酸配列を決める構造遺伝子のまわりには，様々な転写調節因子の認識配列があり，複数の転写調節因子が結合したときの組み合わせによって，遺伝子が発現する時期や場所を調節しています．

(3) 細胞分化と遺伝子発現

真核生物では一つの遺伝子の転写を多くの転写調節因子の組み合わせにより制御しています．転写調節因子が重要な役割を果たす典型的な例は生物の発生過程に見られます．動物の発生過程では，受精後一定の時間を経ると，特定の場所に特定の性質を獲得した細胞が出現します．**細胞分化**と呼ばれるこの過程では，決まった場所に決まった細胞を分化させるために遺伝子発現の細かな制御が行われます．この場合，重要な役割を果たすのは細胞間で行われる情報伝達です．細胞間で取り交わされる情報は多岐にわたるので，環境の違う細胞間では，核内に含まれる転写調節因子の組み合わせが異なります．真核生物では1つの遺伝子に多数の転写調節因子の認識配列が並んでいるため，核内に含まれる転写調節因子の組み合わせの違いによっ

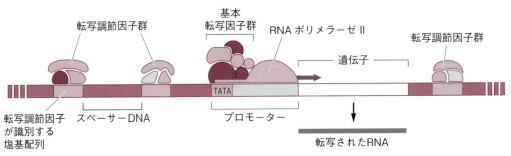

図6-38　真核生物の遺伝子発現

1つの遺伝子の転写調節には多くの転写調節因子が働いていて，転写調節因子の結合部位は遺伝子の上流から下流にまで広く分布しています．

て，発現する遺伝子の種類を細かに制御することができます（図6-40）．転写調節因子は別の転写調節因子の発現にも使われますが，自分自身の転写を誘導することにより細胞分裂を経ても発現し続けることができます．正のフィードバック機構と呼ばれるこの仕組みは，いったん分化した細胞が，生体内で細胞の特徴を維持し続ける重要な機構となっています（図6-41）．

(4) DNA のメチル化と転写抑制

特定の機能を発揮している体細胞では，遺伝子セットの中から必要な遺伝子だけを発現するために，複雑な転写調節を行っています．アクチベーターとして働く転写調節因子により特定の遺伝子発現を誘導する一方で，リプレッサー

Step up

RNAi

RNAi（RNA 干渉　RNA interference）は，もともとは生体内へ侵入したウイルスに対する防御手段として，植物や動物に備えられた機構であると考えられています．外来の RNA ウイルスが複製の際に作る dsRNA（2 本鎖 RNA　double stranded RNA）をダイサーと呼ばれるヌクレアーゼが認識，切断し，ウイルス RNA を分解して生体を防御します．この機構を利用すればタンパク質の翻訳阻害を引き起こすことができます．翻訳を阻害したい標的 mRNA を選び，その塩基配列を含む dsRNA を合成し細胞内へ導入すると，dsRNA はダイサーにより 21〜23 ヌクレオチドの断片（siRNA〔small interfering RNA〕という）に分解されます．siRNA のセンス鎖は分解されますが，アンチセンス鎖は RISC（RNA-induced silencing complex）と呼ばれるタンパク複合体を介して標的 mRNA に結合します．アンチセンス鎖の結合した mRNA は RISC 内のヌクレアーゼにより分解されるため，翻訳阻害を引き起こすことができます（図6-39）．RNAi を発見したアンドリュー・ファイアー博士は 2006 年にノーベル生理学・医学賞を受賞しています．

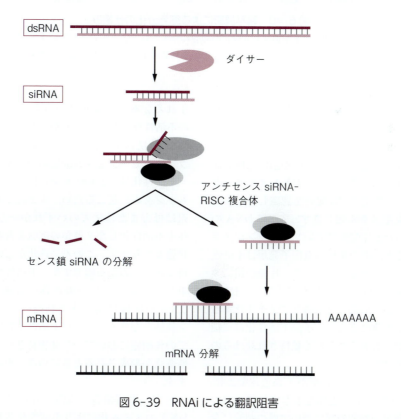

図6-39　RNAi による翻訳阻害

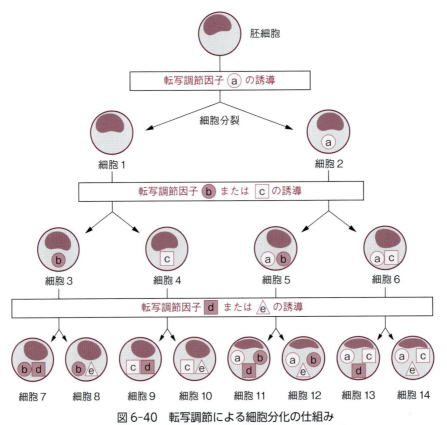

図6-40 転写調節による細胞分化の仕組み
このモデルでは転写調節因子が細胞分裂後に不均等に分配されるよう想定されています．転写調節因子が不均等に分布されると様々な組み合わせの転写調節因子を含む細胞が誕生します．

により不要な遺伝子の転写を抑制する機構があります．

これに対して，脊椎動物には**DNAのメチル化**と呼ばれる安定した遺伝子の不活性化機構が存在します．この機構では，DNAメチラーゼがDNA上の特定のCG配列を認識して，シトシンの5位をメチル化します．2本鎖DNAの向かい合ったCG配列においてシトシンがメチル化されると，その領域の遺伝子発現は不活性化されます．細胞分裂によって，片側の鎖にメチル基を持たないCG配列ができても，DNAメチラーゼがこの部分を認識してメチル化するため，メチル化による遺伝子の不活性化は，細胞分裂を経ても失うことなく維持され続けるのです（図6-42）．

哺乳類の性染色体では，雌がX染色体を2本，雄がX染色体とY染色体を1本ずつ持っていますが，発生の初期過程において雌の細胞に含まれる2本のX染色体のうち，どちらか1本の不活性化が起こることが知られています．これを，発見者ライオン（M. Lyon）の名にちなみ，**ライオニゼーション** lyonization といいます．

不活性化は，2本のX染色体のうちどちらにもランダムに起こるため，生まれてくる雌の胎児は母方または父方のいずれか一方のX染色体を不活性化した2種類の細胞を含むモザイク状態となります．この不活性化がどのような機構で起こるのか不明ですが，不活性化されたX染色体では，著しい染色体の凝縮が起こり，DNAが高度に詰め込まれたヘテロクロマチン状態となります．この不活性化状態は，すべての体細胞において一生涯維持されますが，生殖細胞が形成されるときにのみ，再活性化されます．

一方，生殖細胞の核内でも特定の遺伝子がDNAのメチル化により不活性化され子孫に伝

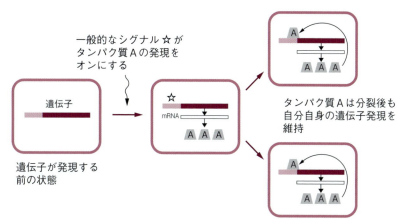

図 6-41　細胞分化を維持する仕組み
遺伝子の翻訳産物が自分の遺伝子発現を誘導する転写調節因子として働く場合には，細胞分裂後も，遺伝子発現を維持することができます．

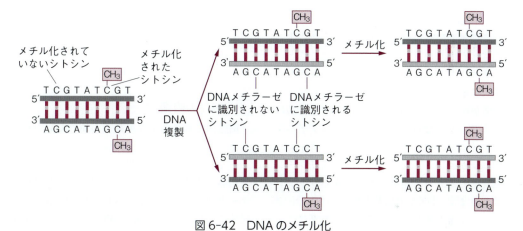

図 6-42　DNA のメチル化
DNA の CG 配列のうち，特定のシトシンがメチル化される場合があります．DNA メチラーゼは，向かい合った CG 配列の両方のシトシンがメチル化されるように働くため，DNA 複製後もメチル化されるシトシンは決まった場所に維持されます．

えられる現象があります．これは**遺伝的刷り込み**と呼ばれ，母方由来と父方由来の2種類の相同遺伝子のうち，一方の遺伝子が不活性化されて子孫に伝えられる現象です．遺伝的刷り込みの起こった遺伝子では，受精する前から使われる遺伝子が母方由来か父方由来か決まっています．

9　DNA 損傷と修復機構

DNA の複製では，2本鎖の片方が鋳型となって半保存的な DNA 合成が行われます．複製が正確に行われるためには，4種類の塩基が正確に相補的な配列をとることが重要です．しかし複製を何回も繰り返す過程では，一定の頻度で複製に誤りが生じることは避けられません．また DNA を構成するヌクレオチドや塩基は環境から入ってくる放射線や化学物質の影響を受けて変化するため，DNA は絶えず損傷を受けています．細胞は，複製ミスや損傷によって生じた塩基配列の誤りを検出して修復する機構を備えています．速やかに修復されなかった誤りは

次の複製時に忠実にコピーされるため，遺伝子変異としてゲノムの中に固定されます．

1 DNAの複製ミスと損傷

　DNA複製では，常にある確率で塩基の対合ミスが起きます．例えばヒトでは，30億塩基対もの巨大なゲノムを複製する間に約3塩基の複製ミスが起きるといわれています．この複製ミスが起きる確率は，試験管内で化学的にDNA合成を行う場合に見られる塩基の対合ミスとほぼ同じ確率であることから，細胞内で行われるDNAの複製は極めて高い精度で行われていることがわかります．これに対して，外的要因による塩基の対合ミスやDNA損傷は極めて高い頻度で起こります．塩基と構造が似ている化合物が細胞内に取り込まれた場合には，DNAポリメラーゼが構造の酷似した化合物を塩基と間違えてDNAに取り込んでしまいます．この場合には，取り込まれた化合物によって間違った塩基の対合が引き起こされることになります．また，亜硝酸のような化合物が取り込まれて細胞内で反応すると，塩基から脱アミノ反応が起きます．シトシンからアミノ基が抜けるとウラシルになるので，対合相手はグアニンからアデニンに変わってしまいます（図6-43）．アデニンが脱アミノ反応によりヒポキサンチンに変化すると，対合相手はチミンからシトシンに変わります．DNAの塩基と糖をつなぐN-グリコシド結合が切れると，アデニンやグアニンが失われる脱プリン反応が起こり，この場合には塩基の一部が欠損してしまいます．細胞を取り巻く物理的環境要因の中で，DNAに最も大きな損傷を与えるのは放射線です．4種類の塩基の中ではチミンが最も放射線のエネルギーを吸収して変化しやすい塩基です．チミンが並んで存在すると，吸収されたエネルギーによって，チミンどうしが化学結合を起こし，**チミン二量体**が形成されます（図6-43）．チミン二量体ができた部分では，相補的に存在するアデニンとの間の水素結合が切れるため，二重らせん構造に歪みが生まれます．そのため，ヘリカーゼによって1本鎖に開く複製構造への変化が進行せず，DNA複製が途中で停止してしまいます．

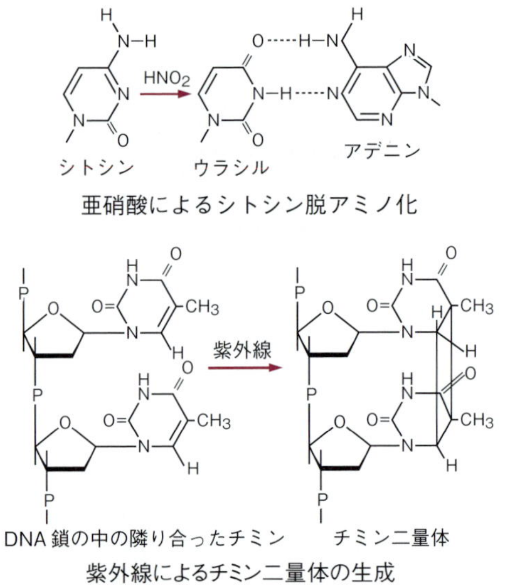

亜硝酸によるシトシン脱アミノ化

紫外線によるチミン二量体の生成

図6-43　環境因子によるDNA変異の誘導
亜硝酸のような化合物による脱アミノ化は2本鎖DNAの対合相手を変化させ点突然変異を引き起こします．また，紫外線により生じたチミン二量体はDNAの複製障害を引き起こします．

2 DNAの修復

　細胞内で起こるDNA複製が極めて高い精度を持つ理由は，DNAを複製するDNAポリメラーゼが誤った塩基の対合を発見して修復する校正能力を備えているからです．DNAポリメラーゼは5′から3′方向へDNA合成を行うと同時に，3′から5′方向へDNAを分解する**エキソヌクレアーゼ活性**を持っています．DNAの複製中に，合成端の塩基の対合が鋳型DNAと異なることを検出した場合には，速やかに異常塩基を除去し，正しい組み合わせの塩基と置き換える作業を行います．こうしてDNAポリメラーゼは，新しく合成した1本鎖DNAの塩基配列が鋳型DNAと正しく組み合わされているのか絶えず校正しながらDNA複製を行っています．

　細胞はいったん出来上がったDNAについても，異常を検出して正しい組み合わせに修復する機構を備えています．まず**DNA修復ヌクレアーゼ**が間違った塩基の対合箇所やチミン二量体を検出し，異常箇所の両側に切れ目を入れ異常塩基を除去します．異常塩基の除去により1本鎖になったDNAを鋳型としてDNAポリメ

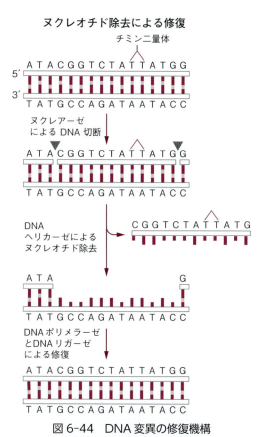

図6-44 DNA変異の修復機構
チミン二量体や間違った塩基の対合箇所はDNA修復ヌクレアーゼによって検出され，異常箇所の両側に切れ目を入れて除去されます．その後残った1本鎖DNAを鋳型としてDNAポリメラーゼが正常な2本鎖を修復します．

ラーゼがDNA合成を行い，最後にヌクレオチドの切れ目を**DNAリガーゼ**が連結して修復が完了します．（図6-44）

 10 DNAの変異と発がんおよび進化

有性生殖では，遺伝的多様性※を持った生殖細胞をランダムに組み合わせて子孫を作ることにより，ゲノムの混合が行われています．長い生命の歴史の中では，この生殖活動を通して新たに生まれた生物モデルを時間をかけて繰り返し試す中から，環境に適応した個体のみが子孫を残してきたと考えられます．生物進化の過程では，大規模に起こるゲノム変化も存在したと考えられます．遺伝情報は塩基配列の中に暗号化されているため，わずかなDNA変異でも変異場所や変異のしかたによっては，遺伝情報の大きな変化を引き起こす場合があるからです．遺伝子の移動や重複が起こると，新たなゲノムを持った生物誕生のきっかけが生まれます．

1 遺伝的変異と進化

地球上に生命が誕生したのは約37億年前といわれています．現在，生息している約150万種の生物は，1つの細胞が1個体となる単細胞生物から時間をかけて進化してきたと考えられています．この生物進化の過程では，わずかな変異を持つ生物個体群の中から，地球環境に適応した形質を持つものが優先的に子孫を残すという変化を繰り返し，次第に複雑な生物種に進化してきたといわれています．現存する生物種を，原始的な体制を持った生物からヒトのような複雑な体制を持つ生物に至るまで，互いの類縁関係を樹木のような**系統樹**に描くことができます．系統樹は単細胞生物から複雑な体制を持つ多細胞生物への進化の過程を示していますが，この過程は単細胞である受精卵から卵割を経て多細胞の成体が発生する過程に似ています．系統樹は主として生物の形の類似性に基づいて作られてきましたが，近年ではミトコンドリアゲノムを比較することによって分子系統樹が描かれるようになりました（図6-45）．有性生殖では，受精卵内のミトコンドリアはすべて母親由来のものです．ミトコンドリアゲノムは世代を越えて同じゲノム情報が伝えられることから，進化のように長い年月をかけて起こった遺伝的変異を調べるのに適した遺伝情報となるのです．

2 突然変異と発がん

DNA上の1ヵ所に塩基配列の変化が起こる**点突然変異**では，変異の起こる場所によって遺伝子の機能に及ぼす影響が違います．タンパク質のアミノ酸配列を決める領域の途中に終止コドンが生じる**ナンセンス変異**では，タンパク合

※：ヒト遺伝子DNAの塩基配列が一ヵ所だけ異なり，それが人口の1%以上に見られる場合，これを一塩基多型 single nucleotide polymorphism（SNP：スニップ）といいます．体質の違いの多くはこのSNPが原因といわれています．

成が途中でストップしてしまいます.
　アミノ酸の一部が別のアミノ酸に置換する**ミスセンス変異**では,タンパク質の機能に大きな変化が見られない場合もありますが,たった1つのアミノ酸の置換により,大きな変化が生じる場合もあります.鎌状赤血球貧血症はヘモグロビンを構成するアミノ酸のたった1つの変化により引き起こされる病気です.一塩基置換によりヘモグロビンを構成するアミノ酸の1つがグルタミン酸からバリンへ変異したために起こります(図6-46).変異によって親水性のグルタミン酸が疎水性のバリンに変化すると,これが原因となってヘモグロビンが細胞内で凝集してしまい,結果として赤血球は鎌状に変形して貧血を起こします.
　アミノ酸配列を決める領域以外の塩基配列に,点突然変異が起こった場合でも,大きな影響が現れる場合があります.遺伝子発現の調節を行う重要な配列に変異が起こると,遺伝子が作り出すタンパク質は同じでも遺伝子発現が起こる場所や時間,発現量が変わってしまい,結果としてその個体の発生や生理機能に大きな変化を引き起こすことになります.
　突然変異によって生まれた遺伝子変異の中には,生物に有害な変異も多数生じます.その一つに細胞の**がん化**があります.生体組織の中で無秩序に増殖する細胞群は**腫瘍**と呼ばれますが,腫瘍のうち,生体の様々な組織へ浸潤,転移する悪性の上皮性細胞群は特に**がん**と呼ばれます.
　これに対し,結合組織由来の悪性腫瘍は**肉腫**として区別します.正常な細胞には変異によって細胞をがん化する**がん遺伝子**があります.このがん遺伝子は本来,細胞が組織の一構成員として秩序を保つために必要なものであり,細胞分裂や細胞間の情報伝達を調節するタンパク質を作る遺伝子がほとんどです.がん化は何段階かの変異が重なって起きます.このがん遺伝子の変異が重なって起こると,不必要に細胞が分裂をし続けて異常増殖したり,組織のつながりを切って異なる種類の組織内へ細胞浸潤を示すがん細胞へと変化してしまいます.

3 ゲノムの大規模な変化

　ウイルスには核酸としてRNAを持つものとDNAを持つものがあります.RNAを遺伝情報として持つウイルスでは細胞に感染後,**逆転写酵素**によってRNAをDNAに変換します.い

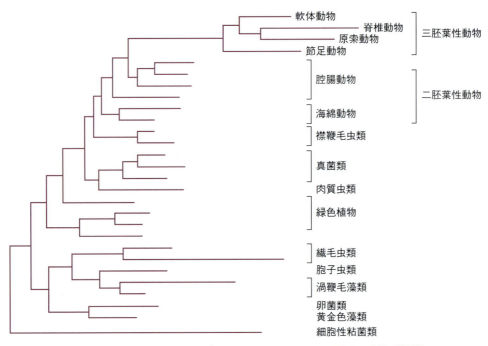

図6-45　ミトコンドリアゲノムのうち18SrRNAに関する分子系統樹

ずれの場合にも，宿主細胞へ感染したウイルスは宿主細胞のゲノムに自らの遺伝情報をDNAとして組み込み，宿主細胞のDNA合成を利用して増殖し，宿主細胞のゲノムから再び自らのDNAを切り出して細胞外へ出ていきます．こうした一連の過程において，ウイルスは宿主細胞のゲノムDNAの一部を自らの遺伝情報内へ取り込み，別の宿主細胞のゲノム内へ運ぶ役割を果たす場合があります（図6-47）．同じ細胞のゲノム内でDNAが自由に動きまわる現象も

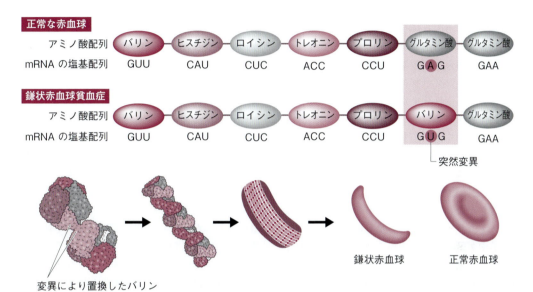

図6-46　一塩基置換により引き起こされる鎌状赤血球貧血症

塩基置換によりグルタミン酸がバリンに変化すると，ヘモグロビンを構成するサブユニットの外側に位置するバリンは疎水性のためタンパク質の内側に潜り込みます．その結果，複数のサブユニットがバリンの位置を内側にして集まりながら細胞内で凝集するため，赤血球は鎌状に変形してしまいます．

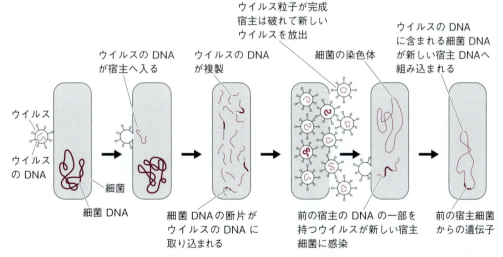

図6-47　ウイルスによるDNA運搬

ウイルスは感染した宿主細胞のゲノムに侵入して，宿主のDNA合成システムを利用して自己増殖します．ウイルスは宿主細胞を破壊して，別の宿主細胞へ感染するときに，前の宿主細胞のゲノムの一部を取り込んで運ぶ場合があります．

知られています．この現象はゲノムの中を自由に移動する**トランスポゾン（転移因子）**と呼ばれるDNAによって引き起こされます．トランスポゾンにはトランスポザーゼと呼ばれる酵素遺伝子が含まれていて，転移する時にはトランスポゾンの両端にある特異的反復配列に作用してトランスポゾンを切り出し，新たな標的部位に挿入します（図6-48）．アサガオにモザイク的に斑が入るのは，トランスポゾンが正常な色素遺伝子に挿入して色素形成を不活性化するためです．トランスポゾンの転移はランダムに起きるため，不活性化を受ける細胞がモザイク状に現れて斑入りのアサガオができるわけです．このような動く遺伝子も生物ゲノムの多様性を生み出す一因となっています．

いろいろな生物種の間でゲノムを構成するDNA量を比較すると，生物進化と共にゲノムの大きさが著しく増加していることがわかります．ゲノムサイズが増大した原因の一つとして遺伝子やゲノムに重複が起こったと考えられます．例えば免疫グロブリンタンパク質のアミノ酸配列を調べると，過去に4回遺伝子が重複して現在のグロブリンタンパク質が進化してきた形跡を読みとることができます．また大腸菌のゲノムを分析すると，これまでに少なくとも2回のゲノムの重複を起こして現在のゲノムを獲得してきた可能性が示唆されます．バクテリアのような原核生物では，タンパク質のアミノ酸配列を決める遺伝子部分が一つの連続した塩基配列からなっています．これに対して真核生物では，mRNAの分子内にタンパク質に翻訳されないイントロン配列がいくつか含まれることがあります．真核生物ではなぜイントロン部分が遺伝子内に含まれているのでしょうか．免疫グロブリンなどイントロン構造を持つ多くの遺伝子では，異なる動物種間でもエクソン部分に相当するアミノ酸配列が互いによく似ています．このことから，それぞれのエクソン部分は，かつて独立した遺伝子であったのではないかと考えられています．

4 形態変化を引き起こす遺伝子

体の形を決めるのに直接関わる遺伝子がショウジョウバエから発見されました．ショウジョウバエは2mm程度の小さなハエで牛乳ビンのような小さな容器の中で簡単に増やすことができます．産み落とされた卵は約10日で成体になり次の子孫を残すので，ショウジョウバエは遺伝的変異が起こった突然変異の系統を使って遺伝学の研究に使われてきました．たくさんある突然変異体の中で，**ホメオティック変異**と呼ばれる系統は，体の器官が本来とは異なる器官に置き換わって作られたり，器官が丸ごと欠損してしまうなどの発生異常を示す系統です．胸部が2つできてしまう双胸系突然変異では，2枚翅であるべきところが4枚翅になってしまいます（図6-49）．これらのホメオティック変異の系統を調べ，変異が起こっている遺伝子をつきとめて比較した結果，いずれの遺伝子もよく似た特徴を持っていることがわかりました．い

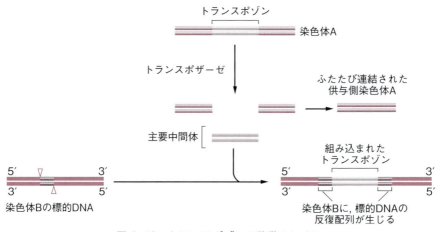

図6-48　トランスポゾンの移動のしくみ

ずれもDNAに結合する**ホメオドメイン**と呼ばれる領域を持つ転写調節タンパク質であることがわかり，これらの遺伝子群は，**ホメオボックス遺伝子**と呼ばれるグループに分類されるようになりました．ホメオボックス遺伝子は酵母からヒトまで真核生物に広く認められる遺伝子です．体の中心軸に沿って領域特異的に発現し，基本単位の繰り返しからなる体の分節性を決める役割を担っていることから，複雑な多細胞体制を獲得してきた進化の過程に重要な役割を持つ遺伝子と考えられています．

11 遺伝子工学

すべての生物の遺伝情報はDNAという共通した生体高分子に暗号化されて書き込まれています．遺伝情報を暗号化するのに使う4種類の塩基と，暗号解読のコドン表がすべての生物に共通であることから，私たち人類はこの生物の設計図を操作し，遺伝物質であるDNAを工学分野の道具として使う新たな道を開拓しました．1970年代に生体分子を扱う生物学的道具として遺伝子操作技術が確立して以来，次々と進む先端機器の開発と共に，遺伝子操作は今日の私たちの生活に必須の技術として発展を続けています．

1 遺伝子操作技術の確立

クリックとワトソンがDNAの二重らせんモデルを発表した1953年はDNA科学の草分けといえます．遺伝情報の実体がDNAの二重らせん構造にあることがわかって以来，核酸の科学は急速に発展しました．そのほとんどは大腸菌のような原核生物の遺伝情報を研究することにより明らかにされてきました．DNAを複製するDNAポリメラーゼ，塩基配列を認識して特異的にDNAを切断する**制限酵素**，DNAの断片をつなぐDNAリガーゼなど，今日の遺伝子工学に必須の多くの酵素は1960年代に発見されました．遺伝暗号表（p.123）では3個の塩基が1組となってアミノ酸の種類を決めることから，$4^3=64$通りの組み合わせを持つ遺伝暗号がすべての生物で共通に決まっています．この遺伝暗号表が完成したのも1960年代です．こうして得られたDNAに関わる基礎知識を組み合わせて，1970年代には目的遺伝子を大腸菌に入れて人為的に増幅する**遺伝子クローニング**の技術が完成しました．

図6-49 ホメオボックス遺伝子と形態変化
ショウジョウバエのホメオティック変異では，胸部の重複形成が起こる双胸系突然変異（左下）や前肢の異所的な形成が起こるアンテナペディア突然変異（右下）が知られており，これらの変異体では体のパターンが全く変わってしまうような変化が見られます．

2 酵素を使った遺伝子操作

細胞の核内でDNAはヒストンや転写調節因子などのタンパク質と結合して存在しており、DNAの複製や転写に多くの制御因子を使っています。しかしこれらのタンパク質を除去してDNAのみを試験管内へ取り出せば、特定の酵素を試験管に加えるだけで、DNAの切断や結合を人工的に行うことができます。DNAの切断には制限酵素、結合にはリガーゼが使われます。

(1) DNAを切り貼りする酵素

制限酵素は大腸菌などのバクテリアがファージ感染から身を守るためのもので、外来性のDNAの切断に使われる酵素です。特定の塩基配列を認識して切断するため、これまでに認識配列の違いに応じて、様々な制限酵素が見つかっています。遺伝子操作に使われる制限酵素の多くは6塩基が**パリンドローム（回文配列）**状に配列した塩基配列を認識します（図6-50）。

例えば、大腸菌が持つ制限酵素 *Eco*RI は GAATTC の配列を識別しますが、この配列に相補的な鎖も同じ GAATTC になり、パリンドローム配列になっています。*Eco*RI はこの配列を鈎形に切断するため、切断後の両端には5′側の鎖が突出した切れ端ができます。この切れ端は互いに相補的に結合できる相補末端となります。認識配列と切れ端の形は制限酵素ごとに異なりますが、種類の異なるDNAでも同じ制限酵素で切断すると相補的な突出末端ができるので、つなぎ換えができます。また、*Hpa*I は認識配列である GTTAAC を中央で切断するため、切れ端は両側ともに平滑末端※になります。平滑末端どうしでもつなぎ換えができます。制限酵素が認識する塩基配列のうち、アデニンやシトシンにメチル基が結合してDNAのメチル化が起こると、同じ塩基配列であっても制限酵素は切断反応を起こさなくなります。大腸菌は自分のDNAをメチル化して制限酵素から守ることにより、外来のDNAを効率よく分解、排除しているのです。現在では、多数の制限酵素が明らかになり酵素として商品化されているので、DNAを希望する位置で自由に切断することが可能となりました。切断されたDNA断片の切れ端どうしはDNAリガーゼを使うことによって、1本の連続したDNAにつなげることができます（図6-51）。

(2) 逆転写酵素を利用した遺伝子の図書館づくり

細胞や組織の働きを遺伝子レベルで研究し、生命活動の中心となる遺伝子を明らかにするためには、その細胞や組織で転写されている遺伝子の種類と機能を調べる必要があります。この場合、目的の細胞や組織で発現している遺伝子の図書館のような倉庫があればたいへん便利です。この図書館は**遺伝子ライブラリー**と呼ばれ、一つひとつの遺伝子を引き出してその役割を調べたり、異なる遺伝子ライブラリーの間で遺伝子の種類を比較することができます。この遺伝子ライブラリーを作るには、遺伝子の発現産物である mRNA から、それに**相補的な DNA** complementary DNA（**cDNA**）を作る逆転写酵素が重要な役割を果たしています。この酵素はレトロウイルス由来の **RNA 依存型 DNA ポリメラーゼ**で、細胞に感染した RNA ウイルスが自らの遺伝情報を DNA に変換するために使われる酵素です。通常のポリメラーゼとしては、DNA を鋳型に mRNA を合成する RNA ポリメラーゼと、DNA を鋳型に DNA を合成する DNA ポリメラーゼがあります。

この逆転写酵素は RNA を鋳型にそれに相補的な DNA を合成することができるため、細胞や組織で発現している mRNA をもとにして遺伝子ライブラリー（**cDNA ライブラリー**）を作ることができます（図6-52）。

3 遺伝子を運ぶベクター

タンパク質と異なり DNA の場合には全く同じ塩基配列の DNA を増幅することができます。遺伝子操作を工業的技術として利用可能な理由の一つはここにあります。鋳型となる DNA に4種類のヌクレオシド三リン酸と DNA ポリメラーゼを加えることにより、試験管内で DNA の合成を行うことができます。遺伝子の改変やつなぎ換えなどの操作には試験管内で行う DNA 合成で十分ですが、鋳型となる DNA を大量に増幅するためには試験管内で行う人工的な合成反応では収量が少なすぎる場合があり

※：2本鎖の両方の鎖が同じ位置で切れるときの鎖端。

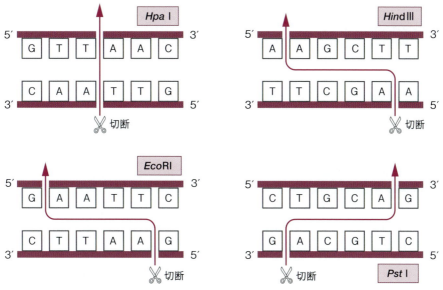

図 6-50　制限酵素とパリンドローム配列

多くの制限酵素は，パリンドローム配列をした特定の塩基配列を認識して，DNAの2本鎖を一定の形に切断します．このため，同じ制限酵素で切られたDNAの切断面は全く同じ塩基配列になります．

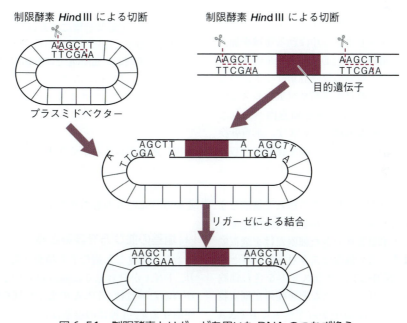

図 6-51　制限酵素とリガーゼを用いたDNAのつなぎ換え

HindⅢにより切断されたDNAの切り口には相補的な突出末端ができるので，切断部分をリガーゼで再結合することにより，異なるDNA鎖の間でつなぎ換えをすることができます．

ます．この場合には，増やしたいDNAを**ベクター**と呼ばれる運搬体へ結合させ，ベクターと一緒に細菌や酵母などの細胞内へ導入します．ベクターには細胞内で自己複製するための遺伝子が組み込まれているため，細菌や酵母の増殖と共にベクターも増殖します．増殖した細菌や酵母からベクターを回収して目的のDNA部分を切り出せば，大量にDNAを増やすことができます．ベクターの入った細菌や酵母を保存しておき，必要なときに細胞の増殖を行えば無限に目的のDNAを増幅することができるわけです．

ベクターには運ぶDNAの大きさによって，プラスミド（～10kbp※），ファージ（～20kbp），コスミド（～44kbp），YAC（～300kbp）があります．ほとんどの遺伝子は10kbp以内のDNAサイズであるため，プラスミドベクターが一番多く使われています．プラスミドは細菌や酵母に存在する核外の環状DNAで，もともと薬剤に対する耐性を細菌や酵母に与える遺伝子を持っています．プラスミドベクターでは，環状DNAの一部を改変してDNAのつなぎ換えを行いやすいように制限酵素サイトを複数持つ**マルチクローニングサイト**と呼ばれる領域を加えてあります．増幅したいDNAをマルチクローニングサイト内の特定の制限酵素サイトにつなぎ換え，大腸菌や酵母を薬剤や電気パルスで処理してプラスミドベクターを細胞内へ入れます．この作業を**形質転換**といいます．形質転換処理を行った細菌や酵母を，抗生物質を含む寒天培地で生育させると，プラスミドベクターは薬剤耐性遺伝子を持っているため，プラスミドを含む細胞だけが抗生物質から逃れて増殖します．こうしてプラスミドと細胞の共生関係をうまく利用し，形質転換できた細胞だけを選択的に増やします（この過程は**スクリーニング**と呼ばれます）（図6-53）．プラスミドを含む細胞を増やした後，リゾチームなどを使って細胞膜を破壊すると，細胞質中からプラスミドDNAを回収することができます．増幅後回収したプラスミドを，最初のつなぎ換えに使ったときと同じ制限酵素で切断すると，マルチクローニングサイトに挿入してあった目的DNAだけを切

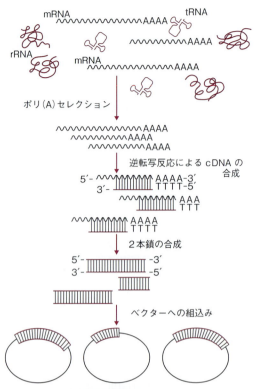

図6-52　逆転写酵素によるcDNAの作製

細胞から抽出したRNAの中から，3′末端のポリA配列を利用してmRNAだけを選び出し逆転写酵素によりmRNAに相補的なcDNAを合成することができます．できたcDNAはベクターに組み込みます．

り出し回収することができます．ベクターにはマルチクローニングサイトに挿入した目的遺伝子を必要に応じて発現させるための特別な領域を組み込んだものもあります．

4　塩基の並び方を読みとる

新しく発見した遺伝子の種類を明らかにしたり，DNAが設計通りに組み換えできたのか確かめるためには，DNAの塩基配列を知る必要があります．4種類の塩基は目に見えませんが，電気泳動を使ってDNAを分けDNA上の塩基配列を間接的に知ることができます．調べたいDNA鎖を鋳型としてDNA合成を行う反応系に，ジデオキシヌクレオシド三リン酸（ddNTP）

※：DNAの長さは塩基対（base pair）の数で表わし，単位はbpで示されます．1kbpは1,000bpの塩基対からなるDNAを意味しています．

を加えます。ddNTP は DNA 鎖が伸びるための 3′OH を欠損しています。このため、ddNTP を取り込んだ位置で DNA 合成の伸長反応が停止します。4 種類の塩基ごとにジデオキシヌクレオシド三リン酸の取り込みを行い、合成が途中で停止した DNA 断片の長さを**電気泳動**によって調べて短い順番に並べると、鋳型 DNA を構成する塩基の配列順序を知ることができます（図 6-54）。

5 無限に遺伝子を増やす PCR 技術

大量に DNA を増幅する場合には、細菌などを利用して目的 DNA を増幅させますが、少量の場合には、DNA ポリメラーゼを使って試験管内で DNA 合成を行い増幅することができます。試験管内の DNA 合成では鋳型となる DNA を高温にして 1 本鎖に変性させます（熱変性）。次に温度を下げて、鋳型に相補的な複製開始用の DNA 断片（プライマーと呼ぶ）を結合させます（アニーリング）。DNA ポリメラーゼはこのプライマーの 3′末端にヌクレオシド三リン酸を連続的に結合し、鋳型に相補的な鎖を合成します。2 本鎖 DNA が完成すると合成反応は停止しますが、もう一度 DNA を高温処理し 1 本鎖にすると、最初から合成を繰り返すことができます。プライマーやヌクレオシド三リン酸は繰り返し使えますが、DNA ポリメラーゼはタンパク質のため、高温処理によって変性し失活してしまいます。火山の火口近くに生息する細菌は高温処理後もタンパク質の変性が少ない耐熱性の DNA ポリメラーゼを持っています。この耐熱性 DNA ポリメラーゼを使うと、新たに酵素を補わなくても高温処理後、連続的に DNA 合成を行うことができます。この方法はポリメラーゼ連鎖反応 **polymerase chain reaction（PCR）法**と呼ばれ、今日の遺伝子科学に必須の DNA 合成法となっています。DNA 合成はプライマーを起点として合成が行われるため、鋳型 DNA が長くても鋳型の途中にプライマーが結合すれば、その位置から合成がスタートします。2 本鎖 DNA を高温で処理すると、1 本鎖の鋳型 DNA が 2 種類できるので、向かい合わせの位置でそれぞれの 1 本鎖 DNA に相補的なプライマーを 2 種類加えて PCR 反応を行うと、プライマーで挟み込まれた DNA 領域

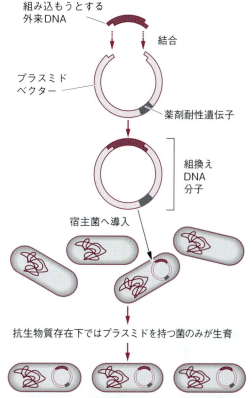

図 6-53　大腸菌を使った遺伝子の増幅
プラスミドには薬剤耐性遺伝子がありますが、宿主菌にはこの遺伝子がありません。したがって抗生物質を含む培地で生育させると、プラスミドを含まない菌は増殖できません。こうして目的遺伝子を組み込んだプラスミドを宿主菌へ導入後、プラスミドを含む菌のみを選び出すことができます。

を部分的に増幅することができます（図 6-55）。プライマーの塩基配列の一部に鋳型とは異なる配列を組み込んで PCR を行うと、遺伝子の一部を改変した遺伝子を人工的に作製することができます。

6 転写調節機構を利用した遺伝子の発現調節

それぞれの遺伝子には、遺伝子の転写が起こる時期と場所を調節するための転写調節領域と、タンパク質のアミノ酸配列を決める構造遺伝子の領域があります（Chapter 6-7 参照）。転写調節領域と構造遺伝子領域は互いに独立し

Chapter 6 生命の設計図・遺伝子の複製と発現

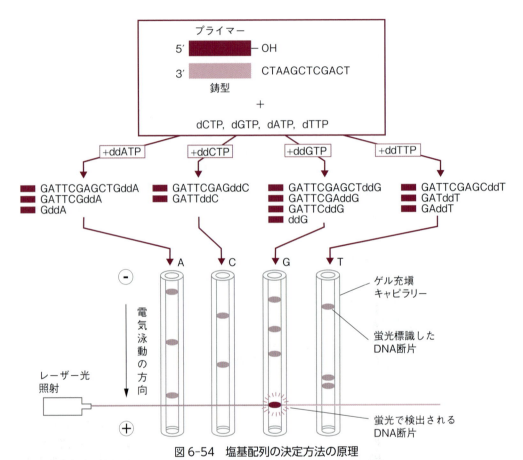

図 6-54 塩基配列の決定方法の原理

3′OH 基を欠いたジデオキシヌクレオシド三リン酸を取り込むと DNA の合成が停止することを利用し，電気泳動で各 DNA 断片の長さ（泳動される速さ）の順番を調べ，DNA の塩基配列を決定することができます．

ているため，構造遺伝子領域を別の遺伝子で置き換えると，置換された遺伝子は新たに組み合わされた転写調節領域の制御を受けます．この特徴を利用することにより，生体内の特定の組織に目的の遺伝子を発現させることができます．例えば，ヒツジのミルクと一緒にヒトの血液凝固因子を作らせようとした場合，まずミルクの主成分の一つである β-ラクトグロブリン遺伝子を単離します．この構造遺伝子部分を削除し，その代わりにヒトの血液凝固因子の遺伝子の構造遺伝子領域をつなぎます．こうして人工的に作られたヒツジとヒトのモザイク遺伝子をヒツジの培養細胞の核へ組み込み，この核をヒツジの受精卵へ移植します．こうして生まれたヒツジでは生体内のすべての細胞の核内にヒトの遺伝子が存在します．血液凝固因子は通常，造血組織において転写されタンパク合成が行われます．しかし転写調節領域を β-ラクトグロ

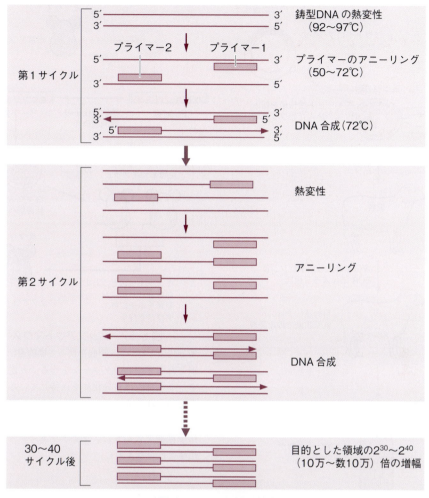

図6-55　PCR法の原理
鋳型DNAを高温下で解離後，温度を下げてプライマーを相補的な位置に結合させ，ポリメラーゼを働かせるとプライマーの位置からDNA合成が行われます．この合成反応を繰り返すと2種類のプライマーにはさまれたDNA領域を選択的に増幅することができます．

ブリンのものと置き換えてあるため，ヒツジの体内では，ミルクを作る乳腺でのみヒト血液凝固因子の遺伝子が転写されます．その結果，遺伝子を導入したヒツジからミルクを絞るだけで，ミルクの中からヒトの血液凝固因子を回収することができます（図6-56）．これはイギリスのセラピュティク社がドリーに続いて誕生させたクローンヒツジ"ポリー"ですが，遺伝子の転写調節機構をうまく利用した一例です．

7 遺伝子をノックアウトする

哺乳類では発生初期の胚や体細胞を試験管に取り出して培養することにより，多分化能を持つ **ES細胞（胚性幹細胞）** やiPS細胞を作ることができます（p.45）．これらの多能性細胞を初期胚に細胞移植すれば，体内でいろいろな細胞に分化させられるので，あらかじめこの細胞に組換えを行った目的遺伝子を導入しておけば，クローン技術を使うよりも高い成功率で遺伝子を導入した改変動物を作ることができます．現在ではヒトのES細胞やiPS細胞が使用可能となり，ヒトの遺伝病の治療に新たな道が拓かれつつあります．また先に説明した転写調節領域と構造遺伝子との組換え遺伝子を利用す

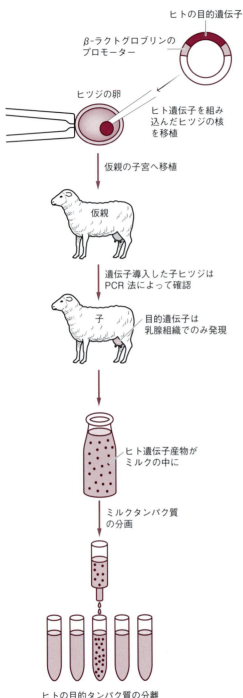

図6-56 遺伝子導入個体の利用

乳腺のみで発現する，β-ラクトグロブリン遺伝子のプロモーターを目的遺伝子の上流に結合してヒツジの核ゲノムに組み込むと，出来上がったトランスジェニックヒツジでは，乳腺のみで目的遺伝子が発現します．ミルクを回収すれば中から目的遺伝子の翻訳産物を取り出すことができます．

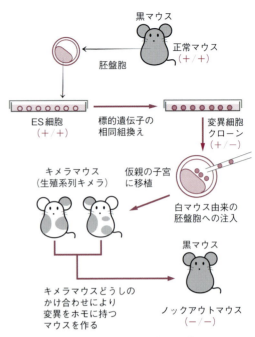

図6-57 ノックアウトマウス

多分化能を持つES細胞を使って標的遺伝子を欠損した変異細胞のクローンを作ることができます．この細胞は多分化能を保持しているので正常な胚へ注入すると，一定の確率で生殖細胞に分化し，その子孫のかけ合わせから，完全に遺伝子機能を欠損したノックアウトマウスを作り出すことができます．

ると，遺伝子導入個体に新たな遺伝子機能を付与することができるばかりでなく，目的遺伝子の領域を別の遺伝子と完全に置き換える相同組み換え個体を作ることができます．この組み換え技術を用いると，**遺伝子置換**によって完全に遺伝子機能を欠失した個体を得ることができます（図6-57）．この組み換え操作により遺伝子が壊されることを**遺伝子ノックアウト**と呼びます．遺伝子発現を調節している転写調節遺伝子をノックアウトすれば，改変前よりも目的遺伝子の発現量を増やしたり，発現する時期や場所を変更するなどの改変を生物に加えることができます．こうした遺伝子ノックアウトや新たな遺伝的形質の付与によって，今後も盛んに新しい形質を備えた動植物の品種改良が進むものと予想されます．

11. 遺伝子工学

> ### Step up
>
> **ゲノム編集**
>
> 　特定の遺伝子を欠失させたノックアウト動物や目的の遺伝子をゲノムに組み込んだノックイン動物をつくる技術は，品種改良や遺伝子治療などに利用可能なため，現代生命科学の重要な技術となっています．
>
> 　哺乳類で遺伝子ノックアウトが可能になったのは，1989年にES細胞を用いたノックアウトマウス作製法が開発されたからであり，開発者であるカペッチー，エバンス，スミシーズの3博士は2007年にノーベル生理学・医学賞を受賞しています．このES細胞を使った遺伝子ノックアウトの作製には時間がかかる上に，ES細胞が樹立できていない動物では利用できない欠点がありました．
>
> 　これに代わる新たな技術として人工的な制限酵素を作り出し，それを利用して遺伝子を改変する研究が行われました．その結果，ジンク（Zn）フィンガーと呼ばれるDNA結合能を持つタンパク質を利用した方法が1996年に考案されました．この方法では，ジンクフィンガータンパク質のDNA結合領域と制限酵素FokIのDNA切断領域を結合させたジンクフィンガーヌクレアーゼ（ZFN：zinc finger unclease）と呼ばれる人工的な制限酵素を利用します．FokIは2分子が1組となってDNAを切断するので，切断したい塩基配列の領域を挟み込むような1組の分子を使います．ただし，ジンクフィンガーのDNA結合領域は特定の3塩基の配列を1組として認識するため，結合できる塩基配列に制限がありました．
>
> 　そこで，ジンクフィンガーに変わるDNA結合タンパク質として植物病原菌由来のTALE（transcription activator-like effector）タンパク質を利用した画期的な方法が2010年に開発されました．TALEタンパク質には特定の1塩基に結合する4種類のDNA結合領域が繰り返し存在します．この4種類のDNA結合領域を並びかえれば，目的の塩基配列に合わせたDNA結合領域をデザインできます．このDNA結合領域にFokIのDNA切断領域を結合した人工制限酵素はTALEN（TALEヌクレアーゼ）と呼ばれ，この酵素の登場により，塩基の並び方にとらわれないゲノム編集が可能になりました．
>
> 　技術革新は更に進み，2013年にはCRISPR/Cas（clustered regularly interspaced short palindromic repeat/CRISPR-associated）法と呼ばれる全く新しいゲノム編集技術が発表されました．この方法では，DNAの切断したい領域の塩基配列に相補的なガイドRNAと，Cas9というバクテリア由来のDNA切断酵素を組み合わせることで，ガイドRNAが結合したDNA領域を切断できます．この最新の技術では，複数のガイドRNAを1つの細胞に入れることにより，複数の遺伝子を同時にノックアウトしたり，ゲノムから広範囲にわたってDNAを切り取る作業ができたりするようになりました．こうした研究技術のめざましい進歩により，生物のゲノムを自由に編集できる時代が到来しつつあります．
>
>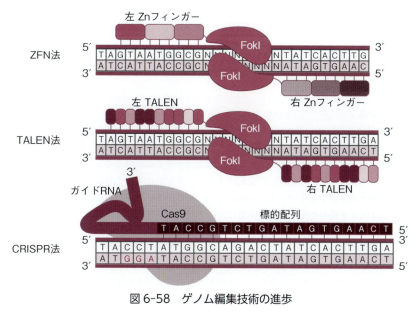
>
> 図6-58　ゲノム編集技術の進歩

Step up

エピジェネティクス

　遺伝形質の発現では,「DNA → mRNA →タンパク質→形質発現」という経路に従って, DNA 上の遺伝情報が形質として現れます. この場合, 遺伝的な形質の変化は DNA 上の塩基配列の変化に起因することになりますが, なかには塩基配列の変化を伴わずに遺伝子の発現量の差によって形質の違いが生じる場合があります. このような DNA の遺伝的変化によらず, 後天的な遺伝子発現の違いに起因して形質発現の違いが起こる現象をエピジェネティクス epigenetics と呼びます. 発生過程に見られる体細胞の分化では, 同じゲノム DNA を持ちながら細胞の種類によって異なる形質が発現されます. これは典型的なエピジェネティクスの例です. 三毛猫の雌に黒と茶の体毛がモザイク状に現れるのは, 2 本ある X 染色体の一方をランダムに不活性化するエピジェネティクスの制御によります. エピジェネティクスは, DNA や DNA を巻き込むヒストンタンパク質の化学的修飾により引き起こされます. その代表的な機構である「DNA のメチル化」では, DNA のシトシンにメチル基を結合(メチル化), あるいは除去(脱メチル化)することにより, 遺伝子発現を不活性化あるいは活性化しています.

Chapter 7 ホメオスタシス（恒常性）

Summary

海の中で生育する単細胞の生物や植物には，ホメオスタシスという仕組みは見られず循環系や神経系も発達していません．動物の場合，魚たちの仲間が海水から淡水に進出（進化）したときに腎臓を発達させ体液の浸透圧調節を可能にしたと考えられています．その後，多くの生物が陸上の過酷な環境に挑戦し，生育するための様々なシステムを築き上げていきました．特に動物の中には，代謝，生殖と発生などのための組織器官を発達させ，変化する環境に対して安定した内部環境を作ることができるものが現れました．哺乳類が，寒冷化した地球環境を克服し，現在のように地球上で繁栄できたのも，体温調節の仕組みがあったからです．私たちヒトにおいて，ホメオスタシスを担うのは自律神経系と内分泌系です．どちらも間脳に中枢があり，調節の内容によって独立して働く場合と協調して働く場合が見られます．

Keywords

ホメオスタシス homeostasis	環境 environment	自律神経系 autonomic nervous system
体液 body fluid	循環 circulatory system	間脳 diencephalon
	内分泌系 endocrine system	
	ホルモン hormone	

1 ホメオスタシスの概念

ホメオスタシス homeostasis とは，「同じ」という意味の homeo と「平衡状態」という意味の stasis を結びつけた語で**恒常性**とも訳されます．一般に多細胞生物の体内の生理的状態が一定に保たれていることを示します．1932年，アメリカの生理学者キャノン（1871〜1945）が提唱したものです．

都市部の住宅を考えてみましょう．電気・ガス・水道は生活する上で欠くことができないインフラです．都市を多細胞生物に，住宅を細胞に例えると，電気は差し詰め神経系に，ガスや水道は血管系（植物は維管束系）に相当します．もし，このようなインフラがストップしたとなると，私たちは日常生活を営むことができなくなるように，多細胞生物の細胞や組織が個体を維持しつつ働く上で神経系や血管系（維管束系）は必要不可欠なのです．多細胞生物の恒常性の維持には神経系と血管内を流れるホルモンが重要な働きをしているのです．

1 内部環境と外部環境

フランスの生理学者ベルナール（1813〜1878）は，光・温度・塩分濃度などの個体に対する環境要因（外部環境）に対して，多細胞生物で体液や生理状態（体温・血糖値など，細胞のまわりの環境）を**内部環境**と呼びました（図7-1）．ヒトの場合，内部環境は**体液（血液・組織液・リンパ液）**が連絡している組織や器官の状態をいうので，消化管内部は厳密には外部環境（体の外）になります．

また細胞内部を満たす液体を細胞内液，細胞の周囲の液体を細胞外液といいます．体液は細胞外液でもあります．

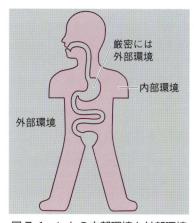

図7-1 ヒトの内部環境と外部環境

表7-1 ヒトのホメオスタシス

調節機構	関係する主な器官や組織
血糖値の調節	膵臓・副腎
水分量の調節	腎臓
体温調節	副腎・甲状腺・骨格筋
性周期の調節	卵巣・精巣
生体防御	リンパ腺・胸腺

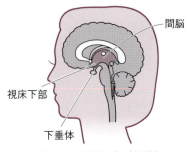

図7-2　間脳の視床下部

2 単細胞生物と多細胞生物のホメオスタシス

　水中や土の中の単細胞生物の場合，細胞膜を通して外部環境の影響が直接細胞内部に及びますが，実際に受ける影響は小さいといえます．なぜならば海水や土中の環境要因は安定しているからです．しかし，陸上に進出した多細胞動物はどうでしょう．光や気温を例にとると，直射日光を受ける表皮細胞の温度は酵素の最適温度の範囲を超えることがあり，一方，氷点下の環境で放って置けば細胞は凍りつき，深部の細胞と状態が大きく異なり正常な生命活動ができなくなることもあります．そのため多細胞動物の体内には，どの細胞の環境も一定に保つように多量の水分を含む体液が循環しているのです．

3 体液とホメオスタシス

　体液のうち**組織液**とは毛細血管壁より血漿の一部がしみ出たもので，細胞間隙を流れた後は再び毛細血管内に戻ります．しかし，一部の組織液は毛細血管に戻らずリンパ管内に入り**リンパ液**となります．このように体液は体中の細胞間に行き渡り，養分を供給しガス交換を行い，老廃物を回収します．特に血管内を短時間で循環する血液には，体温・浸透圧・血糖値などの情報を伝える役割もあります．なお，ヒトに見られるホメオスタシスには表7-1のようなものがあります．

 ## 2 内分泌系とホルモン

　ホルモンと聞くと焼肉屋を思い出す人も多いでしょう．焼肉屋のホルモンは内臓肉を指しますが，一説では，その語源は「放るもん」で，焼肉としては利用されず捨てられていたことから来ているようです．ここで扱う「ホルモン」とは，内分泌腺から血液中に分泌され，諸器官および体全体の働きを調節する物質を示します．ホルモンとは「刺激する」という意味で，イギリスのスターリングが1905年に命名したものです．

1 恒常性の中枢

　血液を通して脳に送られた体温・血糖値・水分量・各種ホルモン濃度の情報は**間脳の視床下部**で感知されます．これらの情報を受け取った間脳の視床下部は**自律神経系**（交感神経と副交感神経）を興奮させて各臓器や器官の働きを直接調節します．また，視床下部の神経分泌細胞からはホルモンが分泌され，直下に位置する，**下垂体**に血液によって運ばれます．この下垂体からは様々なホルモンが血液中に分泌され全身に送られます．このようにヒトの恒常性の中枢は間脳の視床下部（図7-2）にあり，自律神経系やホルモン系の協調作用によって生理状態の調節が行われるのです．

2 内分泌腺と外分泌腺 （図7-3）

　細胞が集まって特定の物質を生産し，細胞外へ分泌する器官を**腺**といいます．汗腺（汗），涙腺（涙），だ液腺（だ液），胃腺（ペプシノゲン，HCl），皮脂腺（皮脂）などは**外分泌腺**といい，生産された物質は導管を通って，または直接腺外に出されます．一方，**内分泌腺**には導管はなく，生産された物質は細胞を取り囲んでいる毛細血管内に分泌されます．ホルモンはこのような内分泌腺で作られ，血液と共に血管内を流れて目的とする細胞や器官に達して効果を現します．このような目的とする細胞や器官を**標的細胞・標的器官**といい，これらの細胞はホ

2. 内分泌系とホルモン

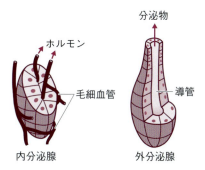

図7-3 内分泌腺と外分泌腺

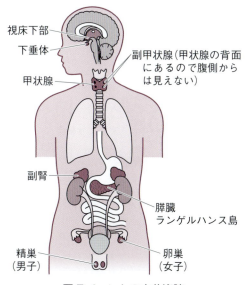

図7-4 ヒトの内分泌腺

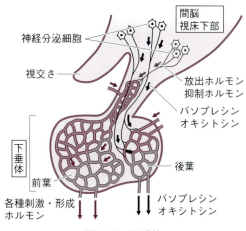

図7-5 下垂体

ルモンに対する受容体を持っています．

3 ヒトの内分泌腺とホルモン（図7-4）

(1) 下垂体（脳下垂体）

ヒトの下垂体は，間脳視床下部の下端についている重さ約0.6g，長さは約8mmのアズキ豆ほどの内分泌腺です．前葉と後葉よりなります．中枢である間脳の視床下部でキャッチされた情報によって神経分泌細胞が興奮すると，各種の「放出」「抑制」ホルモンが合成・分泌されて血管を通して下垂体前葉に送られます．次いで下垂体前葉からは，それぞれの標的細胞・器官に見合った「刺激」「形成」ホルモンが分泌されます．また，間脳視床下部の神経分泌細胞では，**バソプレシン**や**オキシトシン**といったホルモンが作られ，軸索を通って下垂体後葉に蓄えられます．なお，魚類や両生類などの下垂体には中葉が発達しており，そこから分泌されるインテルメジン（黒色素胞刺激ホルモン）には，黒色色素であるメラニンの合成を高め，色素胞中のメラニンを拡散させて体色を暗化させる働きがあります（図7-5）．

(2) 甲状腺・副甲状腺

甲状腺は気管の前面にH型に付着している約20gの内分泌腺です．触診によってその形や大きさを調べることもできます．甲状腺には多数のろ胞という細胞に囲まれた腔所（ろ胞腔）があり，その中には**甲状腺ホルモン**（チロキシン，トリヨードチロニン）の前駆物質（チログロブリン）が蓄えられています．下垂体前葉より分泌された甲状腺刺激ホルモンがろ胞内に送り込まれると，この前駆物質が分解され，甲状腺ホルモンとなって血液中に放出されます．甲状腺ホルモンは肝細胞や骨格筋などに働いて異化作用を促進し発熱量を増やします．

副甲状腺は甲状腺の背面に左右2対ずつ，計4つある米粒大の内分泌腺です．血液中のCa^{2+}濃度の低下を感じると**パラトルモン**というペプチドホルモンを分泌し，腎臓でのCa^{2+}の再吸収を促進させ，また，骨中のカルシウムを血液中に放出させて血中Ca^{2+}濃度を上昇させます（図7-6）．

(3) 膵臓

膵臓は胃の下部，十二指腸の横に位置する細長い臓器で，消化酵素である膵液を分泌する外分泌腺でもあり，ホルモンを分泌する内分泌腺でもあります．その組織切片を観察すると，導

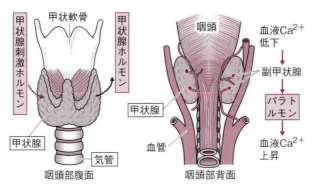

図7-6 甲状腺と副甲状腺

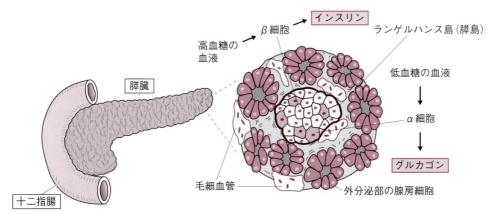

図7-7 膵臓

管を中心に持つ外分泌腺の隙間を埋めるように，点在する内分泌腺の細胞群を観察することができます．この細胞群はランゲルハンス島と呼ばれ，細胞群は分泌するホルモンの違いよりα（A）細胞とβ（B）細胞などに分けられます．α細胞からは血糖値を上昇させる働きがあるグルカゴンが，β細胞からは血糖値を下げる効果を示す**インスリン**が血管内に分泌されます．また，交感神経はα細胞を，副交感神経（迷走神経）はβ細胞を刺激します（図7-7）．

(4) 副腎

ヒトの副腎は腎臓の上に乗っている1対の内分泌腺で重さは約7gです．腎臓とは構造的にも機能的にも独立した器官です．その断面を見ると副腎の大部分を占める黄色い**皮質**（中胚葉由来）と赤みを帯びた**髄質**（外胚葉神経冠〔神経堤〕由来）とが明瞭に区別することができます．皮質が黄色く見えるのは，細胞中に脂肪が多く含まれているためであり，髄質が赤みを帯びるのは毛細血管に富むからです．発生上の由来が異なるため，分泌されるホルモンは皮質と髄質とで成分が異なります．皮質からはステロイド系の，髄質からはアミン系のホルモンが分泌されます．さらに，副腎皮質は3層に分かれ，各層から**糖質コルチコイド**，**鉱質コルチコイド**が分泌され，副腎髄質からは**アドレナリン**や**ノルアドレナリン**が分泌されます（主な働きは後述の表7-2参照）．アドレナリンは，皮質より分泌される糖質コルチコイドやある種の転移酵素の働きによってノルアドレナリンより作られます．アドレナリンは血糖値の上昇や心拍数の増加，消化運動抑制，瞳孔散大などを，ノルアドレナリンは血圧の上昇などを引き起こします．副腎髄質には交感神経の節前ニューロンが連絡しています（図7-8）．

(5) 卵巣・精巣

卵巣や精巣はそれぞれ雌雄の生殖腺で，これより分泌されるホルモンを**性ホルモン**（ステロイド系）といいます．精巣は睾丸とも呼ばれ股間の陰囊内に1対あり，卵巣は子宮の左右，卵

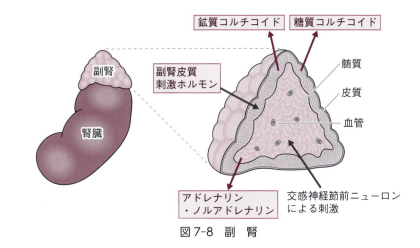

図7-8 副腎

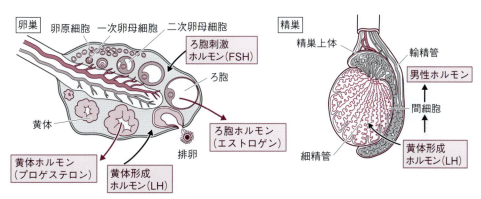

図7-9 卵巣と精巣

管膨大部の先にあります．精巣および卵巣内では減数分裂によって精子や卵が形成される一方で，それぞれの細胞（組織の細胞や卵やろ胞の細胞）より性ホルモンが血液中に分泌され，生殖腺自体の発育や男女の二次性徴の発現を促します．思春期を過ぎた男性は，下垂体前葉から（男性であっても）ろ胞刺激ホルモン follicle stimulating hormone（FSH）や黄体形成ホルモン luteinizing hormone（LH）が分泌されます．特にLHは精巣の精管内にあるライディヒ細胞に作用して，雄性ホルモンであるテストステロンをコレステロールを原料に合成します．同様に女性も思春期を過ぎるとFSHやLHが卵巣に作用し，ろ胞からはエストロゲン，黄体からはプロゲステロンが分泌され性周期を調節します．女性ホルモンも男性ホルモン同様，コレステロールより合成されます（図7-9）．

(6) 胎 盤

a．絨毛膜性（胎盤性）ゴナドトロピン

絨毛膜性ゴナドトロピン human chorionic gonadotropin（HCG）は胎盤より血液中に分泌され黄体の維持を促します．その分泌は妊娠直後より見られ，約10週目にピークを迎えます．なお，HCGは糖タンパク質で，アミノ酸配列は黄体形成ホルモンと似ています．

b．胎盤性ラクトゲン（HPL）

プロラクチン（PRL）は妊娠が成立した後，下垂体前葉より分泌され乳腺を刺激して乳汁分泌を促すホルモンですが，胎盤からも類似の働きをする胎盤性ラクトゲン human placental lactogen（HPL）が分泌されます（図7-10）．

c．胎盤由来のプロゲステロン

妊娠中期になると黄体由来のプロゲステロンにとって替わるようになります．

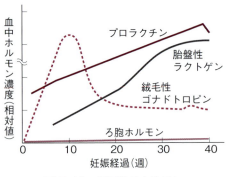

図7-10 妊娠後のホルモン

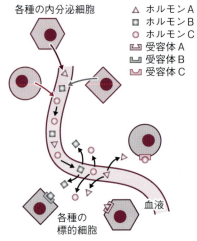

図7-11 ホルモンと標的細胞

3 ホルモンによる調節

1 ホルモン

(1) ホルモンの特徴（表7-2）

ホルモンは，その化学構造により**ステロイド系**と**ペプチド系**などに分類されます．ステロイド系ホルモンは副腎皮質や生殖腺などの中胚葉由来の内分泌腺より分泌され，ペプチド系ホルモンは，その他の内分泌腺（外胚葉性または内胚葉性器官）より分泌されます．血液中に分泌されたホルモンは**標的器官**や**標的細胞**に届けられ作用し，微量でも効果が見られます（図7-11）．また，成長ホルモンを除けば，他の動物のホルモンもヒトに対して同じ作用を示します．例えばインスリンは，かつてウシやブタから得られたものを治療に用いていました．現在では遺伝子組換え技術を用いて，大腸菌などを使って精製されています．なお，ペプチドホルモンは経口的に取り入れても消化器官で消化・分解されてしまいほとんど効果はありません．

(2) ホルモンの作用

ホルモンには，その種類によって作用する仕組みが異なっています．ステロイド系のホルモンは脂溶性であり，細胞膜を通過しやすいので標的細胞に達すると直接核内に入り，受容体と結合してDNAに作用し，タンパク質（酵素など）を合成させます．ペプチド系のホルモンは水溶性であり，標的細胞の細胞膜にある受容体と結合し，膜内にある酵素を活性化させます．活性化し増幅した酵素は，ATPより環状AMP（cAMP）の合成を促し，細胞質内でキナーゼなどの酵素の活性化を経て核内のDNAに働き

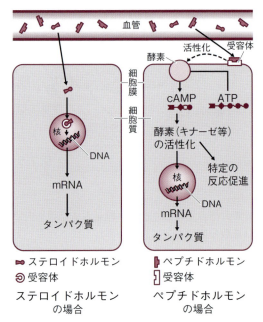

図7-12 ホルモンの作用機序

ます．このようにステロイド・ペプチド両系統のホルモンとも酵素を合成し活性化させて作用を発現します（図7-12）．

(3) フィードバック作用（調節）

内分泌腺と標的細胞（器官）は血液によって連絡しています．もし，標的細胞に十分な量のホルモンが届いていたとすると，そのホルモンが上位の中枢に作用して下位の内分泌腺のホルモンの分泌量を抑制します．逆に，ホルモン量

表 7-2　脊椎動物の主な内分泌腺とホルモン

内分泌腺		ホルモン	系	主な働き	分泌異常(＋過剰時, －不足時)
下垂体	前葉	成長ホルモン	P	細胞の代謝を高め, 成長を促進, 血糖値を上昇	(＋) 巨人症
		甲状腺刺激ホルモン	P, **	甲状腺の発育とチロキシンの分泌促進	
		副腎皮質刺激ホルモン	P	副腎皮質の発育と糖質コルチコイド分泌促進	
		ろ胞刺激ホルモン (FSH)	P	ろ胞ホルモン分泌促進	
		黄体形成ホルモン (LH)	P	黄体の発育と雌・雄性ホルモンの分泌促進	
		プロラクチン	P	黄体ホルモンの分泌と乳腺の乳液分泌促進	
	中葉	黒色素胞刺激ホルモン (インテルメジン)	P	魚類・両生類・は虫類の色素胞中の色素顆粒の拡散促進→体色が濃くなる	
	後葉	バソプレシン	P	毛細血管を収縮させ, 血圧を上昇させる. 主に集合管での水分再吸収を促進し, 尿量を減らす (抗利尿作用)	(－) 尿量増加
		オキシトシン	P	子宮筋の収縮. 乳汁分泌促進	
副甲状腺		パラトルモン	P	血液中の Ca^{2+} を上昇させる	(－) テタニー病 (＋) 骨の脱灰
膵臓 ランゲルハンス島		インスリン (β細胞)	P	血糖値の下降	(－) インスリン性糖尿病
		グルカゴン (α細胞)	P	血糖値の上昇	
甲状腺		チロキシン トリヨードチロニン	*	代謝 (特に異化作用) 促進. 甲状腺刺激ホルモンの分泌抑制. 両生類では変態. 鳥類では換羽促進. 細胞からの水分放出促進	(＋) バセドウ病 (－) クレチン病 (－) 粘液水腫
副腎	髄質	アドレナリン	A	血糖値の上昇	(＋) アドレナリン性糖尿病
		ノルアドレナリン	A	交感神経と同じ働き	
	皮質	鉱質コルチコイド	S	無機イオン量の調節. 細尿管での Na^+ 再吸収促進. 炎症促進	(＋) 続発性アルドステロン症
		糖質コルチコイド	S	血糖値の上昇. 副腎皮質刺激ホルモンの分泌抑制. 炎症抑制	(＋) クッシング病 (－) アジソン病
生殖腺	精巣 (間細胞)	男性ホルモン (アンドロゲン)	S	雄の性活動の発現促進. 雄の二次性徴の発現促進	(－) 精巣萎縮 (－) 性徴消失
	卵巣 (ろ胞)	ろ胞ホルモン (エストロゲン)	S	雌の性活動の発現促進. 雌の二次性徴の発現促進	(－) 卵巣萎縮 (－) 性徴消失
	卵巣 (黄体)	黄体ホルモン (プロゲステロン)	S	排卵を抑制し, 妊娠を持続させる. 乳腺の発育促進	(－) 性周期異常 (－) 流産
胎盤		ヒト絨毛性ゴナドトロピン (HCG)	P, **	ろ胞の成熟と, 黄体の維持を促進	

この他, **視床下部ホルモン**として, 黄体形成ホルモン放出ホルモン (LRH), 甲状腺刺激ホルモン放出ホルモン (TRH), 成長ホルモン放出ホルモン (GRH), 成長ホルモン放出抑制ホルモン (GIF), 副腎皮質刺激ホルモン放出ホルモン (CRH) があります.
また, **消化管ホルモン**としては, ガストリン, セクレチン, コレシストキニンなどがあります.
P＝ペプチド系, A＝アミン系 (アミノ酸由来の化合物), S＝ステロイド系
＊：ヨウ素を結合したαアミノ酸構造を持つ.
＊＊：糖タンパク質.

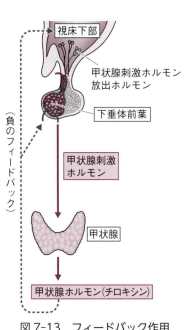

図7-13 フィードバック作用

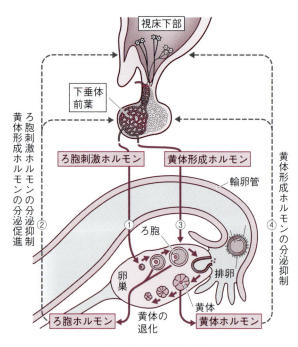

図7-14 性周期の調節

が不足すると分泌を促すように上位の内分泌腺に作用します．このように結果が原因側に働きかける調節をフィードバック作用といいます（図7-13）．

2 性周期の調節

性周期は，自律神経系による作用はなくホルモンの働きのみで調節されています（図7-14）．

①黄体ホルモンの減少が間脳視床下部や下垂体前葉にフィードバックされると，前葉から**ろ胞刺激ホルモン**が分泌され卵巣中の**ろ胞**が成長します．次に，ろ胞からはろ胞ホルモンが分泌されるようになります．

②ろ胞ホルモンは血液中を流れて間脳の視床下部にフィードバックし，**黄体形成ホルモン**の分泌を促進します．

③黄体形成ホルモンが分泌されると排卵が起こり，ろ胞は黄体に変化します．

④黄体からは**黄体ホルモン**が分泌され，妊娠に備え子宮内膜を発達させます．また，間脳視床下部や下垂体前葉にフィードバックして黄体形成ホルモン分泌を抑制します．

⑤**受精卵が着床しない場合**：黄体が退化し，黄体ホルモンが減少して子宮内膜が剥離し月経

が起こります．再び①に戻り，次の排卵が始まります．

⑥**受精卵が着床し妊娠が成立した場合**：黄体は退化せず維持され黄体ホルモンの分泌も継続し，ろ胞刺激ホルモンの分泌が抑制されたままになります．

3 浸透圧の調節

血液中の浸透圧もホルモンによって調節されています．汗をかいて水分を失ったり，塩分を取りすぎたりして血液の塩分濃度が上昇し浸透圧が高くなると，下垂体後葉から**バソプレシン**が放出されます．血液によって腎臓に運ばれたバソプレシンは腎臓内の遠位細尿管あるいは集合管に働いて水分の再吸収量を増やし浸透圧を低下させます．逆に血液の浸透圧が下がったときは，副腎皮質より**鉱質コルチコイド**が分泌され，細尿管でのNa^+の再吸収を促し，浸透圧を上昇させます（図7-15）．

4 神経系による調節

本章のはじめに，神経系を都市の電気に，血管系をガスや水道に例えた話をしました．これ

4. 神経系による調節

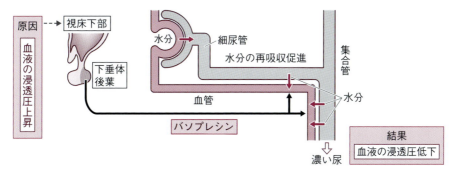

図7-15 浸透圧の調節（血液の浸透圧が上昇した場合）

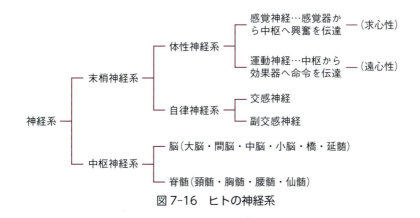

図7-16 ヒトの神経系

は，日常生活での電気やガス・水道の必要性をヒトの生命活動に置き換えたもので，恒常性を維持するためには神経系も血管系も欠くことのできない働きを持っていることを示したかったからです．特に電気に例えられる神経系には，情報の伝播速度が速いという特徴もあることがわかります．ここでは神経系の一つである自律神経系による調節について見ていくことにしましょう（図7-16）．

1 自律神経系

自律神経系 autonomic nervous system は，脊椎動物の末梢神経系の一つで**交感神経**と**副交感神経**があり，その中枢は**間脳の視床下部**です．大脳には自律神経系の中枢がないため，意思とは無関係に臓器や内分泌腺などの機能を調節します．

2 交感神経と副交感神経

交感神経の節前ニューロンは胸髄と腰髄を出て**交感神経節**に入り，そこから節後ニューロンが各組織や器官に向かいます．神経節とは，神経どうしの接続場所（シナプス）です．交感神経の場合には神経節が脊椎骨の側方で数珠状に連なり交感神経幹となっています．**節前ニューロン**は神経管由来であり，**節後ニューロン**は神経冠（神経堤）由来です．交感神経では，節前ニューロンのほうが節後ニューロンより短いのが特徴です．

副交感神経の節前ニューロンは，中脳（動眼神経）や延髄（顔面神経・舌咽神経・迷走神経）より出て各器官や臓器に向かうものと，仙髄より出て仙髄神経として組織や器官に向かうものとがあります．いずれにせよ，節前ニューロンが長く，臓器の手前や臓器内で短い節後ニューロン（神経冠由来）と接続します（図7-17）．

交感神経も副交感神経も器官や臓器と直接つながって興奮を電気的に伝えているのではありません．神経節にあるシナプスでは，電気的な興奮は神経伝達物質に置き換えられて伝達されます．神経節のシナプスでの神経伝達物質は交感神経・副交感神経とも**アセチルコリン**です．

Chapter 7 ホメオスタシス（恒常性）

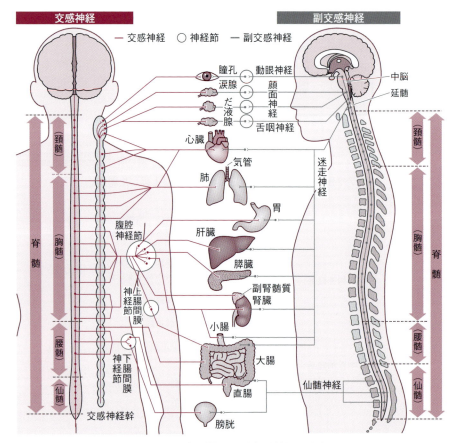

図 7-17　交感神経と副交感神経の分布

また，節後ニューロンの神経末端からは，交感神経では**ノルアドレナリン**が，副交感神経では**アセチルコリン**が分泌されます（例外的に汗腺へ伸びた交感神経末端からもアセチルコリンが分泌されます）．このような神経伝達物質により，交感神経が興奮すると各臓器や器官は**闘争的な状態**に適するように反応し，副交感神経が興奮すると**リラックス状態**を維持するように反応します．同じ器官や臓器に両方の神経系が分布しているときは，互いの働きは拮抗的に作用します（表 7-3）．拮抗的とは，片方の神経が促進的に作用した場合，もう一方の神経は，その働きを抑えるように作用することを示します．ただし，交感神経のみが分布している器官では，交感神経の活動状態によって調節されます．

5　内分泌系と神経系によるクロストーク

ヒトの恒常性のメカニズムを調べてみると，主に内分泌系が働いて調節されているのは「性周期」と「体液の浸透圧」の調節です．「血糖値」「体温」「消化液の分泌」の調節では内分泌系と神経系が協調して働いています．ここでは内分泌系と神経系の協調作用によって調節されている恒常性の仕組みについて見ていくことにしましょう．

1 血糖値の調節

血糖とは血液中のグルコースのことで，その濃度を示したものが血糖値です．血糖値は，通常 60 〜 100 mg/100 mL に保たれています．食後には，この値は一時的に 130 〜 140 mg/100 mL ほどに増加しますが，食後 3 時間もすると通常の値に戻るのが普通です．また，血糖

5. 内分泌系と神経系によるクロストーク

表7-3 交感神経，副交感神経系の拮抗作用

器官・組織	交感神経	副交感神経	器官・組織	交感神経	副交感神経	器官・組織	交感神経	副交感神経
瞳 孔	拡大	縮小	肝臓	グリコーゲンの分解	グリコーゲンの合成	皮膚汗腺	分泌促進	*
涙 腺		分泌促進	胃・小腸	運動抑制	運動促進	副腎髄質	アドレナリンノルアドレナリン分泌促進	*
だ液腺	粘液成分が多いだ液分泌を促進	酵素成分が多いだ液分泌を促進	膵臓	α細胞を刺激	β細胞を刺激	子 宮	収縮	拡張
				膵液分泌を抑制	膵液分泌を促進	男性生殖器	射精	勃起
気管支平滑筋	弛緩	収縮	皮膚血管	収縮	*	膀 胱	排尿の抑制	排尿の促進
心 臓	拍動の促進	拍動の抑制	皮膚立毛筋	収縮	*	（血圧）	上昇	低下

＊副交感神経は分布していない．

値が60 mg/100 mL以下になると脳に必要なグルコースが十分に供給されず昏睡状態になることがあります．逆に血糖値が160 mg/100 mLを超えると腎臓でのグルコース再吸収量が限界を超えてしまうため，尿中にグルコースが含まれることになります．これを**糖尿**といい，恒常的に糖尿が見られる状態が**糖尿病**です．糖尿病は痛みを伴わない病気で，網膜症や神経症，血管障害などの合併症を引き起こします．

(1) 血糖値が下がったとき

人類史上，栄養状態がよかった時代は極めて少なかったといえます．近世に入ってからは一部の裕福な人に糖尿病が見られたようですが，ヒトは幾度となく飢餓状態を経験したに違いありません．このように人類は高血糖で病気を併発して死ぬことよりも飢餓状態が続いて死に直面したことのほうが多かったのです．血糖値が下がった場合に最悪の死を回避するためのシステムのほうが，血糖値が上がった場合の調節システムよりも充実しているのはそのためでしょう．

血液中の低血糖状態は，間脳視床下部の血糖調節中枢により感知され，この情報はただちに交感神経に伝えられます．交感神経の興奮は副腎髄質を刺激して**アドレナリン**の分泌を促します．アドレナリンは血流に乗って肝臓に運ばれ，肝細胞中に貯蔵されていたグリコーゲンを分解し，グルコースを放出させて血糖値を上昇させます．交感神経の興奮は膵臓にも伝えられ，さらに膵臓を流れる低血糖の血液からの情報とあいまってランゲルハンス島のα(A)細胞から**グルカゴン**が放出されます．グルカゴンもアドレナリン同様，肝細胞中のグリコーゲンを分解してグルコースに変えるので血糖値が上昇します（図7-18）．

一方，低血糖を感知した視床下部の血糖調節中枢の神経分泌細胞が放出ホルモンを生産し，これが血管を通って下垂体前葉に運ばれます．このホルモンによって下垂体前葉から**副腎皮質刺激ホルモン**が分泌されます．副腎皮質刺激ホルモンは，血流によって副腎皮質に運ばれ**糖質コルチコイド**の分泌を促します．糖質コルチコイドは主に筋組織に働き，アミノ酸をグルコースに変える反応（糖新生）を促し血糖値を上昇させます．糖新生は，飢餓状態に陥ったときに発動するしくみです．

血糖値を上げるための以上の調節機構は，血液中の低血糖刺激と共にインスリンの濃度の低下も引き金となります．

(2) 血糖値が上がったとき

食事の後など，血糖値が上昇すると間脳視床下部の血糖量調節中枢が感知し，この情報が副交感神経を経て膵臓ランゲルハンス島β(B)細胞に伝えられます．血糖値の上昇はβ細胞でも独自に感知され**インスリン**が分泌され，インスリンは血流に乗り肝臓に達し，血液中のグルコースをグリコーゲンに変え肝細胞中に蓄えます．また，インスリンは組織での代謝を促進させてグルコースを分解し，血糖値を下げます．このように高血糖時に分泌されるホルモンはインスリン1種類のみです（図7-19）．

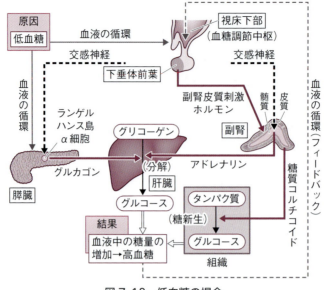

図7-18　低血糖の場合

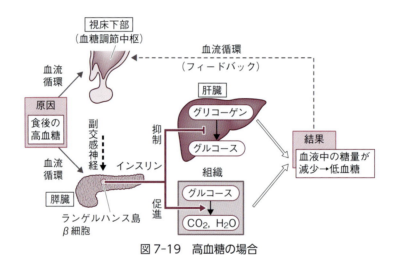

図7-19　高血糖の場合

(3) 糖尿病

　食後の高血糖状態は一時的なもので，インスリンの分泌によって血糖値は平常値に落ち着きますが，糖尿病は血糖値が常に高い状態となる病気です．糖尿病には大きく分けると2種類あります．**1型糖尿病**は膵臓のβ細胞が壊れることによってインスリン分泌が枯渇するタイプのもの，**2型糖尿病**はインスリン分泌低下を主体とするものと，インスリン抵抗性が主体でそれにインスリンの相対的不足を伴うもので，成因的にも病態面でも多様とされています．このため生活習慣病の代表のようにいわれる糖尿病ですが，遺伝的な要因や他の疾患，妊娠なども関係しており，同じ生活習慣をしてもなりやすさには個人差があります．

　近年，糖尿病と遺伝子の関係が少しずつ明らかになってきました（図7-20）．そして続々と糖尿病関連の遺伝子が発見されてきています．ここでは日本人の糖尿病の95％以上を占めるといわれている2型糖尿病と遺伝子について説明しましょう．なお，現在，治療を受けていない人や予備群を入れると，40歳以上の日本人の約4分の1の人が，2型糖尿病であるといわれているほどです．

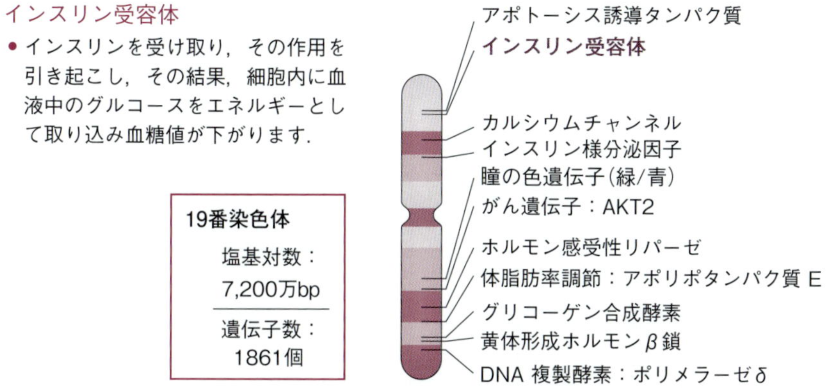

5. 内分泌系と神経系によるクロストーク

インスリン受容体
- インスリンを受け取り，その作用を引き起こし，その結果，細胞内に血液中のグルコースをエネルギーとして取り込み血糖値が下がります．

19番染色体
塩基対数：7,200万bp
遺伝子数：1861個

アポトーシス誘導タンパク質
インスリン受容体
カルシウムチャンネル
インスリン様分泌因子
瞳の色遺伝子(緑/青)
がん遺伝子：AKT2
ホルモン感受性リパーゼ
体脂肪率調節：アポリポタンパク質 E
グリコーゲン合成酵素
黄体形成ホルモンβ鎖
DNA複製酵素：ポリメラーゼδ

図7-20　ヒトの19番染色体にあるインスリン受容体遺伝子

　2型糖尿病は，①インスリンの分泌量の低下，もしくは，②糖の細胞内取り込み量の低下のどちらかの原因で尿中に糖が排出されるものです．「低下」と記したのは，年齢に相応した運動（栄養消費）をしないか，食事（脂肪）のとりすぎにより糖の処理能力が限界を超えて追いつけなくなり相対的に「低下」したものです．そもそも人類は長い飢餓の歴史を辿ってきたので，現代のような急激な飽食の時代には進化的にも対応しきれないといってよいでしょう．加齢と共に基礎代謝量が減少していく一方で，過食や運動不足によって先の原因①，②が生じることになります．

　しかし過食や運動不足の人が皆，糖尿病になるのかというとそうではありません．やはり遺伝的な要因があることも知られています．現在，考えられている2型糖尿病になるきっかけの一つが肥満です．肥満によって血糖値が上昇する遺伝子が働きはじめるか，血糖値を低下させる遺伝子が抑制されるのではないかというものです．これらを実験で確かめるにはヒトの個体を使うわけにはいかないので，2型糖尿病に類似した症状を示すラットを使います．その結果，ラットの11番染色体の長腕の先端付近に，糖尿病の原因遺伝子があることが報告されていて，何らかの関係があるのではないかと研究が進められています．

　この他に，細胞内への糖の取り込みに影響を与える膜チャンネルに異常をきたす遺伝子なども発見されています．このように現在では10個以上の糖尿病遺伝子が同定されていますが，この他にも糖尿病遺伝子の存在が予測されています．そして，これらの遺伝子が相互作用し同じ家族であっても環境要因などが影響して発病する場合としない場合が生じるようです．

　このような常染色体の糖尿病遺伝子の他にも，母性遺伝するミトコンドリアDNAの異常に起因する糖尿病についても研究が進められています．

2 体温の調節

　人類史の中で，ヒトは暑さよりも寒さに耐えて生きてきたのかも知れません．恐竜が栄えていた白亜紀にはすでに原始哺乳類も出現し，寒冷化した地球環境を生き抜くことができたのも体温調節が可能となったからです．

(1) 体温が下がったとき

　間脳の視床下部にある体温調節中枢が低温の血液を感知すると，交感神経を刺激して，この興奮が副腎髄質に伝えられます．副腎髄質からは**アドレナリン**が血液中に分泌され，その結果，心拍数が上昇します．また，交感神経は直接，心臓や肝臓に働いて心拍数を上げたり肝臓での代謝を活発にしたりして発熱量を増やします．この他にも甲状腺から分泌される**甲状腺ホルモン**や副腎皮質から分泌される**糖質コルチコイド**が肝臓や骨格筋の代謝量を増やして発熱量を増加させます．さらに骨格筋に分布している脊髄神経（運動神経）も興奮して骨格筋が収縮し発熱します．このように発熱量を増加させる一方で，アドレナリンや交感神経の刺激によって，皮膚の毛細血管や立毛筋が収縮して熱を逃がさ

Chapter 7　ホメオスタシス（恒常性）

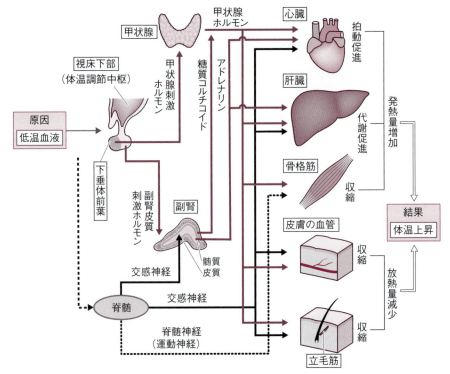

図7-21　寒いときの反応

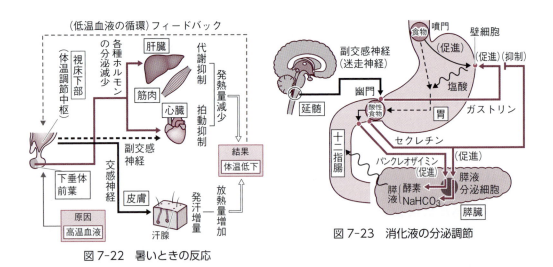

図7-22　暑いときの反応

図7-23　消化液の分泌調節

ないようにします（図7-21）．

(2) 体温が上がったとき

　私たちは暑いときには汗をかきます．これは，外分泌腺である汗腺から汗を分泌し，蒸発するときに皮膚表面で気化熱が奪われることで体温を下げる仕組みです．これは**自律神経系**によるもので，体温調節中枢で感知した高温の血液により，汗腺と連絡している交感神経が興奮して神経伝達物質である**アセチルコリン**（ノルアドレナリンではない）が分泌し発汗を促します．また，心臓と連絡している副交感神経も興奮して心拍数を抑制させます．皮膚の毛細血管も拡張して放熱を促します．体温を上げる際に心臓や肝臓，骨格筋などに働いていた各種ホルモン

は分泌量が減少するので心拍数や代謝量も減少し熱の産生量が減ります．このように暑いときには，体内を冷やす仕組みはなく，放熱を促すことと，熱の産生量を低下させることで，体温の上昇を防いでいます（図7-22）．

消化液の分泌調節

日常生活時には，交感神経が興奮していることが多く，そのときの消化液の分泌は抑制されています．食物が口に入ると，その刺激によって**副交感神経（迷走神経）**が興奮し，胃の出口近くの幽門部のG細胞から**ガストリン**というホルモンが血液中に分泌され，それが胃の壁細胞（p.85）に働くと，塩酸（HCl）の分泌が促進されます．次に酸性になった消化中の食物が十二指腸に達すると，その刺激で十二指腸から**セクレチン**と**パンクレオザイミン**というホルモンが分泌されます．セクレチンは膵導管からの炭酸水素ナトリウム（$NaHCO_3$）の分泌を促進させ，酸性になった状態の内容物を中和させます．またセクレチンは，胃壁からの塩酸の分泌を抑制させる働きもします．パンクレオザイミンは膵臓外分泌腺からの消化酵素の分泌を促進します（図7-23）．

> **Column**
>
> **モラル分子とも呼ばれる信頼のホルモンとは？**
>
> 　世界中の経済学者や社会学者に注目されているホルモンがあります．何しろ，それを上手く利用すれば，皆が道徳的にふるまい，経済活動も円滑に進むようになるというのですから，驚くべき機能です．そのホルモンとは，実は，百年以上も前から知られていたオキシトシンのことなのです．
>
> 　オキシトシンは視床下部で合成されて下垂体後葉から分泌される，たった9個のアミノ酸より成るペプチドホルモンです（表7-2参照）．1906年に発見され，「すばやい出産」を意味するギリシャ語から名付けられました．末梢組織で平滑筋の収縮に関与し，分娩時の子宮を収縮させ，乳腺の筋線維も収縮させて乳汁分泌を促すなどの働きがあるからです．このため，子宮収縮薬や陣痛促進剤などとして利用されてきましたが，男性にも存在し，モラル分子とも呼ぶべき作用があることがわかってきたのです．
>
> 　哺乳類の脳にオキシトシンを注入すると，一雌一雄の愛着関係を築き，他の異性に見向きもしなくなり，子を大事にし，別の親の子の面倒までもみるようになります．オキシトシンを合成できないように遺伝子操作（ノックアウト）したマウスは，他の個体を認識する能力が低下して群れなくなりますが，このマウスの脳にオキシトシンを注入すると，他の個体を認識できるようになり，群れにもなじんで，一緒に暮らせるようになります．まさに善い行動をさせて社会性を持たせる分子といえますが，そのメカニズムはどのようなものでしょうか．
>
> 　オキシトシンは同情でも分泌されます．気の毒な人に同情して，自らに何の得がなくても助けてしまうことがあるのはそのためです．しかもその後で，気分が良くなった経験が，誰にもあるはずです．ではなぜ気分が良くなるのでしょう．これにもオキシトシンが関係しています．オキシトシンは，中枢神経系での神経伝達物質としての役割もあり，不安を減らして気分をよくするセロトニンなどの神経伝達物質の分泌を促すのです．しかもドーパミンという意欲や学習などに関わる神経伝達物質も分泌されるようになります．どうやらオキシトシンは，周りの人に対して善い行いをさせ，しかもそれを継続するように働くことで社会性を持たせて，種の存続に貢献しているようなのです．
>
> 　私たちもオキシトシンの分泌量を簡単に増やすことが出来ます．家族など，好きな人と一緒に居たり，体を撫でてもらったり，マッサージをしてもらったり，手をつないだり，ハグしてもらうのです．柔らかい握手もオキシトシンの分泌を促して互いの信頼を高めることにつながるので，ビジネスシーンにおいても，例えば商談の後よりも始める前にした方が成立しやすいとまでいわれています．
>
> 　蛇足かも知れませんが，オキシトシンの分泌を妨げるホルモンもあることを紹介しておきましょう．その代表的なものは，男性ホルモンで筋肉増強作用の強いテストステロンです．男性より女性の方が，面倒見が良い傾向にあることもこれで納得できますね．筋力トレーニングもほどほどにした方が良い側面が，ここにもあるといってよいかもしれません．

Chapter 8 生体の防御・免疫系と疾患

> **Summary**
>
> 生物の体には，微生物やウイルスから自分の身を守る働きがあります．これを生体防御といいます．原始的な生体防御機構は，抗菌物質などによる非特異的なもので，自然免疫とも呼ばれます．ヒトでは，獲得免疫が発達しています．また免疫は，①抗体というタンパク質が中心的な働きをする体液性免疫と，②抗体を介さない細胞性免疫の2つに分けられます．ヒト免疫不全ウイルス（HIV）は，体液性免疫と細胞性免疫の双方の働きを阻害して後天性免疫不全症候群（AIDS）を引き起こしてしまいます．個体に異物として認識されるものは，細菌やウイルスなどの病原体だけではなく，無害の物質（花粉など）によっても類似の反応が起こることがあります．これらはアレルギー反応と呼ばれています．

Keywords

生体防御　defense	獲得免疫　acquired immunity	体液性免疫　humoral immunity
自然免疫　natural immunity	ホメオスタシス（恒常性）homeostasis	細胞性免疫　cellular immunity
	抗体　antibody	ヒト免疫不全ウイルス（HIV）human immunodeficiency virus

1 非特異的な生体防御機構

1 上皮組織による物理的バリア

いかなる生物も外界との仕切りがあり，この仕切りの部分で，まずは自分の体を守っていると考えることができます．上皮組織が発達した多細胞動物では，その物理的バリアとしての機能が重要です．体の表面を丈夫な皮膚で覆うことで，微生物やウイルスの侵入を防いでいるからです．

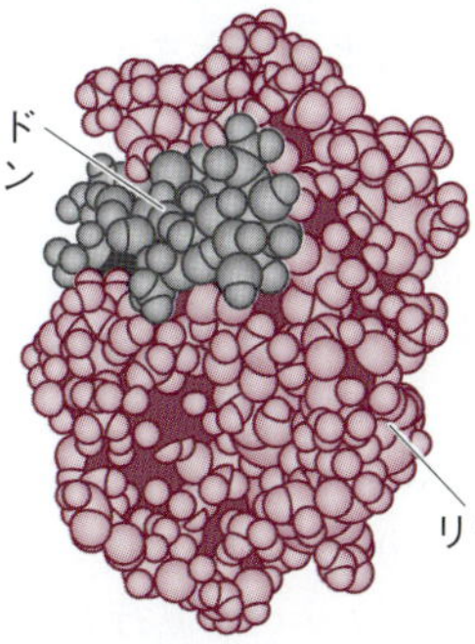

図8-1　細菌の細胞壁成分（ペプチドグリカン）と結合したリゾチームの分子模型

2 抗菌作用のある物質

実質的な生体防御機構といえば，外から侵入してきた微生物（特に病原体となり得る細菌）やウイルスなどに対して，どのように対抗するかを指します．最も原始的で簡単なのは，抗菌作用のある物質によるものです．

動植物界に広く分布する**リゾチーム**は，抗菌活性を持つ酵素の一種です．これは細菌などの細胞壁を構成する成分を分解する働きがあります（図8-1）．ニワトリ卵白やヒトの涙，だ液などに含まれるリゾチームは，細菌の他，真菌類（カビの仲間）の細胞壁も溶かすことができます．いわゆる水虫は，白癬菌といい，真菌類ですが，これが目や口の粘膜部分にできない理由は，このリゾチームが常駐して守ってくれているからです．

抗菌作用のある物質は他にもあります．後で述べる免疫のシステムを持たない多細胞動物では，細菌の細胞壁の多糖類や，糖タンパク質の糖鎖と結合することができるタンパク質を持つものがあります※．例えば，軟体動物のマイマ

※：こうしたタンパク質は，しばしば動物レクチンと呼ばれますが，動物レクチンのすべてが生体防御に関係しているものではありません．

イの類は，その体の中に**抗菌タンパク質**を持ち，粘液にも，別の抗菌タンパク質を分泌していることが知られています．抗菌タンパク質にくっつかれた細菌などは，活動しにくくなるかもしくは死にます．また次に示す，貪食作用のある細胞に食べられやすくなります．こうした作用を**オプソニン作用**といいます．

3 貪食作用のある細胞

多細胞動物には貪食作用を有している細胞による生体防御機構を持つものがいます．これらの細胞は体内をゆっくりと動きまわり，貪食できるものと接触すれば，食べて消化します．

以上の非特異的な生体防御機構は，自分の体の中に相手を殺す罠を仕掛けているようなもので自然免疫とも呼ばれます．この自然免疫には限界があります．そこで，より効率よく，どんなタイプの病原体にも対抗できるように，以下に述べる特異的な生体防御機構＝**獲得免疫**が発達したと考えることができます．

2 免疫の概念とは

1 免疫とは

「免疫」とは読んで字のごとく「疫を免れる」ことで，疫は病気ですから，「病気を免れる」という意味になります．

17世紀にヨーロッパで流行した黒死病・ペストにかかってから運良く生きながらえると，二度とかからないことが経験的に知られていました．理由は，当時はわからなかったのですが，この事実から，免疫の概念は出来上がってきたようです．二度目はかからないというのは，一度目の病気と同じ病気か，一度目と二度目の病原体がよく似た場合でなければ，この免疫現象は起こらないということです．ですから，免疫の概念は特異的な生体防御機能，すなわち獲得免疫にそのほとんどがあるといえます．

2 古くから応用された免疫

免疫を医療に初めて応用したのは，イギリスのジェンナーです．牛痘にかかった牛の乳をしぼる農婦は天然痘にかからないことを知った彼は，ヒトにほとんど害のない牛痘の膿を接種して天然痘に対して免疫をつける「**種痘法**」を1796年に開発しました．これが**ワクチン療法**のはじまりです．この場合は，牛痘ウイルスと天然痘ウイルスが非常によく似ていたために可能だったといえます．天然痘はこの方法のおかげで根絶されましたので，現在はこれと全く同じことはされませんが，この原理が他の病気の予防に応用されています．

このように，免疫とは，もともとは「病気を免れる」意味でしたが，現在では，免疫現象が病原菌以外に対しても起こることが知られています．ヒト以外のせきつい動物では異なる点も多いですが，少なくとも哺乳類に関しては，基本的に同じような獲得免疫の現象が知られています．

3 免疫担当細胞

(1) 骨髄で作られる免疫担当細胞

免疫に関わる細胞は，胎生期を過ぎたヒトではすべて骨髄で作られます．すなわち，骨髄には免疫に関わる細胞に分化できる未熟な細胞（造血幹細胞）が存在し，その細胞が**好中球**，**好酸球**，**好塩基球**，**単球**，**マクロファージ**，**T細胞**，**B細胞**などに分化します（図8-2）．

(2) 白血球とリンパ球

血液中の白血球とは，好中球，好酸球，好塩基球※と**リンパ球**（T細胞とB細胞）と単球をあわせて呼ぶ言葉です（p.31）．

リンパ球のうちT細胞は，免疫細胞として働けるようになるために骨髄から出た後，胸腺を通過する必要があります．このため，胸腺 thymus の頭文字を冠してT細胞と名付けられたものです．一方のB細胞は，骨髄から出た後，胸腺を通過することなく，働けるようになります．B細胞の名前は骨髄 bone marrow の頭文字からとったものです．B細胞内で粗面小胞体が発達して，抗体というタンパク質を合成・分泌するように分化すると形質細胞と呼ばれるようになります．この他，リンパ球には，T細胞でもB細胞でもない，**ナチュラルキラー（NK）細胞**という細胞もあります．

単球は，組織中に出ると大きくなり，マクロ

※：好中球，好酸球，好塩基球の3つをあわせて顆粒球といいます．

3. 体液性免疫

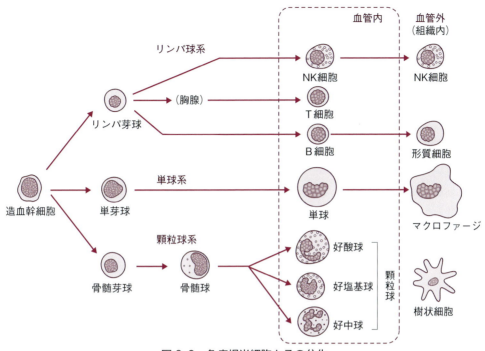

図 8-2　免疫担当細胞とその分化
単球とマクロファージについては口絵参照．樹状細胞の分化・成熟過程については未だ定説がありません．

ファージに分化します．全身の組織には，マクロファージと共に樹状細胞という細胞が分布しています．これらは貪食機能を持ち，貪食した異物がどんなものであるかを提示する機能もあります．

以上の細胞が協同して働くことで，免疫系が成り立っています．

 3 体液性免疫

獲得免疫には，体液中の抗体と呼ばれるタンパク質が異物を捕捉してその働きを抑える体液性免疫と，T細胞などが直接異物を攻撃する細胞性免疫の2つがあります（図 8-3）．まず，体液性免疫のメカニズムについて述べます．

1 抗体とは

リンパ球のうち，B細胞は体内に侵入してきた病原体のタンパク質や多糖類，あるいはその複合体を異物として認めると活性化し，分化して**形質細胞**になります．すると，異物に対して，特異的に結合する**抗体**を産生し，分泌します．こ

のとき，抗体が認識するものを**抗原**といいます．

抗体と総称されるタンパク質分子は，**免疫グロブリン**と呼ばれます．代表的な免疫グロブリンである**免疫グロブリン G（IgG）**の構造は，図 8-4 に示すように，2本の **H 鎖** heavy chain と 2 本の **L 鎖** light chain が，ジスルフィド結合（S-S 結合）によりつながっています．H 鎖は 110 個のアミノ酸残基からなる領域（ドメイン）が 4 つ，H 鎖は 2 つ連なったものです．Y 字型の折れ曲がっている部分は，**ヒンジ**（ちょうつがいの意味）**部**といい，この名の通り，ここは自由に折り曲がることができます．Y 字型の腕の先の部分に抗原との結合部があり，ヒンジ部からここまでの腕の部分を **Fab フラグメント**といいます．また，H 鎖だけでできているY 字型の胴体の部分は **Fc フラグメント**といいます．抗原と結合する Fab フラグメントの N 末端側の半分の領域を**可変部**，もしくは **V 領域**といい，ここは IgG ごとにアミノ酸残基の配列が異なっています．これ以外の領域はすべて，アミノ酸残基の配列は同じで，**定常部**，または **C 領域**といいます．

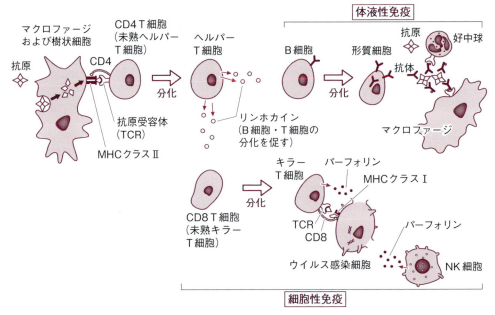

図8-3　体液性免疫と細胞性免疫

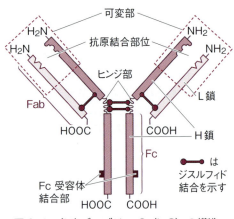

図8-4　免疫グロブリンG（IgG）の構造

2 抗体が作られる仕組み

抗体が抗原を認識して結合するとき，実際には，抗原のすべてを認識しているのではなく，その一部を認識しています．その部分を特に，**抗原決定基**あるいは**エピトープ**と呼んでいます．抗原がタンパク質やペプチドの場合，それは，アミノ酸10残基分ぐらいの大きさといわれています．

ところで，自然界に存在するエピトープとなり得るものは，様々な形をしているはずです．しかも，自然界にない人工物についても，抗体はできることがあります．これらの多様なものに対して正しく認識し結合できる抗体は，どのように作られるのでしょうか？　これについては，様々な学説が提唱されてきましたが，現在では，**クローン選択説**という，以下に述べるバーネットが1957年に提唱した考え方が基本的に正しいことがわかっています．

胎生期に，様々な抗体を作ることができるB細胞が，まず準備されます※．B細胞の細胞表面には，その細胞が作ることのできる抗体と同じ分子がつき出ています．1つのB細胞が作ることのできる抗体は1種類だけです．そして，

このようにIgGは2つの抗原結合部位を持っています．このため，抗体が結合すると，病原体はそれだけでも動きや活動が妨げられます．例えば，ウイルスの場合は細胞に侵入することができなくなります．それだけではなく，抗体のFcフラグメントには，マクロファージに認識されやすい部位があり，そのために抗体に結合された病原体はマクロファージに貪食されやすくなるのです．

※：遺伝子の組換えが起こります．これを発見したのが，ノーベル生理学・医学賞を受賞した利根川進博士です．

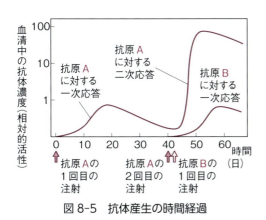

図 8-5　抗体産生の時間経過

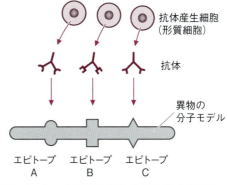

図 8-6　1つの異物を認識する抗体（多クローン抗体）の産生

自分の体（自己）の物質と反応するような抗体を作る B 細胞は，アポトーシスにより除去されていきます．このようにして，自己に対する抗体はできないようになっています．

　自己に対する抗体を作る B 細胞が除かれてから，仮に X（非自己）というエピトープが，これと結合できる抗原結合部位を持った B 細胞に出会って結合したとします．すると，その B 細胞は何度も細胞分裂し，自らの数を増やし，形質細胞に分化します．形質細胞は，X に対する抗原結合部位を持った抗体を盛んに合成して放出し，血液中にも抗体が増えていきます．

　X に対する抗体を作ることができる B 細胞が分裂して増殖するとき，ほとんどの B 細胞は形質細胞に分化しますが，一部は**メモリー細胞**として，体内に保存されます．この細胞は次に X と出会ったとき，すぐに分裂，分化して，抗体を産生，放出することができるのです．このために，2 度目に X が入ったときの抗体産生までに要する時間は短く，抗体量も多くなります．このような応答を**二次応答**と呼んでいます（図 8-5）．

　二次応答では，異物（病原体）が増殖したり，体に悪影響を及ぼす前に，大量の抗体で対応できるという利点があります．ワクチンは，このメカニズムを利用しているのです．

3　単クローン抗体とは

　体の中で抗体が作られるときは，たった 1 つの異物が入った場合でも，その異物上のいくつかのエピトープに対する抗体が産生されます（図 8-6）．すなわち，いくつかの種類の形質細胞がそれぞれ別の特異性を持った抗体を産生しているのです．同じ B 細胞から由来する形質細胞群は 1 つのクローンと考えることができますので，通常の抗体産生では，多クローンの形質細胞から作られた抗体が作られることになります．このような抗体を**多クローン（ポリクローナル）抗体**といいます．

　抗原を実験動物に注射してできた多クローン抗体を，検査や実験などに使うことは，比較的古くより行われてきました．しかし，多クローン抗体では，動物に同じように抗体を作らせても，できる抗体の性質は多少違っていることが常です．したがって，全く同じ抗体を供給することには限界があり，困ることがあります．そこで，抗体産生細胞と分裂増殖能が高い**骨髄腫（ミエローマ）細胞**を融合して，ただ 1 種類の抗体を産生する雑種細胞（ハイブリドーマ）を永久に増やすことができる方法が開発されました（図 8-7）．その細胞が作る抗体は 1 種類の同じ特異性を持つ抗体しか含まれていないので**単クローン（モノクローナル）抗体**といいます．この方法はクローンさえ絶やさなければ，永久に同じ抗体が大量に得られる上，抗体分子の特異性が同じなので，非常によく利用されています．

4　B 細胞だけでは抗体産生が不十分

　B 細胞だけでも，抗体産生をするようになることはありますが，マクロファージ，樹状細胞や**ヘルパー T 細胞**と呼ばれる細胞が抗体の産

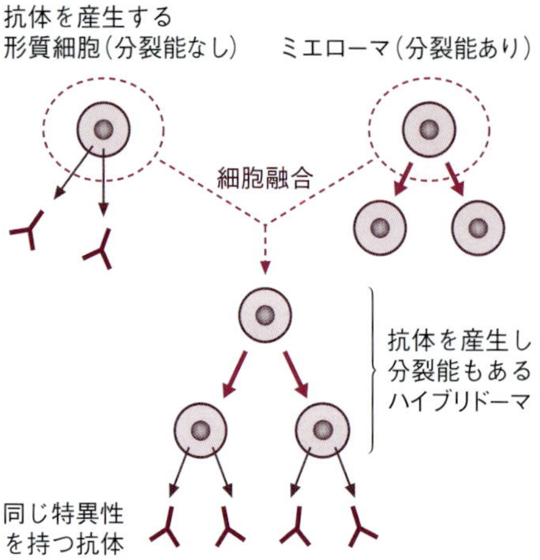

図 8-7　細胞融合による単クローン抗体作製法

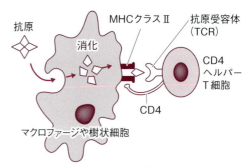

図 8-8　マクロファージや樹状細胞による抗原提示とそのヘルパー T 細胞による認識

生を助けていることが知られています[※1]．

マクロファージや樹状細胞は，病原体も貪食し，そのときに病原体の一部を，自らの持つ**MHC クラス Ⅱ**（MHC＝**主要組織適合遺伝子複合体**）という分子に挟み込んで細胞表面に提示します（図8-8）．これを**抗原提示**といいます．

マクロファージや樹状細胞が提示したものを，ヘルパー T 細胞が**抗原受容体（TCR）**と**CD4**[※2]と呼ばれる細胞表面分子で認識すると，そのヘルパー T 細胞は活性化されます．活性化されたヘルパー T 細胞は，リンホカイン（サイトカインの一種）と呼ばれる情報伝達分子の一種を出して増殖し，B 細胞の増殖と形質細胞への分化を促します（図8-3）．

このようなマクロファージとヘルパー T 細胞の働きで，十分な量の抗体の産生が可能になっているのです．

5　抗体と共に細菌を破壊する補体

血液中には，抗体と協同で働いて，細菌を破壊するタンパク質である**補体**もあります．細菌の外側に抗体が結合すると，その後で，補体も結合し，細菌の細胞膜に孔を開けます．そして細菌は，孔だらけになって死にます．

補体はこの他に，血管透過性亢進作用，好中球走化作用，オプソニン作用を持つことが知られています．

4　細胞性免疫

ウイルスは，遊離した状態では，抗体による体液性免疫の仕組みで捕捉され，不活化されます．しかし，一部のウイルスは，体の細胞にもぐり込んで増殖します．このように細胞の中に入ってしまったウイルスは，上に述べた体液性免疫のシステムでは対処できません．そこで，体には**細胞性免疫**というシステムが備わっています．

1　ウイルス感染細胞をチェックする仕組み

ウイルスにもぐり込まれた，すなわち感染された細胞では，ウイルスのタンパク質が部分的に分解されたものが，**MHC クラスⅠ**に挟まれ細胞表面に送り出されます（図8-9）．

これに対し，未感染細胞は，何も挟んでいない空の MHC クラスⅠしか細胞表面にありません．したがって，この細胞表面にある MHC クラスⅠをチェックすることで，ウイルスに感染しているかどうかわかるのです．

2　キラー T 細胞が感染細胞を見分ける

T 細胞には**キラー T 細胞**という種類があります．このキラー T 細胞も，ヘルパー T 細胞

[※1]：一方，B 細胞の抗体産生を妨げるレギュラトリー T 細胞という T 細胞もあります．
[※2]：CD は cluster of differentiation の略で，細胞膜表面に結合している抗原分子のことをいいます．リンパ球の区別や分類にも用いられます．

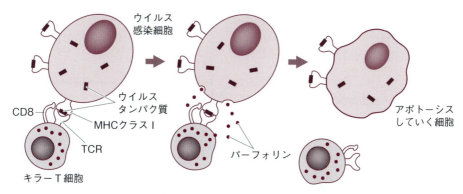

図8-9　キラーT細胞によるウイルス感染細胞の認識とパーフォリンの放出

が出すサイトカインによって活性化されると，体の細胞表面にあるMHCクラスIをチェックして，ウイルス感染細胞があるかどうか調べる役割をしています（図8-3）．そのチェックには，キラーT細胞表面にあるTCRとCD8というタンパク質分子が働きます．キラーT細胞は，ウイルス感染細胞を見つけると，**パーフォリン**という孔形成性タンパク質とグランザイムと呼ばれるアポトーシスを誘動するタンパク質を放出して，感染細胞を殺します．このようにして，ウイルス感染細胞は除去されます（図8-9）．

3 NK細胞の働き

ウイルスに対しては，この他にNK細胞で対抗する手段があります．少ししか体内にいませんが，NK細胞は，キラーT細胞と同様にウイルス感染細胞を見分けることができるリンパ球の一種です．

NK細胞の働きはいくつかあります．一つは，ウイルス感染の初期において，キラーT細胞が働けるようになる前に，ウイルス感染細胞を直接破壊する役割です．もう一つは，γ型インターフェロン（IFN-γ）というサイトカインの一種を分泌して，まだウイルスに感染していない細胞に，ウイルスに対する抵抗力をつけさせる役割です．この他に，体内の細胞ががん化した場合，それらを早くみつけて殺す役割もあります．

5 免疫と疾患

1 アレルギー

体に侵入してくるものは病原体とは限りません．体は，侵入してきたものが病原体かどうかではなく，自己か非自己（異物）かで見分け，非自己なら免疫反応が起こる仕組みになっています．このために，異物を排除しようとする生体の免疫反応が，過度に起こることで，問題を起こすことがあります．これを**アレルギー**，もしくは**過敏症**といいます．また，アレルギーを起こす原因物質（抗原）を**アレルゲン**といいます[※1]．

多くのアレルギー（I型アレルギー）では，アレルゲンによって感作された**免疫グロブリンE（IgE）**という抗体が，粘膜や結合組織にある**マスト細胞（肥満細胞）**の表面に結合しており，二度目に同じアレルゲンが体内に侵入すると，アレルゲンはIgEに結合して，マスト細胞から**ヒスタミン**やロイコトリエンを放出させ，このヒスタミンがアレルギー症状を引き起こすことがわかっています[※2]（図8-10）．

ところで，アレルギーを起こす人と起こさない人がいます．この点については，不明なことも多いのですが，例えば花粉症については，花粉の他の異物（煙の粒子など）も，一緒に体に入ると起こりやすいといわれています．要するに環境のちょっとした違いで異なってくるということです．（図8-11）．

※1：アトピー性皮膚炎はアレルゲンがはっきりしないアレルギーです．
※2：ヒスタミンを多く含む食物（鮮度の悪いサバなど）を食べても同じような症状が出ることがあります．

Chapter 8 生体の防御・免疫系と疾患

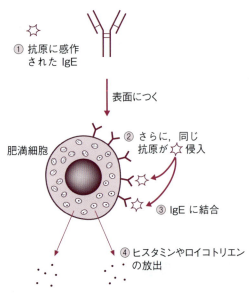

図 8-10 侵入した抗原が肥満細胞の IgE に結合してアレルギー反応を起こす

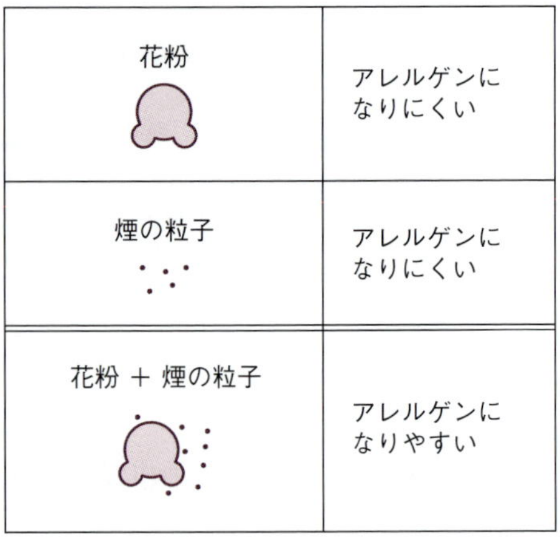

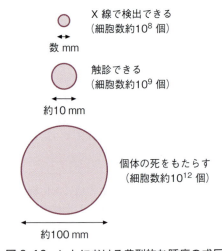

図 8-11 アレルギーを起こす原因となるもの（アレルゲン）

図 8-12 ヒトにおける典型的な腫瘍の成長

2 自己免疫疾患

免疫のシステムが，自己に対して働いてしまうと，重い症状を引き起こします．これらをまとめて**自己免疫疾患**といいます．自己免疫疾患は，全身性のもの（リウマチ性疾患，全身性エリテマトーデスなど）と臓器特異的（脳，甲状腺，胃，副腎，肝臓）なものがあります．発症の原因は様々ですが，不明なことも多いです．

3 がんと免疫

最近では，がん細胞は中年以降の人の体内なら誰にでも生じていると考えられるようになりました．ではどうして，皆がみんな，がんにはならないのかという疑問が生じますが，それは，がん細胞にも免疫が働いているからです※．

細胞ががん化すると，細胞表面の構造にも違いが生じてきます．その結果，それを異物として見分けられれば，それを排除しようとして，免疫が働くことができるのです．このとき働くのは主に NK 細胞だといわれています．すべてを排除できなくとも，増殖を抑えることはできます．しかし，免疫機能が衰えればがん細胞の増殖能が勝って，がん細胞が指数関数的に増えます．検査でも見つかるようになるのは，がん細胞の塊（腫瘍）が肉眼でも見えるぐらいに大きくなったときです（図 8-12）．こうなると，もう免疫機能が復活しても増殖を止めることはできません．したがって，免疫機能を生涯落とさなければ，がん細胞が生じても，臨床的ながんにはならないともいえるのです．

※：免疫ではありませんが，正常な細胞には，自身のがん化をチェックしている機構もあります．それによって細胞は，アポトーシスで自らを殺すことがあるとわかっています．

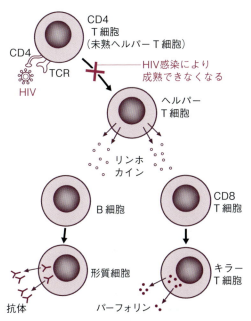

図8-13 HIVによる後天性免疫不全

表8-1 ヒトのMHCの分子

MHC クラスI (ほぼ全ての細胞に発現)	HLA-A	…約200種類
	HLA-B	…約400種類
	HLA-C	…約100種類
MHC クラスII (マクロファージや樹状細胞などに発現)	HLA-DR	…約300種類
	HLA-DP	…約100種類
	HLA-DQ	…約70種類

HLA は human leukocyte antigen の略.

免疫不全症では，弱毒性の微生物にも対応できなくなり，日和見感染症を起こしてしまい，死に至ることもあります．

6 臓器移植と免疫抑制剤

4 免疫不全症

免疫不全症とは，免疫系のどこかが機能しない状態をいいます．これには先天的なものと後天的なものがあります．

先天的なものは非常にまれですが，幹細胞不全，貪食機能異常，補体機能不全，B細胞機能不全，T細胞機能不全などが起こる場合があります．

後天性免疫不全症は，様々な原因で起こりますが，なかでも HIV (human immunodeficiency virus) 感染による後天性免疫不全症候群 (AIDS) がよく知られています．

HIV は，未熟なヘルパーT細胞の表面のCD4と呼ばれる，マクロファージからの抗原提示を読みとる際に機能する分子に結合して入りこみます．そのため，免疫のシステムの指揮官ともいえるヘルパーT細胞が働けなくなり，体液性免疫および細胞性免疫の双方が機能しなくなります (図8-13)．

1 他個体の臓器は拒絶される

個体によって細胞に発現するMHCクラスIが少しずつ違っています (表8-1)．すなわち，これは，個体ごとに決まったマークです．これが同じである確率は，数万分の1以下だといわれています．このため，他人の臓器や組織などが移植されると，キラーT細胞やNK細胞が見つけて，攻撃してしまいます．これを拒絶反応といいます．

2 臓器移植では

臓器移植の場合には，ドナー (供与者) とそれを受けるレシピエント (被移植者) のMHCクラスIが全く同じではなくとも，できるだけ似ていることが望ましいといえます．また，免疫抑制剤を使い，拒絶反応を抑える必要もあります．免疫抑制剤は，ヘルパーT細胞がリンホカインを出すのを阻害する働きをします．しかし，免疫抑制剤の使用は，体の生体防御システムをストップさせてしまう危険性があることを忘れてはなりません※．

※：人工臓器の場合はほとんど抗原性のない素材で作られるので体に移植しても拒絶反応は起こらないのですが，線維芽細胞などによる排除反応が起こり，これが問題となることがあります．

Column

RNA ワールド

　生命体が初めて出現する直前は，どのような環境だったのでしょうか．また，生命を作る有機物としては何がまず生じたのでしょう．もちろん，DNAやRNAなどの核酸とタンパク質が有力な候補ですが，どれか1つ問われれば「卵が先か，鶏が先か」のような難問でした．しかし，1980年代にRNAが触媒としても機能することが発見されて，新たな局面を迎えました．遺伝情報の担い手である核酸のRNAが，タンパク質と同様に触媒機能を持ち得るということは，最初の生命体がRNAから始まった可能性を示すからです．このような触媒機能を持つRNAはリボザイムと呼ばれています．

　RNAを構成する塩基はシアン化水素（HCN）から，リボースはホルムアルデヒド（HCHO）から，それぞれ合成できます．シアン化水素もホルムアルデヒドも，宇宙に普遍的に存在する物質で，原始の地球に溜まっていた水もこれらが溶けたスープ状であったと考えられます．このスープには，RNAの構成単位であるリボヌクレオチド（塩基，リボースとリン酸が結合した物質）も含まれていて，おそらくそれらがランダムに結合してより大きな分子になったのでしょう．やがて複製能力のあるものが偶然生じて，多くのRNA分子をもたらし，そしてそれらの複製時のエラーによって，複製効率のよりよいRNA分子が現われ，残っていった……．このようにしてRNAは増殖，進化し，RNAワールドを創り出したと考えられています．

　では，RNAワールドから現在の「DNAワールド」へは，どのように移行したのでしょうか．これを解く鍵はレトロウイルスにあると考える研究者がいます．レトロウイルスの逆転写酵素は，細胞に見られるセントラルドグマ※の情報の流れとは逆に，RNAを鋳型にしてDNAを合成できるからです．したがって，レトロウイルスは，RNAワールドからDNAワールドへの移行期の痕跡，いわば分子化石のような存在とも考えられるのです．

　最近では，リボザイムの触媒機能には多様なものがあることがわかってきました．一方で，RNAiのようなRNA分子間の相互作用も解明されてきました（p.129参照）．人工合成したRNAの医薬品としての応用も盛んに研究されています．このように，DNAの脇役と捉えられがちだったRNAの注目度は年々高まり，生命科学の研究者の世界は，この21世紀にようやくRNAワールド状態（？）を迎えてきているところです．

　※：セントラルドグマとは，遺伝情報がDNA → RNA → タンパク質の流れで伝わる仕組みをいいます．詳細はChapter 6を参照のこと．

生命科学の泉 「ヒトに関する数値」

● 遺伝子に関すること

　　ゲノムを構成する核 DNA の塩基対数：30 億対（電話帳 200 冊分の文字数に相当）
　　遺伝子の数：21,787（約 22,000）個（2004 年 10 月 21 日付「ネイチャー」より）
　　個体間の DNA の塩基配列の相同性：約 99.8％
　　チンパンジーとヒトの DNA の塩基配列の相同性：約 99％
　　マウスとヒトの塩基配列の相同性：約 80％
　　体細胞一個の DNA をつなげて伸ばしたときの長さ：約 2 m

● 細胞に関すること

　　細胞数：約 60 兆個（成人）
　　卵の直径：約 140 μm（μm は 10^{-6} m）
　　精子の長さ：60 μm
　　リボソームの大きさ（直径）：15〜30 nm（nm は 10^{-9} m）
　　ヘモグロビン分子：6 nm
　　大脳の神経細胞数：約 140 億個
　　有髄神経線維の太さ：1〜25 μm
　　有髄神経興奮伝達速度（最速値）：120 m/秒
　　神経細胞間のシナプスの隙間：20〜100 nm
　　坐骨神経の長さ：約 1 m
　　赤血球の数：約 500 万 /mm^3（男性），約 450 万 /mm^3（女性）
　　赤血球の大きさ（直径）：7〜8 μm
　　赤血球の寿命：約 120 日
　　白血球の数：約 4,000〜8,000 個 /mm^3
　　白血球の大きさ（直径）：9〜15 μm
　　白血球（好中球）の寿命：3〜5 日
　　血小板の数：10〜40 万個 /mm^3
　　血小板の大きさ（直径）：1〜3 μm
　　血小板の寿命：約 10 日

● 体液に関すること

　　体液の塩分濃度：0.9％（生理食塩水の塩化ナトリウムの濃度）
　　血液量：約 4.5 L（成人男性），約 3.6 L（成人女性）（体重の 1/13）
　　血糖値：約 0.1％（60〜100 mg/100 mL）
　　水分量：体重の約 50％（成人女性），約 60％（成人男性），約 80％（新生児）

● その他

　　血管の長さ：約 90,000 km（地球の 4 周と 1/4 の長さ）
　　排便量：100〜200 g/日
　　排尿量：1〜1.5 L/日
　　射精初速度：45 km/h
　　射精量：2〜4 mL/回（日本人平均 3.3 mL）
　　射精される精子数：1〜6 億個
　　精子の受精能力：射精後 30 時間〜3 日間
　　排卵数：400〜500 個 /一生
　　卵の受精能力：排卵後約 24 時間
　　肺の表面積：約 70 m^3（新聞紙約 300 ページ分）
　　爪の成長速度：1mm/10 日，髪の毛：1mm/3 日
　　安静時の代謝量（基礎代謝）：1,500 kcal/日（体重 60 kg，成人男性）
　　　　　　　　　　　　　：1,200 kcal/日（体重 50 kg，成人女性）

● 付録・カロリーと体重の話

　カロリーとはエネルギー量を熱量の単位で表したもので，1 kcal とは 1 kg の水の温度を 1℃上昇させるのに必要な熱量です．栄養素のうちでは，タンパク質，糖質（炭水化物）と脂質の三大栄養素の成分だけがカロリーを持ちます．糖質（ただし，食物繊維成分を除く）やタンパク質が体内で酸化（燃焼）されると 1 g 当たり約 4 kcal が，脂質（脂肪や油）なら 1 g 当たり約 9 kcal が生じます．体重は摂取カロリーと消費カロリーの差によって変動します．一日の摂取カロリーが 3,000 kcal，消費カロリーが 2,000 kcal とすると，一日当たりで 1,000 kcal が過剰なので，9 日で 1 kg ほど体重が脂質として増えます．これは，食事量にして，ラーメン（約 500 kcal）なら 18 食分，カレーライス（約 800 kcal）なら 11 食分，大福（約 250 kcal）なら 36 個分，ショートケーキ（約 280 kcal）なら 32 個分に相当します．1 kg の体重を逆に減らしたいのなら，これだけ食べる量を減らしてもだめで，消費カロリーを毎日 1,000 kcal 増やす必要があります．それは，運動量にして成人男性なら 100 分，成人女性なら 130 分のジョギング程度に相当します．

参考文献

木村資生,大沢省三 編:生物の歴史,岩波講座分子生物科学.岩波書店,1989.

Donald Voet, Judith G Voet:ヴォート生化学(上),第4版.田宮信雄 他訳,東京化学同人,2012.

Donald Voet, Judith G Voet:ヴォート生化学(下),第4版.田宮信雄 他訳,東京化学同人,2013.

前野正夫,磯川桂太郎:はじめの一歩のイラスト生化学・分子生物学,第2版.羊土社,2008.

Bruce Alberts:細胞の分子生物学 第5版.中村桂子 他訳,Newton Press, 2010.

Lewis Wolpert:Principles of Development, 4th edition. Oxford University Press, 2011.

石川 統 監:生物学入門,第2版,東京化学同人,2013.

井出利憲:分子生物学講義中継 Part1.羊土社,2002.

石川 統:ダイナミックワイド図説生物.東京書籍,2008.

Scott F. Gilbert:Developmental Biology 10th. Swarthmore College, 2013.

林 壮一,山内辰治,小林秀明 他:理科ぶっく.科学技術振興機構,2007.

京都大学大学院 生命科学研究科 生命文化学研究室:ヒトゲノムマップ.文部科学省 監修,2008.
(http://www.lif.kyoto-u.ac.jp/genomemap/)

日本語索引
INDEX

あ

アクチベーター		128
アクチン		20, 61
足場依存性(細胞周期)		23
アシル CoA		94
アストロサイト		29
アセチル CoA		89
アセチルコリン		155, 161
アセトアルデヒド		91
アセト酢酸		96
アセトン		96
アデニン		75
アデノシン一リン酸		87
アデノシン二リン酸		87
アデノシン三リン酸		87
アドレナリン		150, 157, 159
アフリカ起源説		116
アベリーらの実験		109
アポ酵素		79
アポトーシス		23, 24
アポリポタンパク質		64, 74
アミノアシル tRNA 合成酵素		121
アミノ基転移反応		93
アミノ酸		54
アミラーゼ		87
アミロース		70
アミロペクチン		70
アルコール発酵		91
アルドース		69
αアミノ酸		55
αケトグルタル酸		89
αケト酸		93
α(A)細胞		150
αヘリックス構造		56
アルブミン		64
アレルギー		169
アレルゲン		169, 170
アンチコドン		121
アンチセンス鎖		119
アンモニア		32
胃		85
イオン結合		57
イオンチャネル型受容体		65
異化		79
イソクエン酸		89
一遺伝子雑種		102
一塩基多型		133
一次構造(タンパク質の)		56
一倍体		35
遺伝子		101
―― 型		104
―― クローニング		137
―― 工学		137
―― 置換		144
―― の増幅		141
―― 発現の調節		126
―― ライブラリー		138
遺伝的刷り込み		131
イノシトール 3-リン酸		65
イノシン酸		98
飲作用		14
インスリン		150, 157
―― 受容体遺伝子		159
インターフェロン		169
インテグリン		40
イントロン		12, 120
インビトロ		46
―― 細胞老化モデル		46
ウイルス		1
―― 遺伝子		113
―― による DNA 運搬		135
ウーズ		8
ウラシル		75
運搬 RNA		15, 77, 119
栄養素		83
液性免疫(→体液性免疫)		165, 166
エキソヌクレアーゼ活性		132
液胞		10
エクソン		12, 120
壊死		23
エタノール		91
エネルギー貯蔵物質		87
エピジェネティクス		146
エピトープ		166
エラスチン		34, 67
塩基対		76, 140
塩基配列の決定方法の原理		142
延髄		29
塩析		58
エンドウ		101
黄体形成ホルモン		154
黄体ホルモン		154
横紋筋		62
オーガナイザー		41
岡崎フラグメント		118
オキサロコハク酸		89
オキシトシン		149
オバルブミン		68
オプソニン作用		164
オペレーター		126
オリゴデンドロサイト		29
オリゴ糖		68
オルニチン回路		94

か

解糖		92
解糖系		88, 91
外胚葉		38
灰白質		29
外部環境		147
回文配列		138
外分泌腺		87, 148
界面活性剤		97
化学進化		5
化学的消化		84
可逆性分裂終了細胞		48
可逆阻害		80
核		6, 11
核液		11
核酸		1, 75
核質		11
角質細胞		34
核小体		11
核膜		6, 11
核膜孔		6, 11
下垂体		149
ガストリン		161
カゼイン		68
割球		37
活性中心		60
滑面小胞体		16
カドヘリン		39〜41
カビ		91
過敏症		169
可変部		165
鎌状赤血球貧血症		135
カルタヘナ法		4
カルビン・ベンソン回路		15
加齢		46
がん(化)		133, 134, 170
がん遺伝子		134
間期		21
幹細胞		44, 45
肝細胞		86
間充織		44
肝小葉		86
肝臓		32, 86
乾燥重量		51
間脳		148
機械的消化		84
器官(系)		27
―― 形成の機構		40
―― の再生		44
基質		59
―― 特異性		59, 61
拮抗阻害		80
基底膜		34
キナーゼ		66
キネシン		19, 65

日本語索引

機能タンパク質	59
基本転写因子	127
キモトリプシン	87
逆転写酵素	134
ギャップ結合	39
キャリアタンパク質	64
吸収	84
9+2構造	19
競合阻害	80
極体	36
キラーT細胞	168
筋収縮のメカニズム	62
筋節	61
金属酵素	79
筋組織	28
グアニン	75
クエン酸回路	88
グラナ	14
グリア細胞	29
グリコーゲン	32, 70, 86
グリコサミノグリカン	67, 71
グリコシド結合	69
クリステ	14
グリセロ糖脂質	73
グリセロリン脂質	72
クリック	112
グリフィスの実験	109
グルカゴン	157
グルコース	68, 69, 88
クレブス回路	88
クローン	38
クローン選択説	166
クロマチン	11, 76
クロロフィル	15
形質細胞	165
形質転換	109, 140
形成体	42
系統樹	5
血液	31
結合組織	28
血漿	31
血小板	31
結腸ひも	86
血糖値の調節	156
血友病	108
ケトース	69
ケトン体	32, 95
ゲノム編集	145
原核細胞	5, 6
原核生物	5, 6
──の遺伝子	113
──の転写調節機構	126
嫌気呼吸	14, 88, 91
原形質	10
原口背唇部	42
減数分裂	35
原腸	37
──胚	37
検定交雑	106
原尿	33
コアタンパク質	67
五員環構造	69
高エネルギーリン酸結合	87
好塩基球	164
光学異性体	55
抗がん剤	77
交感神経(節)	155
好気呼吸	14, 88
抗菌タンパク質	164
後形質	10
抗原	165
──決定基	166
──受容体	168
──提示	168
光合成	15
交雑	103
好酸球	164
鉱質コルチコイド	150, 154
恒常性	147
甲状腺	149
──ホルモン	149, 159
酵素	59, 79
──の分類	81, 82
──番号	81
──反応	80
──連結型受容体	65
構造タンパク質	59, 66
抗体	165
好中球	164
後天性免疫不全症候群	171
酵母菌	91
コール酸	97
5界説	8
呼吸	88
呼吸器系	28
枯草菌	7
5大栄養素	82
五炭糖	69
骨格系	28
骨髄	31
骨髄腫細胞	167
コドン	122
コハク酸	89
コラーゲン	34, 66
ゴルジ体	16
コレステロール	32, 71, 73
──の生合成	97

── さ ──

細菌の遺伝子	113
サイクリックAMP	65
サイクリン	22
──依存性キナーゼ	22
最適pH	60
最適温度	60
サイトカイン	60
サイトカラシンB	20
細尿管	33
細胞	5, 10
──運動	17
──外マトリックス	23, 34, 39
──群体	8
──骨格	17
──死	23
──周期	21
──小器官	5, 7
──性免疫	166, 168
──説	10
──接着	39
──増殖因子	23
──内受容体	66
──認識	40
──分化	38, 128
──壁	10
──膜	12
──老化の指標	47
再利用経路	99
サットン	104
サブユニット	58
サルコメア	61
三次構造(タンパク質の)	57
三大栄養素	84
3大ドメイン説	8
三胚葉	38
ジアシルグリセロール	65
ジェンナー	164
肢芽形成	24
糸球体	33
軸索	18, 29
シグナル認識タンパク質	124
シグナル配列	124
始原生殖細胞	35
耳垢の遺伝	106
自己免疫疾患	170
脂質	71
──代謝	94
視床下部	148, 155
──ホルモン	153
ジスルフィド結合	57
舌	84
失活	60
至適pH	60
至適温度	60
シトクロム	90
シトシン	75
脂肪酸	71
──の生合成	96
──の分解	94
終止コドン	123
収縮環	20
収縮性タンパク質	61
収縮胞	7
従属栄養生物	83
10大元素	52

十二指腸	32
終末分化	34
絨毛	85
絨毛膜性ゴナドトロピン	151
主細胞	85
受精	36
種痘法	164
受動輸送	13
寿命	46
腫瘍	134
主要組織適合遺伝子複合体	168
受容体タンパク質	65
シュワン細胞	29
循環器系	28
純系	103
消化	84
消化液の分泌調節	161
消化管ホルモン	153
消化器系	28, 84
脂溶性ビタミン	82
滋養タンパク質	68
小腸	85
小脳	29
消費者(生態系の)	3
上皮組織	28
──の細胞内構造	18
小胞体	16
静脈	30
初期発生	36
食作用	14
食道	85
植物極	37
ショ糖	69
ジョン・ガードン	47
自律神経系	148, 155, 160
仁	11
腎盂	34
進化	133
真核細胞	6, 7
真核生物	7
──のDNA	114
──の転写調節機構	127
心筋	30
ジンクフィンガー構造	128
神経系	28
神経膠細胞	29
神経細胞	29
神経組織	28
神経誘導	43
人工多能性幹細胞	47
腎静脈	33
新生経路	98
新生細胞	44
心臓	30
腎臓	32
浸透圧	12
腎動脈	33
真皮	34
膵液	87
膵管	85
髄質	150
膵臓	87, 149
水素結合	57
水溶性ビタミン	82
スクシニルCoA	89
スクリーニング	140
スクロース	69
ステロイド化合物	71
ステロイド骨格	73
ステロイドホルモン	152
ストロマ	14
スニップ	133
スフィンゴ糖脂質	73
スフィンゴリン脂質	72
スプライシング	12, 120
制限酵素	137
生産者(生態系の)	3
精子	34, 36
性周期の調節	154
生重量	51
星状体	17
生殖器系	28
生殖細胞	35
精巣	150
生態系	2
生体の防御	163
成長因子	60
生物の多様性	4, 8
生物の特徴	1
性ホルモン	150
生命	1
──科学	2
赤緑色覚異常	108
セクレチン	161
赤血球	31
節後ニューロン	155
節前ニューロン	155
接着帯	20, 39
接着分子	40
セルロース	70
セルロプラスミン	63
腺	148
線維芽細胞	34
染色質	11, 76
染色体	11, 12
センス鎖	119
選択的RNAスプライシング	121
選択的透過性	13
セントラルドグマ	172
線毛	17
臓器移植	171
臓器不全	48
増殖性分裂細胞	49
総胆管	85
相補性	113
ゾウリムシ	8
阻害剤	77
組織(系)	27
──液	148
──形成	42
疎水性	71
──結合	57
粗面小胞体	16

──── た ────

体液	147
──性免疫	165, 166
体温の調節	159
体細胞	34
──クローン	38
代謝	1, 79
大腸	86
ダイニン	19, 65
大脳	29
胎盤	151
胎盤性ラクトゲン	151
対立遺伝子	104
だ液腺	84
多クローン抗体	167
多細胞生物	7, 8
多細胞動物	27
多糖類	70
胆管	85
単球	164
単クローン抗体	167
単細胞生物	7
胆汁	32, 86
──酸	32, 87, 97
──色素	32
単純タンパク質	54
炭水化物	68
単糖類	69
胆嚢	32, 87
タンパク質	54
──合成	122
──の代謝	92
チミン	75
──二量体	132
チャネル	124
──タンパク質	64
中間径フィラメント	17, 21
中心小体	17
中心体	17
中心粒	17
虫垂	86
中枢神経系	29
中性脂肪	71, 72
──の生合成	97
──の代謝	94
中胚葉	38
──誘導	42
チューブリン	18
長寿命固定性分裂終了細胞	48
調節タンパク質	60

日本語索引

直腸	86
チラコイド	14
チロキシン	149
定常部	165
デオキシリボース	75
デオキシリボ核酸	75
デオキシリボヌクレオチド	98
デスミン	21
デスモソーム	21, 39
テロメア	47, 118
——伸長酵素	48
テロメラーゼ	48
転移因子	136
電気泳動(タンパク質の)	59
電気泳動(DNAの)	141
電子伝達系	89
転写	119
——因子	60, 126
——調節因子	128
点突然変異	133
デンプン	68
伝令RNA	11, 76, 119
同位体	111
同化	79, 84
糖脂質	71, 73
糖質	68
——コルチコイド	150, 157, 159
——代謝	87
糖新生	32, 86, 92
糖タンパク質	54, 70
動的平衡状態	3
糖尿病	158
動物極	37
等分裂	45
動脈	30
独立栄養生物	83
独立の法則	105
突然変異	133
利根川進	166
トランスフェリン	63
トランスポゾン	136
トリアシルグリセロール	72
トリグリセリド	72
トリプシン	60, 87
トリプレットコドン	122
トリヨードチロニン	149
トロポニン	62
トロポミオシン	62

な

内胚葉	38
内部環境	147
内部細胞塊	45
内分泌系	28, 148
内分泌腺	87, 148
ナチュラルキラー細胞	164
ナトリウムポンプ	13
ナンセンス変異	133

二遺伝子雑種	104
ニコチンアミドアデニンジヌクレオチド	88
二次応答	167
二次構造(タンパク質の)	56
二次胚	42
二重らせんの発見	112
二糖類	69
二倍体	35
乳化	84
乳酸発酵	91
乳糖	69
ニューロフィラメント	21
ニューロン	29
尿管(→輸尿管)	33
尿細管(→細尿管)	33
尿酸	93
尿素	32
——回路	93, 94
ヌクレオシド	75
ヌクレオソーム	11, 115
ヌクレオチド	75
——の合成	98
——の分解	100
ネクローシス	23
脳	29
脳下垂体(→下垂体)	149
能動輸送	13
ノックアウト(遺伝子の)	143
——マウス	144
乗換え(染色体の)	35
ノルアドレナリン	150, 156

は

歯	84
ハーシーとチェイスの実験	110
パーフォリン	66, 169
胚	37
肺炎レンサ球菌	110
配偶子形成	34
胚軸形成	41
胚性幹細胞	45, 143
胚盤胞	45
麦芽糖	69
白質	29
バクテリオクロロフィル	15
バクテリオファージ	110
バソプレシン	149, 154
白血球	31, 164
パラトルモン	149
パリンドローム	138
パンクレオザイミン	161
伴性遺伝	108
半接着斑	40
半透性	12
半透膜	13
パントテン酸	82
反応特異性	59

半保存的複製	116
皮下組織	34
非拮抗阻害	80
非競合阻害	80
皮質	150
微絨毛	20, 85
微小管	17
——形成	18
微小細線維	19
ヒスタミン	169
ヒストン	11
ビタミン	82
必須アミノ酸	93
必須脂肪酸	72, 97
ヒトゲノム計画	106
ヒトの遺伝形質	106
3-ヒドロキシ酪酸	96
泌尿器系	28
非必須アミノ酸	93
皮膚	34
肥満細胞	169
ビメンチン	21
表現型	104
表層粘液細胞	85
標的器官	148, 152
標的細胞	148, 152
表皮	34
ピリミジン塩基	75, 98
ピリミジンヌクレオチド	100
微量元素	52
ピルビン酸	88
ヒンジ部	165
フィードバック作用	152
フォーカルコンタクト	40
不可逆阻害	80
不拮抗阻害	80
不競合阻害	80
副交感神経	155, 161
複合脂質	71
副甲状腺	149
複合タンパク質	54, 71
複合糖質	70
副腎	150
——皮質刺激ホルモン	157
複製	116
——開始点	116
不死化細胞	47
物質代謝	79
物理的バリア	163
ブドウ糖	68
不等分裂	45
不飽和脂肪酸	72
フマル酸	89
プラスミド	114
プリオン病	25
プリン塩基	75, 98
プログラム細胞死	24
プロゲステロン	151

プロスタグランジン	97
プロセッシング	120
プロテオグリカン	67, 70
プロモーター	119, 126
プロラクチン	151
分解者(生態系の)	3
分化性分裂細胞	48
分離の法則	104
分裂期	21
ヘイフリックモデル	46
β構造	57
β(B)細胞	150
β酸化	94
壁細胞	85
ヘキソース	69
ベクター	138
ヘパリン	68
ペプシノーゲン	85
ペプシン	60, 85
ペプチド	87
——グリカン	163
——結合	54
——ホルモン	152
ヘミデスモソーム	40
ヘリックス・ターン・ヘリックス構造	128
ヘルパーT細胞	167
変異	133
変性	58
ペントース	69
鞭毛	17
ホイッタカー	8
防御タンパク質	66
放射性元素	111
放射性同位体	111
紡錘糸	17
紡錘体	18
胞胚	37
飽和脂肪酸	72
ボーマン嚢	33
母系遺伝	115
補欠分子族	79
補酵素	79, 82
補体	66, 168
ホメオスタシス	147
ホメオティック変異	136
ホメオドメイン	137
ホメオボックス遺伝子	137
ポリA配列	120
ポリクローナル抗体	167
ポリソーム	123
ポリペプチド	54
ボルボックス	8
ホルモン	60, 148, 152
ホロ酵素	79

翻訳	121

――― ま ―――

マーグリス	8
——の共生説	7, 115
マイクロフィラメント	17, 19
膜貫通ドメイン	124
膜流動	13
マクロファージ	164
マスター遺伝子	43
マスト細胞	169
マトリックス(ミトコンドリアの)	89
マルチクローニングサイト	140
マルトース	69
ミエリン鞘	29
ミエローマ細胞	167
ミオシン	20, 61
ミカエリス定数	80
ミクログリア	30
ミスセンス変異	134
水の構造と性質	53
ミセル	72
密着結合	39
ミトコンドリア	14, 88
——DNA	115
ミトコンドリア・イヴ	116
ミドリムシ	8
ミネラル	53
無機質	53
ムコ多糖	71
迷走神経	161
メチル化(DNAの)	129
眼の形成	43
メモリー細胞	167
メラノサイト	34
免疫	163, 164
——担当細胞	164
——不全症	171
免疫グロブリン	66, 165
——スーパーファミリー	40
メンデル	101
——の法則	102
盲腸	86
モータータンパク質	64
モノクローナル抗体	167

――― や ―――

山中伸弥	47
有糸分裂	21
有髄線維	30
優性	104
——の法則	103
誘導	42
遊離因子	123

輸送タンパク質	63
輸尿管	33
ユビキチン	125, 126
——リガーゼ	125
葉緑体	14
——DNA	115
四次構造(タンパク質の)	58

――― ら ―――

ライオニゼーション	130
ラインウィーバー–バークの二重逆数プロット	100
ラクトース	69
——オペロン	126
ラミン	21
卵	34
——成熟	37
卵割	37
——腔	37
ランゲルハンス細胞	34
卵巣	150
卵白アルブミン	68
卵胞(→ろ胞)	154
リービッヒの最少律	52
リガンド	65
リソソーム	16
リゾチーム	66, 163
リパーゼ	87
リプレッサー	126, 128
リボース	75
リボ核酸	75
リボザイム	59
リボソーム	5, 15
——RNA	77, 119
リポタンパク質	54, 64, 71, 73
流動モザイクモデル	12
両性電解質	55
リンゴ酸	89
リン酸化カスケード	66
リン脂質	71, 72
リンパ液	148
リンパ球	164
リンホカイン	168
劣性	104
老化	46
六員環構造	69
六炭糖	69
ろ胞	154
——刺激ホルモン	154

――― わ ―――

ワクチン療法	164
ワトソン	112

外国語索引
INDEX

A
A（adenine） 75
ABO 式血液型 107
ADP（adenosine diphosphate） 87
AIDS（acquired immune deficiency syndrome） 171
AMP（adenosine monophosphate） 87
antiport 系 64
ATP（adenosine triphosphate） 87
　── 合成酵素 90

B
B 細胞 164
base pair 140
BSE（bovine spongiform encephalopathy） 25

C
C 領域 165
C_4 植物 18
C（cytosine） 75
CAM（crassulacean acid metabolism）植物 18
CD4 168
CD8 169
Cdk 22
cDNA（complementary DNA） 138
　── ライブラリー 138
CoA（coenzyme A） 82
CRISPR（clustered regularly interspaced short palindromic repeats）法 145

D
de-novo 経路 98
DNA（deoxyribonucleic acid） 75, 112
　── 修復機構 131
　── ヘリカーゼ 116
　── ポリメラーゼ 116
　── リガーゼ 133

E～G
EC（enzyme code） 81
ES 細胞 45, 143
Fab フラグメント 165
Fc フラグメント 165
G タンパク質連結型受容体 65
G_0 期 22
G_1 期，G_2 期 21
G（guanine） 75

H
HCG（human chorionic gonadotropin） 151
HIV（human immunodeficiency virus） 113, 171
HLA（human leukocyte antigen） 171
HPL（human placental lactogen） 151
H 鎖 165

I
IFN-γ 169
IgE 169
IgG 165
in vitro 46
iPS 細胞 47

L～P
L 鎖 165
MHC クラス I，クラス II 168
mRNA（messenger RNA） 11, 76, 119
M 期 21
NAD^+（nicotinamide adenine dinucleotide） 88
NK 細胞 164, 169
PCR（polymerase chain reaction）法 141, 143
plasmid 114

R
R 型菌 110
RISC（RNA-induced silencing complex） 129
RNA（ribonucleic acid） 75
　── 依存型 DNA ポリメラーゼ 138
　── プライマー 116
　── ポリメラーゼ 119
　── ワールド 172
RNAi（RNA interference） 129
rRNA（ribosome RNA） 77, 119

S
S 型菌 110
S 期 21
salvage 経路 98
siRNA（small interfering RNA） 129
SNP（single nucleotide polymorphism） 133
symport 系 64

T
T 細胞 164
T2 ファージ 110
T（thymine） 75
TALEN（transcription activator-like effector nuclease）法 145
TATA 配列 119
TATA ボックス 128
TCA（tricarboxylic acid cycle）回路 88
TCR（T cell receptor） 168
tRNA（transfer RNA） 15, 77, 119

U～Z
U（uracil） 75
uniport 系 64
V 領域 165
Z 帯 61
ZFN（zinc finger nuclease）法 145

著者略歴

■ **木下　勉**　1955年生まれ.
1978年信州大学理学部化学科卒業. 1983年東京都立大学大学院理学研究科博士課程単位取得退学. 理学博士. 1983年鶴見大学生物学教室助手, 1990年広島大学理学部動物学教室講師, 1994年関西学院大学理学部化学科助教授, 2002年関西学院大学理工学部生命科学科教授, 2008年より立教大学理学部生命理学科教授. 現在に至る. 主な著書は『両生類の発生と変態』（西村書店）など. 趣味は「テニス, キャンプ」.

■ **小林秀明**　1960年生まれ.
1984年東京学芸大学教育学部理科卒業. 1986年同大学大学院修士課程修了. 1986年〜慶應義塾女子高等学校教諭, 2017年〜文教大学教育学部准教授. 現在に至る. 現在までに, 都留文科大学, 日本歯科大学, 國學院大學の講師を兼任. 主な著書に『生物の小事典』（岩波書店）,『ダイナミックワイド図説生物』（東京書籍）,『中学校理科, 高等学校生物教科書』（東京書籍）. 以上いずれも分担執筆. 趣味は「スキー, ドライブ」.

■ **浅賀宏昭**　1963年生まれ.
1985年東京学芸大学教育学部理科卒業. 1987年同大学大学院修士課程, 1991年東京都立大学大学院博士課程修了. 理学博士. 東京都老人総合研究所研究員などを経て, 2003年明治大学助教授, 2008年同大学教授, 同大学大学院兼任. 現在に至る. 主な著書は『知っておきたい最新科学の基本用語』（技術評論社）の分担執筆など. 趣味は「バレーボール, 料理」.

ZEROからの生命科学

2004年 1月15日	1版1刷	©2015
2010年 1月10日	3版1刷	
2014年 2月 5日	5刷	
2015年 3月15日	4版1刷	
2020年 2月25日	3刷	

著　者
　　きのした　つとむ　　こばやしひであき　　あさ が ひろあき
　　木下　勉　　小林秀明　　浅賀宏昭

発行者
　　株式会社　南山堂　代表者　鈴木幹太
　　〒113-0034　東京都文京区湯島 4-1-11
　　TEL 代表 03-5689-7850　　www.nanzando.com

ISBN 978-4-525-13414-3　　定価（本体 2,400 円＋税）

JCOPY <出版者著作権管理機構 委託出版物>
複製を行う場合はそのつど事前に(一社)出版者著作権管理機構(電話03-5244-5088, FAX 03-5244-5089, e-mail: info@jcopy.or.jp)の許諾を得るようお願いいたします.

本書の内容を無断で複製することは, 著作権法上での例外を除き禁じられています. また, 代行業者等の第三者に依頼してスキャニング, デジタルデータ化を行うことは認められておりません.